商業談判
掌握交易與協商優勢

林仁和 博士 著

五南圖書出版公司 印行

序

　　「談判」一詞雖然大家都懂，我們發現要給它一個明確的定位，確實不容易。首先，從網路上搜尋歐美大學談判領域的學術研究歸屬，結果發現：它是研究所碩士以上的專業教育，分屬於法律學院、商業學院以及管理學院。有一所大學的兩個學院裡都提供不同背景的談判教育。在大學部的相關學院，僅僅教授談判相關課程，也不夠普及，未發現談判學系級的單位。因此，談判專業領域存在著廣闊的未來發展國際空間。

　　其次，在分析企業界老闆、CEO、管理幹部以及基層員工對談判實務工作的態度，結果發現：許多老闆與管理階層並不太重視談判專業角色與工作，基層員工則害怕參與談判工作。前者，他們認為談判僅是行銷策略與技巧績效問題，與企業發展無關；後者，他們受到老闆消極態度影響，認為這是一項「吃力不討好」的工作。其實，談判不僅限於產品行銷而已，董事會的決策協議、內部行政溝通、部門之間的整合與協做、員工招聘面談，都需要談判專業的協助。

　　2014年7月中，媒體報導某國際大企業老闆由其他企業挖角來的CEO，在18個月後竟然掛冠求去，百思不得其解。昨日筆者接到至親晚輩的國際電話指出，原來準備從M公司CEO職位跳槽到X公司（這兩家都是全球百大企業），突然喊卡。關鍵是：

在最後談判合約確認時，老闆沒有列入他要求15%的個人發揮空間。合約僅註明：工作的要求50%，協商的工作40%，個人的發揮10%。此事顯然反應，當時應聘談判合約不夠完整，或者是雙方隨後發現對合約內容的認知有誤，導致不歡而散，影響所及，何其重大！

本書的目的，是希望幫助讀者成為一名更優秀的談判者。儘管有些人缺少談判細胞，但想要掌握談判的基本的技巧，並不會如想像的那麼難。它涉及三個關鍵：

其一，掌握有關談判基本原則方面的知識，瞭解談判中常見與高代價的錯誤，並且知道如何避免。其二，培養個人互動的人際關係技巧，加強有效的溝通管道與方式，以便加強談判能力。其三，瞭解對方在談判中對事物的特殊感情、價值標準和信仰，使自己的行為能夠適應具體個案中所涉及的問題和特點。

雖然，我們不能保證每個讀過本書的人都會成為一名優秀的談判者，也不能保證你在談判桌上遇到的每個問題，都能在本書中找到合適的答案；但是，我們堅信，對那些具有優秀談判素質的人來說，掌握本書所提供的方法和原則，就可以大幅提高在談判中解決分歧和獲得滿意結果的機會。

本書是一本完整的教科書與實務工具書，綜合了各方面的理論思想，資料來源廣泛，包括：1985年至1990年任職聯合國開發價計畫署（UNDP）談判講座，美國聯邦成人復健方案（ARC）

東區執行長，以及1990年至2006年東海大學國貿系任教商業談判所累積的。全書規劃為三篇十三章，適合一學期的授課內容，也為授課教師提供包括：教學計畫，課程介紹PPT，考試測驗題庫，個案討論等等的「教學手冊」。

　　根據我們的經驗，除了在課堂之外，繁忙的企業老闆與管理者很少有時間坐下來從頭到尾讀一本書，所以我們試圖讓每一章都儘量自成一個論述單元，歸納於一篇的體系內，以便讀者能夠選擇單獨閱讀本書的一部份。同樣，我們也理解，管理者在深入探討問題前，通常都希望獲得以個案討論為主的實際幫助，以便掌握學習重點。

　　為了幫助讀者有效地掌握本書的主要內容，我們建議：先讀每一章的主題及前面的引言，這部份概括了該章的內容要點與項目。然後，再讀正文，這部份內容是對上述要點的說明和擴展，根據主題討論重點項目的論述。最後，閱讀每章末尾的「談判加油站」，將有助於增進讀者談判能力的理解，以及實際談判所需要的能力與技巧。

林仁和
東海大學
2014年7月25日

目　錄

進階篇......313

基礎篇

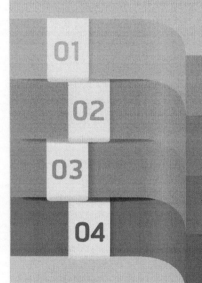

第一章

商業談判的背景

01

商業談判的特殊性

商業談判是談判的一種類型。因此，要瞭解商業談判就必須瞭解談判的特性。一般而言，商業談判包括下列五項特性：一、互利與利害矛盾；二、物質生活的供需；三、生產與行銷平衡；四、遵循價值的規律；五、社會競爭的運動。

一、互利與利害矛盾

談判的核心任務是一方企圖說服另一方，或理解、接受自己的觀點、基本利益以及行為方式等。所以談判的前提條件是人們在觀點、基本利益和行為方式等方面不一致。如果不存在不一致情況，人們也就用不著進行談判。但是，我們卻不能由此而簡單的認定只要人們在觀點、基本利益和行為方式等方面出現了不一致，就一定要談判。

例如，在某一企業中，有無神論觀點的人，也會有神論觀點。他們的觀點截然不同，但在一般情況下，他們並不需要進行談判。又如，某襯衫廠要維護的基本利益和日本公司所要維護的基本利益顯然也是很不同的。但是，在一般情況下，他們也並不需要進行談判。由此可見，談判的產生還要依賴其他方面的條件。

產生談判的重要條件之一，就是雙方在觀點、基本利益和行為方式等方面出現了相關又相互差異或衝突的狀況。例如，甲企業生產的產品急需推銷，乙企業則認為銷售甲企業產品是極有利的，或認為急需要甲企業產品作為本企業再加工的原材料，這就是他們之間的相互聯繫。然而，甲乙

兩家企業又都是獨立的商品生產和經營者，他們各自所代表的基本利益不允許他們無償地供應或接受，這就構成了他們之間的相互差異或衝突。

如何才能在既相關又相互差異或衝突的局面中，維護本身的利益，也考慮了對方的利益，從而求得兩者的協調發展呢？這就需要談判。所以，雙方及早意識到這種相互聯繫又相互差異或衝突的狀況，對於促成談判極其重要。

二、物質生活的供需

商業談判作為談判的一環，當然具有一般談判所表現出的基本特徵，但是，商業談判既然是商業方面的談判，就應在一般特徵之外還具有自身的特殊性。

商業談判是人與人之間為了追求商業上的需要，謀求商業利益而展開的交往活動，是人與人之間的經濟關係的特殊表現。商業談判是商業方面的談判，而什麼是商業？在哲學社會科學領域中，商業一詞有廣義和狹義兩種解釋。廣義地講，商業泛指為解決人們的物質生活問題而進行的社會生產領域，以及人們在生產中發展的關係，它涉及到生產、交換、分配和消費等方面。狹義地講，商業就是單指生產關係；商業關係也就是生產關係。

商業談判的發生，根本原因在於人們追求商業的需要。馬克思主義的創始人曾經寫道：「人們為了能夠創造歷史，必須能夠生活。但是為了生活，首先需要衣、食、住以及其他東西。因此第一個歷史活動就是生產滿足這些需要的資材。先滿足第一個需要，而為了獲得滿足所需要的工具又引起新的需要。這種新的需要的產生是第一個歷史活動。」所以人類從一開始就是要解決衣、食、住以及其他方面的問題。這是物質生活方面的問題，這問題不解決，人類就不能生存下去。

為了解決物質生活方面的問題，人們就需要從事生產活動，生產出能滿足人們物質生活需要的資材。為了能夠生產這些資材，人們又需要去開

發出生產物質生活資材所運用的各種工具。就這樣，一種需要又引起了另一種需要，低層次的需要引起了高層次的需要。所有這些需要都是直接或間接地為解決人們的物質生活問題，因而都是商業方面的需要。在社會發展的階段中，一個區域範圍內，由於生產關係方面的原因，人們在生產、交換、分配以及消費等方面發生了錯綜複雜的情況，因而使人們在追求商業需要時，遇到了許多障礙或難題。例如，兩個獨立的商品生產者，雖然他們各自生產的產品能夠滿足對方的需要，但對方卻不能無償地佔有。

又如，一家工廠生產的產品數量有限，但需要的單位卻較多，各需要單位之間就展開了競爭。在這種情況下，該工廠就要設法去解決供給與需要的矛盾問題。這種情況在一國、許多國家或地區之間，由於存在不同的社會商業制度和不同的商業利益，人們在追求商業需要時，也同樣會出現這些問題。一方面，人們追求著商業方面不斷增長的需要，另一方面，人們的商業關係和商業利益又影響著人們各種需要的滿足。

這是一個現實而存在的矛盾。商業談判就是為解決這一現實矛盾，從而使所追求的商業需要得到滿足而產生出來的一種特殊解決手段。要特別強調指出，並非人們在追求商業方面需要時所發生的各種問題，都需要採用商業談判的手段去解決。商業談判僅僅是人們用於解決追求商業方面需要時所採用的一種手段，而且它是在社會發展到一個階段才出現的人與人之間商業關係的一種特殊表現。

三、生產與行銷平衡

商業談判的主要功能在於為維持商品生產和為了商品交易打開通路。商業談判是在社會發展到商品生產和交換的時期才會發生，並且主要是指整個社會進入了商品經濟發展的時期。在這期間所產生出來的經濟談判，它的主要功能在於為發展商品生產和商品交換服務。

商品關係就是一種買賣的交易系統。如果買和賣的管道通暢而且買賣活動活躍，商品商業就能得到發展。所謂促進商品生產和商品交換，實際

上就是要促進買賣關係的發展。進行商業談判，正是為了使買賣雙方溝通和互通有無，進而為促進商品生產和交換的發展提供有利條件。某一個商品生產者所生產的商品，如果找不到銷售市場，就會造成商品堆積，資金短缺。久而久之，企業就會破產。某一個商品銷售者，如果找不到合適的經銷商品，就會由於貨源缺乏或商品不適應市場需要而倒閉。一方需要買，一方需要賣，商業談判就成為他們之間溝通的橋樑。某一生產廠家急需某種原材料，否則就要停工待料，造成極大商業損失。另一生產廠家生產的產品正是這廠家所需要的原材料。

商業談判促成人們互通有無，各自獲得自己的商業利益。某家公司研製了一種新的技術，它可以提升某項產品生產率。但是，如果沒有生產廠商願意採用這種新技術，這種技術將仍然是個理論上的及未商品化的，它還不能立即促進生產率的提高，同時，這間公司也不能獲得商業利益。某工廠為了在競爭中取得優勢，急需用新技術改善產品，否則就可能在激烈的競爭中被淘汰。商業談判使他們相互促進，共同發展。由此看來，在商業社會裡，商業談判是推動商品商業發展不可缺少的工具。基於此點，商業談判的雙方，也可以簡單地稱其為買方和賣方。

四、遵循價值的規律

商業談制是在遵循價值規律的基礎上進行的，具體地說，在商業談判中遵循價值規律有兩種表現。

1. 等價交換原則

商業談判必須以雙方的等價交換為原則。在商業談判中，自己向對方提出什麼條件、對方又向自己提出什麼條件、如何討價還價、自己可以作出何種最大限度的讓步、對方必須作出何種最低限度的讓步及根據什麼標準確定能否達成協議，這一系列問題的思考和解決，實質上都受到等價交換原則的制約。有些人想在商業談判中獨佔好處，但是，在正常情況下，

這種企圖是不切實際的。等價交換原則將迫使你既要爭取自己的商業利益，又不能不考慮對方的商業利益。有些人在商業談判中只想讓對方讓步，而自己則不做絲毫讓步。如果要使談判成功，那麼在正常情況下這也是不可能實現的。等價交換的原則將迫使你在別人做出讓步的同時，自己也要做出適當讓步。無視等價交換原則，商業談判就不可能取得應有的成果。

2. 形勢與立即反應

商業談判受到當時國際和國內供求關係的影響。談判中，雙方將在遵循價值規律的基礎上評估，隨著國際和國內的供求關係的變化而呈現波動。所以商業談判的參與者必須以最快的速度並準確地掌握國內外市場變動的資訊，以便在最合適的時機，提出對自己最有利的條件和要求，使自己處於談判的最佳位置上。

五、社會競爭的運動

商業受到政治、法律等方面的深刻影響，恩格斯曾指出：「總括說來，商業活動會找到自己的出路，但是也必定要受自己所造成的並具有相對獨立的政治運動的反作用。」這就是說，商業雖然是政治和法律等賴以建立的基礎，而政治及法律等則是在商業基礎上建立起來的整體表現，但是政治和法律等會反作用於商業。正因為如此，商業談判是商業領域中的社會現象，自然也要受到政治和法律等的影響。

在不同時期和地區的政治狀況，將影響到商業談判對象的選擇，商業談判議題或專案的確定，商業談判條件的評價與衡量等不同方面。例如1949年，美國、英國及法國等主要西方國家政府，建立了巴黎統籌委員會向對立的蘇聯和東歐國家（1950年後又包括中國和北朝鮮）輸出的物資進行管制，明確規定「禁止」輸出戰略性物資。按此規定，他們也就要求不能把這方面物資的貿易問題作為談判的議題或專案。當然，在那時的國際

政治形勢下，參加巴黎統籌委員會的一些國家，也以不同形式突破各種限制。

　　法律是商業談判得以順利進行的基本保證。相關的法律確定了商業談判的合法地位以及所擁有的權利和義務，相關的法律確保了談判協議書或商業合約的有效性，相關的法律規定了談判雙方發生糾紛的處理程序和解決辦法等等。所以，作為商業談判的參與者，不僅要懂得商業方面的知識，掌握商業方面的資訊，而且必須具有一定的政治素養，熟悉法律知識。否則，就不能駕馭複雜的商業談判局勢。商業談判不同於政治、軍事及文化教育等方面的談判，商業談判是一種特殊類型的談判。

02
商業談判的務實性

　　有別於其他理想取向的談判，包括政治談判、愛國運動及社會運動，通常依賴熱情與意志的支持，商業談判則以務實導向，在操作上時刻受到現實與理智的制約。討論的內容包括下列四個項目：一、談判的知識性；二、談判的經驗性；三、談判的工具性；四、談判的敏感性。

一、談判的知識性

　　不要認為商業談判是一種因果關係，應當把它視為一瞬間的作業，由於瞬間發生的事物受當事人主觀思想的制約，故必須先瞭解自己的思想，而不要去考慮原因與結果。這是智慧之舉，赫胥黎（Thomas Henry Huxley）認為一般語意學（Semantics）的目的是——「使人類在面臨各種問題時，能由過去累積的知識與經驗中馬上獲得解決。」這件事之後接著又會發生什麼事呢？這件事之前是什麼事呢？我們雖然想從因果關係的一直線思考中跳脫出來，但是人類是一個會先考慮自己的生物——人類絕不會放棄自我發問的機會——「我是否控制得了即將發生的事呢？我是否要對這件事負責任呢？」如果有心要確立原因和結果，並非不可能，只是較為困難罷了，因為從一個結果中分析出各種因果關係來，是我們無法做到的。因此，必須找出代替這種方法的手段。

　　商業談判時所用的代替手段是——任何時刻都要準備應變，然後儘量精密地考察，把談判的各種階段分別提出來，從各方面來考慮，以解決方案配合著行動。嚴格說來，談判是不能重來的，所以和科學實驗全然不

同。此外，談判時要發現每一個假定的實驗性證據，以及用於下次對戰的假定，這兩點非常重要。

　　為了防止發生內心掙扎的情形，商業談判者要經常自我檢討與矯正，在心中先建立起設想如何處理，以假定來檢討解決方案。我們可以對自己的行為做理論性的分析，但是判斷行為時，必須一面試驗，一面改正，將做為行動基礎的假定，用檢討的方式加以分析與理出頭緒。因此，我們可以用瞭解自己的思考及各階段行動的狀況，來判斷所應採取的行動。好處是這種方法可以自由改變，因為所有假定可以自由取捨。事實上，假定可以說是有責任感的行為，而根據有意識的企圖所做的行為或思考會具備責任感。同樣，由這種想法中，也可以說明他人的行為是跟自身的行動對照後，加以類推出來的。當自己的行動與對方互相作用時，應該可以從中瞭解對方的行為。

1. 談判上的爭奪

　　除了因果關係和統計關係外，商業談判當事人還用各種方法討論爭奪的原則和意義。依照賽局理論，爭奪是理性地爭奪有限的目的物。有一位佛洛伊德派的心理學家，他認為這是根據死的本能向外部投射而來的，是「人類天生的、自主的、本能的一種性向」。另外，精神分析學家認為在爭奪時所以會產生防衛心理，是想找出攻擊理由，這是由於心情的壓抑形成反應、投射，然後使感情轉移的結果。有人認為這是「勢力範圍的意識」，或「動物性的攻擊本能」的結果。而根據心理學家的學習理論，則是「欲求無法滿足」所帶來的攻擊行為。最遺憾的是，從這些研究中，似乎無法找出能夠幫助爭奪成功的因素。

2. 案例研究法的限制

　　有位從一流大學化學系畢業的學生，認為自己學到了案例研究法，於是就進入法律事務所，體驗實際的人生。當他接觸到一些非法律問題案件的顧客後，覺得非常困惑，他說：「我所受的訓練是要處理法律問題，所

以有關法律問題的案子，我都可以處理得很妥當，但是沒有想到堆積在我眼前的，竟是一連串無法解決的問題。」

案例研究法在許多專門學校的實習課程中，已獲得普遍的重視，學校認為應該讓學生塑造自己行動的典型，以便遇到具體事情能夠妥善地解決。不過請大家注意，這種問題一定有其限制性。案例研究法經常把現實的事態，透過自己以外的文物和知性的篩檢方式來觀察。有些人用先入為主的觀念做出選擇而改變了事實，或者捏造出不可能的事情來。所以，如果他想從實際人生中選出一點東西時，被選出的東西在無形中會受到理論以及被他認為重要的事物所影響。因此，陳述的事例會比實際事件誇大，並且常常使任何人都無法輕易相信。因為，報告者希望事實能夠符合他的現實情況，擅自製造了實際情況。這種研究法的缺點，除了自我分析外，沒有其他可以控制的東西。二元性的解析法產生了三元性的假定，直至引導出錯誤的結論。人的行動多元性，在有限的範圍內考慮，很可能變成錯誤的假設造成矛盾的原因。

二、談判的經驗性

談判依賴其經驗性的累積與傳承，包括從遇到的每一件事情中學習、研究談判的背景所需的知識。

1. 從遇到的每一件事情中學習

有位著名的學者說：「錯誤能變成很好的學習機會。」學習是一種多面性的工作，幼兒就是最佳佐證。只要注意觀察幼兒學習生活細節的狀態，就可以發現他們會使用各種不同的速度和做法，來應付各種行動；在這當中，會反覆出現錯誤，但是隨著練習時間的增加，就逐漸變得巧妙而熟練。換句話說，他們會使用不同的手段，來應付所面臨的問題。因此，父母親應該以旁觀者心態協助，必要時頂多扶持他們，或給予適切的獎勵就可以了。

孩子們能夠自己面對學習狀況，他們擁有沒有時間限制的特權；換句話說，孩子們不必受時間的限制，所以一定會在特定的時間內，完成該階段的事。斯派克博士在他的研究中，加以時間的限制，發現每個孩子都有不同的狀況發生，而讓孩子當場學習周圍有發生事情時，其學習進度有明顯的個別差異。斯派克博士就是利用這種實驗結果，來減輕母親們的不安。大部份的談判者也和孩子一樣，如果能從遇到的任何事情中學習，就能學到各式各樣的事物。

2. 研究談判的背景所需的知識

在西方，人們認為自己在過去的時間內所蓄積的知識，是人類的普遍性知識。事實上這只是浩瀚知識中的一點點而已，在別的文化圈中，還有其他種類的知識。康德派哲學認為，知識的基本條件才是重要的課題，所以他們一直不能脫離知識的外形，也無法知道知識的內容。康德曾經嘗試將普遍性的範疇用於全人類的思考，這種做法是希臘的偉大哲學家亞理斯多德的理論。

德國哲學家兼史學家史賓格勒（Oswald Spengler）建立了新的學說。他認為思考範疇的不同，是由於文化背景的差異所造成的。知識至少有兩種類型，一種是知覺性的，一種是概念性的。知覺性的知識是從你能直覺知道或感覺得到的東西中獲得的，而概念性的知識是無法用感覺確認的。因此概念性知識是知覺性知識的先導，理論會從文化後面循著同樣的路出來。許多西方學者都和康德一樣，很容易認為自己的理論就是人類的普遍性理論，但懷特海德（Alfred North Whitehead）提出「科學是由兩種知識所構成」的看法，這個理論是直接的觀察和直接的解釋，他還認為解釋可以從各處觀察而取得結果。

　　我們先以日本文化中的思考理論為例，下面這個故事是引自羅伯特佛烈嘉的《日本武士的心理》一書——三個武士在飯店吃飯時，看到一位佩著寶刀的武士走進來，他們立刻決定要奪取那把刀，他們認為具有人數上的優勢，可以毫不費力地擊敗對方，於是故意走近，想借機招惹他。那位武士沉靜地坐在桌前吃飯，這時，有好幾隻蒼蠅飛到他面前，他不慌不忙地拿起筷子，以驚人的速度挾下四隻蒼蠅，然後繼續吃飯，那三位武士看到這種情形，就一聲不響地溜走了。

　　從這個故事中，我們可以得到一個結論——「在某種技藝中出類拔萃的人，在其他的事情上也必定是優秀的。」日本武士的修練方法著重於外形和集中力的培養，而不十分注重技術方面的純熟與否，可見他們重視精神的修練。這就是概念性知識重於知覺性知識的實例。把這種「精神重於肉體」的態度繼續擴展下去，將可以獲得無比巨大的內在修養。「神學」以為累積集中力的修練後，必能獲得敏銳的注意力，而這種敏銳的注意力就是對某種刺激的敏感反應；而集中力是排斥無關的刺激的意思。

　　集中力是商業談判的必備條件，它並不是沉溺於某一件事，因為當我們沉溺於某一件事時，精神上對這種狀態是服從的，而且會被過去的經驗牢牢地抓住，可是在集中狀態時，你的精神會非常活潑地朝著經驗的方向前進。舉個例說，有位教授正沉思於某件事，於是變成心不在焉的狀態，所以即使正下著大雨，他也沒有感覺，只是拿著打開的傘，一直在下著大雨的街上走著，這就是沉溺於一件事的狀態。相反的，冷靜而集中的精神，就像鏡子一樣，能夠把一切東西明顯地反映出來。總之，集中就是在你的意識中，感覺到外界的一切事和這些事所帶來的刺激，而且這種感覺不論何時都是靈敏的。談判者的狀態應該是集中，而不是沉溺。沉溺於某一件事的推銷員，在交易成立

後，也不會停止推銷，如此一來，可能會給買方不好的印象，更有可能會讓交易無效。

三、談判的工具性

人是否會以小心謹慎的態度來擬定自己未來的計畫呢？我們不會認為自己只具有意志力及決斷力兩種能力中的一種。換句話說，在每一瞬間中，都不會受過去發生的事所影響，也就是說，我們並非選擇完全的自由意識，同時並不是過去所發生的一切事件，都能夠支配這一瞬間的選擇，我們是妥協的，同時每一瞬間也會提供無數的選擇，這是選擇的自由，同時也是一個人從過去帶來的決定。雖然我們有能力可以控制現在的一瞬間，但若把它投射到未來，究竟該怎麼做呢？中國古代的智者認為，現在所發生的事，偶然一致是因為客觀事件和觀察者的主觀狀態產生密切的關係，所以，如果能夠適當地理解現在的事項，而把它瞭解得很透徹的話，將能獲得對未來的洞察。

換言之，即使沒有什麼意義的現在事件，也會對未來的事件產生某種關係，這是因為未來並非絕對性的東西，因此可以用現在的適當行動來變動。我們把這件事和馬爾頓的「自己實現預言」理論，和理查斯的「洞察」理論一起討論，我們由目前的自己可以推測未來的行動。

在《歷史主義的貧困》一書中，作者這樣寫著──「預言對將來發生的事件產生影響」，這種想法在很久以前就有了，傳說中的奧底帕斯王（Oedipus）的父親受了預言的影響將親生兒子放逐，後來奧底帕斯王果然如預言所料，犯了殺父娶母的重大罪孽。如果他父親不受預言所左右，或許就不會發生這曠世的大悲劇。我們現在暫且不管究竟是預言影響即將發生的事，或是對所預言事項的主旨產生作用，都一概統稱為「奧底帕斯效果」，這種效果的簡單解釋是──某一情報影響和這個情報有關的事情。

一位教育家選了幾位老師一起來做實驗。他們先對教師說明，這群孩子都是最優秀的，然後讓他們去教導，後來，教師們都證實了這些孩子確實很優秀。這個實驗證明了歌德所說的一段話——「當你對待一個人時，如果認為他是有能力、有作為的話，他所表現的果真會如你所想的。」

　　我們對人生的信念，會決定我們從人生中所接受的處境，縱使你費盡心思，也無法解決未來的問題，頂多只能以自己隨意所定的概念來處理目前的困難，可是由於這種概念大多是屬於道德主義，所以會把問題越弄越複雜。因此，我們給自己帶來的幻想和概念，偶爾具有破壞性，但是為了實現這種破壞性的幻想，我們會像創造性幻想一樣努力。「我父親說我在過去、現在、甚至將來，都是大傻瓜。」一個人一旦心中存有這種想法，一定會拼命去實現這個預言，可見其影響力之大。有些人自我解釋「未來的目標將會使現在的行動正當化」，在形成這種理由後，就無視於現在的破壞性。他們既然抱著當做一連串的目標，那麼能否定人生是由一連串目標所形成的嗎？事實上決定人生的有效性、道德性以及特性的事物，並不是年代性的目標，而是每日性的手段。如果能將這點銘刻在心裡就會對自己的決斷負責任。事實上，手段有如種子，將逐漸形成未來的目標。

四、談判的敏感性

　　談判具有高度的敏感性，因此談判者必須認清第六感與談判的關係。我們在前面已經說明了想要確立純理論的各種關係及推論，會嚴重地受到影響等事項。依照心理學家的假定，一切人類行動都有原因存在。

1. 第六感與談判

　　在談判中，不論何種事件，都無法說出一個絕無錯誤的原因，因為在錯綜複雜的因果關係中，也要考慮到實際的多樣階段的事件，而事件之間的相互關係也不能表示直接的因果關係。因此，很多人就依賴人類特性中非常奇妙的第六感，但這種第六感應該用知性來補充才可以。到目前為

止，談判方面的第六感尚未被研究出來。有經驗的談判者，以規則或外部的標準當做指南，而談判老手在每個會議中所下的決斷，經常依賴他們的第六感來決定，因為他們認為一個人的理性總是回顧往事而思考，但是第六感正好相反，它多半考慮未來的事情。

談判在判斷形成之際，一般很少在意識中產生，它看來似乎是潛意識在引導的。而潛意識要素中的好幾項就是構成第六感的主因。然而，第六感是由個人過去的經驗，進而演變成不論何時都能派上用場的狀態。

2. 第六感與偏見

在商業談判中，要注意第六感與偏見。針對依賴第六感而行動和受到偏見左右而行動，有何相異點？當我們看見某人身上的標誌時，就會產生這個標誌就代表這個人的反應：「民主黨員是……，共和黨員則是……」，這並不是由第六感所帶來的行動。把有限的情報和經驗依自己的想法隨便分類，然後認為經過分類的東西，可以立刻適用到將來可能產生的全部經驗中，以及將來的全部分類領域。對招牌發生反應，等於把自己從實際經驗中分離出來；對癌症所產生的反應，能夠使你憑藉以前的全部經驗來解決現在的問題。

通常談判者：醫生、律師、技術人員等專業人員遇到問題時，很容易以當時的第六感來行動。雖然他後來並不知道自己下決斷的根據，但是卻能感覺到自己的決斷是正確的，而這種感覺是他們的知識總集。因此，縱使沒有在意識表面形成一貫的思考，但是依然有問題發生及解決問題的感覺進入意識中。托馬斯卡萊說：「健全的理解不是理論性的，也不是有充分理由的，而理解的目的並不是要證明或找出理由，而是要把這件事瞭解清楚，並且相信這件事。」

03
商業談判的操作性

　　前面討論過商業談判的特殊性與務實性，現在要討論它的操作性，也就是討論商業談判比較其他性質的談判具有更大的運作空間。本節要討論以下四個項目：一、從事實出發；二、資訊的善用；三、線索與應用；四、目標成事實。

一、從事實出發

　　商業談判應從事實出發。許多買方都知道如果雙方都就某些事實達成一致的共識，那談判可就容易多了。因為真相總是能給談判帶來一線希望！而且，在談判過程中，注意用客觀事實來介紹自己的實力，是贏得對方信任的一條捷徑。俗話說：「事實勝於雄辯」，談判雖然是一門雄辯的學問，但若是脫離事實的狡辯、詭辯，即使最好的談判者也不能取得那種皆大歡喜的勝利。另外，談判中的事實能給談判留出很廣闊的空間，任由談判者的思維馳騁。事實的背後總有許多主觀的因素，因此事實也是可以談判的。即使最誠實的人在假設和對事實背景的解釋上也會有很大的差異。事實是過去的事，而談判是對未來的討論，對未來的感受和判斷是要比對過去的事的看法複雜得多。

 個案研究

　　技術不斷更新，應用千變萬化。拜耳（Bayer）是全球首屈一指的

商業談判：掌握交易與協商優勢

化學公司。由於在塑膠製造方面的創造性研究和開發非常成功，拜耳早已贏得了優良信譽。塑膠的應用變化多端，在各種工業產品上，很重要零件或材料都會利用塑膠，好處是確保品質、提高舒適程度、加強安全性能、減少重量和減低成本。舉例而言，拜耳生產的聚碳酸酯尼龍、ABS、PC/ABS，分別都適合用做各種不同類型和要求的塑膠零件。液態塑膠如聚酯塗料則可以作為各種車輛的生產線塗料和修補漆，而且可用做建築外牆、機器、飛機和船舶的塗層。

上述的論點是：拜耳塑膠性能超群，應用千變萬化，為了論證這一論點，作者從事實出發，讓事實說話，避免了空談的尷尬，頗具說服力。再看下面一例，德國某公司代表在一次出口產品交易會上，想向某國某農用耕耘機廠訂購一批農用耕耘機，但擁有世界上眾多名牌汽車的德國人不大相信中國耕耘機的品質和銷路。對此，耕耘機廠代表並沒有單純地羅列一大串枯燥的數字指標來說服他，而是家常式地問道「貴國有一位叫做穆勒的機器生產商，您認識嗎？」「認識，當然認識，我們都是做農用機械生意的，還曾經兩度攜手合作過。」「噢！那您為什麼不向他瞭解一下情況呢？他去年購買了我們一大批耕耘機，可是大賺一筆。」德國代表回到住處後，立即打長途電話驗證了這些情況，第二天興高采烈地與耕耘機廠簽訂了合約。

1. 特別訓練

商業談判需要充分利用手中掌握的事實。在介紹己方情況時，選用具有說服力的事實替自己展示實力，會使你的介紹真實可信，事半功倍。最常見的例子就是市場上賣水果的人大聲吆喝「水果不甜不要錢，可以先試吃再買！」這就是在向顧客介紹水果的品質，贏得顧客的信任。比如有這樣一則廣告：「你知道××牌水泥嗎？在A工程、B工程、C工程（所列均為國家大型建設項目）的建設中，它均為首選材料。你不試試

嗎？……」這也是用事實證明自己實力的一種宣傳技巧。看到這則廣告的讀者第一反應就是：A工程、B工程、C工程均為國家重點建設項目，它們都使用了××牌水泥，那麼這種水泥品質一定不錯；用這種介紹方式顯然比單純說「我們的水泥品質超群、品質優異。」更具說服力。

2. 要求實事求是

商業談判要求實事求是而不是言過其實。事實是可以驗證的，是不以人的意志為轉移的客觀存在。事實的客觀性、直觀性有時要比資料更具說服力。在談判過程中，當你向對方介紹關於你實力的事實後，對方一定會以最快的速度驗證。一旦你所說的經驗證是真實可信的，對方對你的信任也會油然而生。這就要求你在運用事實、顯示己方實力時一定要遵守規則，做到實事求是，絕不能言過其實，吹牛誇口。在談判中口氣小一點，多留些餘地，反倒會使你陳述的事實更具說服力。

二、資訊的善用

資訊是打開商業談判成功之門的鑰匙，它影響我們對現實評價和所做的決定。訊息是談判的核心，那麼人們為什麼總掌握不到充分的資訊呢？因為我們總是把自己跟別人的談判衝突看成是一種特殊的和偶然發生的事情。我們很少預料到需要什麼資訊，除非發生危機或困難出現而造成一連串惡果時，我們才知道需要資訊了。而且，也只有在緊急狀態下或截止期迫在眉睫了，我們才感到自己需要進行談判。於是我們突然出現在上司的辦公室裡，走入汽車經銷店，或去商店……當然，在這種情況下獲得資訊是很難的。

1. 資訊的重要性

美國民眾對彈劾尼克森總統的最初反應就能充分地說明這一點。在最初國會提出彈劾時，對一些人做了調查，這基本上是對全體選民的一次抽樣調查，結果有92%的人反對彈劾。理由是：「我以前從未聽過這件

事」、「這會削弱總統的職能」、「這會給後代樹立一個壞的先例」。三個月以後，又對上述人做了一次民意測驗，反對的人降到80%。再過幾個月後降到68%。在從第一次調查後還不到一年時間，再對這些人進行最後一次調查，結果有更多的人贊成彈劾。這些人為什麼改變了主意呢？顯然有兩個原因：

第一，他們得到了更多資訊。
第二，他們有了新觀點。

而且，新觀點只能是一點一滴的慢慢提供才會使人改變看法。因此，造成上述改變的最主要因素還是資訊。

2. 特別訓練

談判的截止期比人們預計的要靈活得多。同樣，談判的實際起點比開始面對面交談也得提前幾週、甚至幾個月。當你在閱讀本書時，你也正處在許多短期內不會發生談判的「準備階段」，所以：

(1) 談判或任何交涉都不是一個「事件」，而是一個「過程」。

兩者都沒有精確的時間限制。例如，精神病醫生宣佈病人是在六月六日星期五下午3時發病的，這並不意味著病人正好是在那時得病的，當然也不是說病人在2：59分時還好好的，突然在幾秒鐘後變瘋了，而是早有症狀了。精神病是一個過程，要發展很長時間才會發病的。

(2) 收集資訊應在談判事件前進行

在此期間，你應悄悄地、不懈地去打聽。因為在實際談判期間，隱瞞真正利益、需要和優先事項，常常是一方或共同的策略。採取這一策略的理論基礎是因為資訊就是權力，尤其是在你不能完全信任對方的情況下。例如買東西的人不讓賣東西的人知道他真正喜歡哪些東西，如果被知道了，價格就會上漲。當然，如果你能知道對方的真正需要和他們的極限與截止期，你就會佔很大優勢。而你想在談判進行期間從圓滑的談判者嘴裡

獲取這種資訊，則是難上加難。

(3) 你應顯出心神不安和毫無戒心，這樣人們才願意幫你、給你資訊和建議。

有些人認為對人越恐嚇或越顯出滴水不漏，別人就越能告訴你什麼東西。其實正好相反。你應該多聽少說，寧問勿答，還要多問些你已知道了答案的問題，因為這樣可以檢驗對方說的話有多少可信度。

(4) 向那些跟你未來的談判有關係的人收集資訊

向那些跟談判對象一起工作的或為他工作的人，向那些曾經跟他交往過的人，包括秘書、職員、工程師、守衛、配偶或以往的客戶收集資訊。如果你不以威脅的方式靠近他們，他們會樂意接受你。現實中，跟對方的有關人員直接接觸往往是不可能的，在這種情況下，你就得找第三者，利用電話詢問，或者找以前跟對方談判過的人，每個人都有成功之處，你可以學習他們的經驗。

(5) 另一個資訊來源是對方的競爭者

他們可能願意告訴你有關成本費用等資訊。如果你是買方，當你知道賣方的成本費用後，你就能在談判價格上佔很大優勢。這種資訊並不像你想像的那樣難得，因為許多政府或私人的出版品，都常刊載這些資訊。

三、線索與應用

上談判桌時，你就得對自己嚴格要求，不僅要認真傾聽對方的話，還要認真地把思想集中在事情的發展上，如果是這樣的話，你就能更多地瞭解對方的感覺、動機和真實需要了。當然，專心傾聽不僅要聽懂對方說些什麼，而且要發現有哪些話沒有說出來。人們是不會直截了當的，但也有人不願遮遮掩掩和故意捏造。

近年來，對線索的研究和解釋已經很流行了，因為一個線索就等於一封間接發來的電訊，它的意思可能要比直接資訊更神秘模糊一點，所以需要解譯。

1. 線索的意義

有個例子可以說明線索在人類活動中的意義。假設你想向你的老闆推薦一個好建議，在你開始解釋時，你看到老闆兩眼盯著窗外的一根電線杆，這個暗示本身也沒什麼意義。你繼續往下說，這時老闆靠到椅背上，雙手環抱，他瞇著眼睛看著你，這又是一個線索。把它跟第一個暗示連起來可能就有意義了。儘管如此，你還是繼續往下講，老闆開始用他的手指關節敲碰桌面，這又是一個線索。跟前面兩個暗示構成一個圖形。

這時老闆站起身，用手摟住你的肩膀，開始把你往門口帶，這又是一個暗示。如果你中途覺醒了，這個暗示就很明顯了。你已到了門口了，老闆的眼神是遲鈍的，他向你點頭再見。如果你能察言觀色的話，你應該明白了吧！

2. 特別訓練

特別訓練線索一般大致分為三類：

(1) 無意露出的線索

即對方的行為或語言無意中露出的訊息。

(2) 言語線索

即聲調和語氣發出的，跟所說的話有矛盾的訊息。

(3) 行為線索

即身體表達的語言，如身體姿勢、臉部表情、視線、手勢、坐位的地方、誰輕輕推了誰一下，誰在誰的肩膀上拍了一下。

我們自嬰兒時代就學會了不用語言來向別人表達自己的需要。這個本能被我們保留下來，例如：眨眼、觸摸、皺眉頭以及交談時不願盯著對方的眼睛等。這些都是暗示，是給我們線索，讓我們觀察事情的變化和本來面目。現在人們對非語言資訊——即線索的表現和釋義十分熱衷，關於這類主題的出版物也越來越多，稱其為「人的空間運動學」，專門研究空間和人在空間的運動。大部份身體語言傳達的意思是明顯的。

作為一個談判者，在任何交際中你都得敏銳地察覺非語言暗示的含義，甚至聖保羅也告誡人們：「筆能殺人，而精神給予人生命。」所以在談判期間應儘量向後站，這樣你就能用你的「第三個耳朵」聽和用你的「第三個眼睛」看。這種向後站的態度就能使你聽到對方的非語言環境裡的意思，而使你看到全貌。在談判中，線索是有意義的，它是一堆意思中的一部份，還同時指明事情發展的方向。雖然說單獨地解釋一個舉動是白費時間，但對真正含意的敏銳覺察是很重要的。

透過觀察對方的讓步行為，常常能獲得談判所需要的關鍵資訊——真正極限。真正極限，即對方為達成協定準備做好的最大讓步，換句話說，就是賣方的最低售價和買方的最高出價。假設我跟你談判購買一套昂貴的設備，我的預算支出是30000元。因為你賣的是新產品，所以你提高了價錢。如果我的第一次出價是10000元，第二次出價是14000，那麼你可能認為我實際上會付18000、甚至30000元。為什麼？因為我從10000到14000漲的幅度太大了。這時，即使我發誓我只有20000元，但是在明顯的競爭交易中，你是不會相信的。人們傾向於不相信對方的聲音，經驗告訴我們，讓步行為的增加幅度乃是很好的指標。

四、目標成事實

既成事實，木已成舟，其原則很簡單，某人以出人意料的行動置自己於有利地位，而且對方還不得不接受它。這一招同樣被廣泛運用於商業談判中。要進一步領會「既成事實」的含義，只需添上「臨時突變」四個字。「既成事實，臨時突變」，你就是不接受也不行。站在道德的角度上，這確實是不講信用，但是經商、談判並不是做慈善事業。

如果有人先得知政府即將要施行價格控制，就立即通知他的顧客，將價格上調了整整5%。不久，價格控制真正開始實施了，這位製造商便開始與每個顧客談判。大部份客戶對低於5%的價格上調都很滿意，這位製造商既成事實的談判大獲全勝。由於製造商適時採取行動，造成既成事

實，使談判對方乖乖就範。除此之外，在其他背景、條件下採取行動，造成既成事實，同樣具有作用，能給談判者創造優勢。

留心一下周圍，你就可以發現許多典型的買賣雙方做出的既成事實的例子，你就會知道現實世界中這種策略的運用是多麼廣泛，而身經百戰的談判家是多麼擅長此方式。如果我們仔細觀察，可以發現他們的行動一般是：

(1)議定價格之前維修機器。

(2)做一些變更，然後再談判。

(3)付給賣主一張低於帳款的支票。

(4)推遲發送買方必須用於生產的零件，並且有些是次級品。

(5)讓賣方按你預定的數額與型號開始生產，最終卻放棄訂貨。

(6)不承認先前的承諾，就新價格開始談判。

(7)違反先前制定的規則，重新確立規則再開始談。

(8)同意某一組術語，但使用另外的術語發訂單或通知。

(9)將機器安裝好以後，推遲發貨，要求對方擔保。

(10)違反一項法律的情況下開始談判。

 **談判加油站**

勵志：一杯水的故事

從教育訓練的觀點看，談判者的學習可分為三個層次，最普遍的是學習並善用既有的談判策略，其次，是整合既有的策略，然後加以創新。最難的學習層次是：如何讓自己融入廣大的談判專業領域裡？

有一次，智者在海邊講道，許多人慕名來聽講。在結束時，智者按例提出問題，由聽眾回答。他手中拿著一個杯子，

問：這是什麼？

眾人異口同聲回答：一個杯子。

問：裡面是什麼？

前面的人回答：水

問：如何把這杯水長久保存？

有人回答：用泥土把杯口封住。

又有人回答：用蠟把杯口封住。

智者還不滿意這些回答，

於是智者對坐在前面的一個小男孩說：

小朋友，你聽懂我的問題嗎？

小男孩點頭表示聽懂。

智者在問：你有答案嗎？

小男孩說：把這杯水倒在大海裡！

商業談判：掌握交易與協商優勢

書訊：如何在談判工作和生活中取得成功

書名：*Getting More: How You Can Negotiate to Succeed in Work and Life*

作者：Stuart Diamond (2012)

原書可在www.amazon.com以及www.bn.com購得。

中文本《華頓商學院最受歡迎的談判課》，洪慧芳，林俊宏譯，先覺出版，2011。譯自*Getting more: how to negotiate to achieve your goals in the real world*, 2009 版本。 國內圖書館有譯本藏書。

內容：

第一章

商業談判的背景

加油：觀察能力

觀察，是人類知覺的一種特殊形式。知覺的有意性不同，常常會有不同的效果。這種感知活動是經過組織的，是有選擇性的。我們把這種有目的、有組織、持久的知覺活動，叫做觀察。而觀察力則是指那種能迅速地覺察出事物的不十分顯著，然而卻是非常重要特徵的能力。它是人認識世界、增長知識的重要途徑。不少科學家如牛頓、愛迪生、愛因斯坦都從培養觀察能力入手，由此打開科學的大門。而談判工作者、教師、演員等，都需要觀察力，而且是敏銳的觀察力。觀察是智慧的窗口，思維的觸角，認識世界的途徑，檢驗理論的手段，踏進科學世界的起點。

第一，培養觀察的優良品質。在學習活動過程中，明確觀察的目的性，把握觀察的對象、要求、方法和步驟，使觀察具有條理性，能統觀全局，有條不紊地進行觀察。同時，要理解所觀察的內容，在觀察活動中，能敏銳地發現為一般人所不容易發現或容易忽略的東西。同時，既要注意搜索那些預期的事物，還要注意觀察那些意外的情況。我們需要充分發揮觀察力，使自己能按照預定的目標，去獲得系統的、理解的、深刻的、真實可靠的感性知識。

第二，保持積極的觀察態度。觀察態度越積極，觀察的效果越好。要幫助人，就要能設身處地理解人；要理解人，就要觀察人；要學會觀察人，就要有滿腔的熱情，要有將心比心的積極態度，否則就不能找到理解人和幫助人的關鍵。

第三，擬定周密的觀察計畫與紀錄。為了保證觀察活動有系統、有步驟地進行，需要擬定周密的觀察計畫，明確觀察的對象、任務和要求、步驟及方法，按照計畫有系統地進行。計畫可以是書面的，也可以是表象的形式保留在頭腦中，可視情況而定。同時，寫觀察記錄或觀察日記對於培養自己的思維能力、語言表達能力、發展智力都是有實際效用，同時還可培養持之以恆的自學精神。

第二章

談判基礎的要求

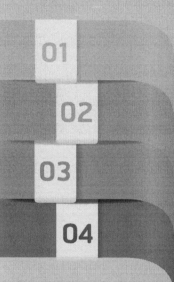

01　　談判的基本能力

02　　談判的基本策略

03　　談判的國際禮節

04　　談判加油站

01
談判的基本能力

　　由於談判是一種專業性工作，談判的基本能力是談判者及談判團隊要建立的條件，因為它是維護：

——談判一致性
——談判延續性
——談判整體性

的三個基礎。雖然談判的策略因情況而改變，但是其核心價值所建立的談判能力是不變的。

　　根據第二章「談判基礎的要求」主題，本節首先討論談判者當具備的基本能力，其他包括第二節談判的基本策略，以及第三節的談判的國際禮節。本節討論的議題有四項：一、認知能力；二、辯護能力；三、異議能力；四、收割能力。

一、認知能力

　　在建立談判策略之前，談判者必須致力於充實談判相關的知識，以達到「知己知彼，百戰百勝」的境地。在第一章中，我們已經討論過，如何在談判開始之前，瞭解對方的談判目標和談判計畫。當然，這的確是談判準備工作中很有價值的東西。但更為重要的是，當你在談判桌前坐下來時，如何再獲取資訊。這時收集到的資料有兩大好處：

第一，這些資訊可以使談判者正確地評估出對方的立場是否有道理。

第二，談判者需要根據這些資訊，來估計這會對談判方案的內容有怎樣的影響。

透過仔細審查對方提案的細節和權衡這些與本身方案相斥的因素，你就會清楚地知道，在哪些領域可以達成協議，哪些不能。這樣，你就可以挑出你可以同意的內容，並用它們來抵消對方將會有異議的部份。這有助於你調整方案，以消除達成協議的障礙。

談判個案

某甲是一個很大的製造商，它從乙供應商購買電子零件，而這些零件正是乙供應商的專利產品。甲透過談判前的研究發現，還有另外兩家可以提供類似的零件，但這些零件須經過某些改進才能滿足甲的要求。乙供應商就成了甲所需貨物的最佳來源。

談到價格時，雙方陷入了僵局。甲要求乙提供一份詳細的分項報價，甲對此報價進行了細緻的費用分析，發現所得到的資料基本上都是有利於乙的報價。甲認為乙供應商零件的單價太高。

解決辦法：甲方的談判代表團召開內部會議，討論了幾個不同的方案。其中之一就是以大量訂貨來換取乙方單價的降低。這當然是可行的，因為甲在未來仍需要這種零件。另一個方案是：改變甲方的設計，使零件的技術規格不那麼嚴格。甲方代表團中的技術專家認為可以這麼辦，估計這將使乙方平均費用減少10%左右，從而使零件的單價降到甲方可以接受的水準。

最後決策：甲方決定向乙方建議改變技術條件，換取乙方降價。甲還決定提出一個不定價格的合約的另一種選擇，如果乙同意這種選擇，那麼價格可以單獨議價。就是說甲不同意按一定的購買數量接受

乙的不二價。但是甲感覺到如果在合約中加進這個不定價格的選擇方案，乙就可能願意試一試，看看是否能將成本降下來。因為乙已經知道，如果價格合理，甲就會要求採用這個選擇方案。

談判結果：甲和乙同意簽這份合約，貨物的價格將按修改後的技術要求。談判成功使甲瞭解了有關乙的價格的基本資料，分析過後認為這個價格適當。確知這個價格合理使甲願意實行這個選擇方案。

值得注意的是：許多談判之所以難於進展，正是由於一方或雙方沒有充分利用從另一方獲得的資訊。很多時候，人們都傾向於只採用可以反駁對方論點的資料。當然，這也是應當達到的目的。但是，從解決問題的角度來審查某些細節，也有同等的價值。換句話說，如果雙方都能改變一下立場，就可以達成雙方都滿意的協定。正如從上面所舉的例子可以看出，如果能夠得到有用的資訊，就可以想出更有創意的方法來解決難題。

二、辯護能力

不管你自認為價格是多麼合理，當談判開始時，對方一定會說你的要價過高。這主要有兩種原因：

第一，人人都想做筆好買賣。如果接受對方最初的報價，不符合這樣的想法。簡單地說，每個人都喜歡討價還價，都想要有便宜的價錢，如果沒有砍價的話，人們一定會認為買到貴的貨品。

第二，對方認為你報的價有灌水是很自然的一種看法。既然有這樣的想法，所以都會盡可能提高自己從中所能獲得的利潤，所以一開始的報價，必定是高價。

由於人們都有初始報價裡一定有加價的成見，開始談判前你就必須先準備好底線。如果你先有了準備，那你就掌握了降低價格的靈活性。當

然，如果你真的無需大幅度降價，那就更好了。儘管如此，不是每個首次談判都須要將價格灌水。

如果你賣的是很平常的貨品，同樣貨品在市場上已有公認合理的價格時，而你的定價如果超過太多的話，人家一定會認為作生意沒有誠意。當然，如果你能說明為什麼差那麼多的道理，那就不同了。因此，如果談判者面臨的是這種困境，就必須採用一些手段來說服對方，使對方知道為什麼你報的價格確實是合理的。

那些定價比其他競爭對手高的賣主們所常常陷入的困境。如果談判者遇到這種情形，千萬不要氣餒，因為人家訂貨總要比一比價錢，一定會碰上一些價錢比你報得低的競爭者。因此，不管你是想獲得更好的利潤，還是你不得不為你的報價辯護，你都得使用一些方法來使對方覺得你報價合理。

三、異議能力

在談判中也需要具備駁回與提出異議的能力。但是參加談判時就認為自己的報價太高的話，就更麻煩了。我們經常看見有人在談判桌上，就價錢問題與別人爭論不休，儘管他自己也並不確信所報的價格是合理的，這種人肯定以失敗收場。當然，人人都知道一些關於別人的交易過程或成交金額。如果一個人很努力並且培養自己的判斷能力，就不會認為別人會做賠本的生意，更不可能對別人砍價而感到意外！但是，聰明的賣主是極為稀少的，而商場上的傻瓜也不是常見。因此要想成功地為自己報出的高價辯護，你必須是有見識的，絕不能只想碰運氣。想要別人接受高額報價，必定要先做足功課。

談判者首先要知道的是：價格策略。簡單地說，就是你報價的基礎是什麼。有何強而有力的理由可以說明你的產品的成本比你的競爭者們高呢？當然有，例如品質、可靠度、售後服務等項目，就是可以說明為什麼你的價格較高的理由。另外有一種微妙的理由，例如外觀或看起來很時髦。因為，那些時速可達數百公里的跑車畢竟不是因為買主想以很高的速度開在路上，就等著收紅單與罰款而去購買。這個道理適用於很多奢侈品，買它們的人並未在貨品的價格與價值之間多加考慮。曾有人說：「如果你還在問價錢，那你一定捨不得買！」這句話對於那些外觀亮麗精美、非常暢銷的東西形容得最貼切。但有一點不是很合理，那就是「只」有當買主認為它高時，它才算是高價。這就是說，只要你能使買方認為值得，你可以用高價賣出絕大多數的東西。

再強調一遍，要想使別人認為你的價格合理，你得先知道你的價格是建立在什麼基礎之上。不知道這個基礎，就等於無法保護這個價格。因此，你不論是在賣觸摸得著的，還是觸摸不著的，你還是必須跟買主說清楚，為什麼你這東西的要價是值得的。賣方能說出的道理，可包括下列：

──你賣的是好處：買主買了你的產品之後，可以得到哪些好處。

──你賣的是價值：你能使買主認為，儘管你的價格高了一些，但從產品的性能看，它比同類產品更便宜。

──你賣的是優越：使買主認識到買到的東西將有助於他與別人競爭。

──你賣的東西可以使買主引以為榮。

──你賣的是獨一無二。

──你賣的是服務。

實際上，你在談判中為你的價格作辯護的方法有很多。但是，除了你反駁對方所提出的異議外，同等重要的還是知道自己的價格，及對方會提出異議的是什麼？常見的情況是：由於其他原因，某人不願意做某筆生意時，價格就成了他的藉口。其實，買主所說的「你們的價格也太高了！」

其真正的意義是不想成交。所以，當你聽到了有關價格的第一個異議時，你要想一想為什麼對方會認為你的價格太高？這一點你一定要追究到底，直到你確知它是什麼為止。例如：

——是因為對方把你的價格與你的競爭對手的價格作了比較？
——同類產品的價格都比你提的價格低？

　　盡可能從談判對手收集資訊，然後根據真正的原因來解釋價格。你才會瞭解他們說你的價格高，是不是由於其他的原因。除非能做到這一點，否則你是不會知道真相的。重要的是：如果還有競爭對手在賣相同或類似的東西，除了充分瞭解自己的產品之外，你還得瞭解你的競爭對手的產品。實際上，如果可能，把它買進來，試一試，就是要摸清楚競爭者的東西是比你的差？還是好？

四、收割能力

　　談判的最後一項基本要素是簽署談判成功的條款。可以保證談判成功或將損失降到最低點的條款，就是要將談判桌上的承諾，變成有約束力的承諾，否則你得到的只不過是口惠而已。因此，書面協議中應詳細註明雙方的權利和義務。除了一般買賣之外，絕大多數談判都須在許多內容上達成協定。可是，常常是一個看起來無足輕重的小問題，由於它被忽略了，而在以後變成了大麻煩。特別是當談判的一方，認為問題雙方已經達成協議，而實際上並非如此時，這種情況就更容易發生。

　　有時，是由於把說過的話當成了協議，而實際上那不過是與另外一些條件相連的一種提議。例如，人家對你說：「如果能做到那一點，我們就能做這一點。」這實際上等於什麼協議都沒有，隨後又討論了別的問題。當談判已經結束時，雙方中的一方錯誤地認為先前講過的那個問題已經包括在協議之內。下面是一個被誤解的例子。

談判個案

　　「甲」和「乙」正在為一筆10000件小玩具的交易進行談判。在討論過程中，「甲」隨口說：「如果能在30天內付款，我們將給您9折的優惠。」隨後，討論就轉入了其他問題。經過了長時間談判之後，「乙」同意先付4000件的款項。這回關於折扣的事誰也沒說什麼。於是「乙」就寫了一份4000件的訂單，並註明：如能快些付款將得到10%的折扣。「甲」在收到這份訂單時表示拒絕，因為該公司規定訂貨在5000件以下時沒有任何折扣。於是，雙方都因而生氣，訂單也就不能執行。這是誰的錯呢？其實雙方都有責任，因為他們直到談判結束，都忘了確認有關這次購貨的所有條款。「乙」認為折扣適用於任何數量；「甲」則認為「乙」已經理解訂單的折扣是針對10000件物品。

　　為避免發生這類的誤會，每次談判會議結束後，都要對談到的每一條、每一款進行審查。永遠不能鬆懈，不要以為先前說過的某些話就適用於最後談成的交易。由於未能把每個條款都定得沒有任何誤解，也許還未等你們舉杯慶賀交易達成時，麻煩就出現了。

02
談判的基本策略

　　成功的談判，除了交易的現實之外，通常有三個基礎：談判的基本能力（第一節）與談判的基本策略（第二節），談判說服的技巧（第六章）。談判的策略所要討論的內容包括：一、對手影響力；二、協商與辯論；三、達成協定。

一、對手影響力

　　評估對手的談判能力與影響力，就是確定談判對手有多大決策權，以及是否有幕後決策者的重要性。這一點必須特別注意，因爲如果你不知道所要達成協議的最後決定權在誰手裡，那就好像原地打轉而永遠無法到達目的地。和你談判的這個人，可能沒有達成協議的權力，這是常見的事，特別是當對方組織機構龐大，事事都必須經過上司批准。

　　事實上，即使是由高級人員談成的協議，在其能夠執行之前，也還須經過嚴格的審查。你的談判對手也許並無最後決定權，但他對談成協議的影響，還是不能輕視的。所以，如果你只是使對手相信你所提方案的優點，只算是成功一半，因爲你還得靠他說服他的上司，他是否能成功，就得看他有多大本事了。因此，估計一下你的對手到底有多大本事，他在所屬機構中佔有多高的地位，還是很有必要的。

　　如果他沒有最後決定權，那麼誰有呢？原來所談成的協議，還得接受上層人士的審查。如果是這樣的話，你也必須保留將協議交由你的上司審核的權利。這麼做，可以保證你不致於成爲對方將送交上司審核的一種藉

口，目的在於從你這裡獲取更多讓步。換句話說，如果你的對手真想要用這一招，你已經有了反擊他的手段。一旦你確定了你們談成的協議，還得經過上級審核，你就得想一想，那麼你的談判對手到底有多大能耐呢？如果你的對手根本無權決定任何事情，那你最好從談判一開始，就要求對方派一位有能力做出承諾的人來，這可是件很難辦的事，特別是當對方有可能將這筆生意交給別人去做的時候。

然而，在開始討論正題之前，你必須確知你是否可能試探一下。即使你發現這是可以做的，實行時你也得用點外交手腕。例如，你可以這麼說：「先生，既然無論如何事都還得經過主管的批准，那麼從一開始就請他參加談判不是更好嗎？」這樣說，或者採用一些其他辦法都是可能奏效的。如果不可行的話，那你也只好就與眼前這個人開始談，然後再看會發生什麼事。如果談判是由於對方無權決定，而陷入僵局，你就可以更加堅持你的立場了。

在評估你的談判對手到底有多大能耐，將本次交易向他的上司說服時，你應當注意的是，這個人的談判經歷和他在對方組織機構中所佔的地位。此外，還要查一下是否有線索能夠說明，單就本次交易來說，這個人比其他可能的對手，其能耐是否更大一些。顯然，如果這個人出於某些原因與最後決策人有相當好的關係，這也是不錯的談判對手。不論如何，談判對手說服其上司的能力，將是決定這次談判是否能朝著達成最後協議的方向進展的重要因素。

除了確定談判對手的真實或能耐之外，在這一領域常常遇到的難題還有，那就是確知你的對手是否在用請求上司批准這一招，試圖從你這裡得到更多的讓步。耍這種花招的老一套說法：「我們老闆可是連8萬塊都不肯花啦！但我還是願意出價9.9萬！」這是談判人員常用的一招，儘管他也許完全有權決定是否達成協議。在這種情況下，你最容易犯的錯誤就是繼續跟他議價，因為這事實上就等於你已經接受了他所說的一切。一旦發生了這樣的事，你的對手就很可能利用不存在的上司，來換取你更多的讓

步，就是說你每報一次價，他都要用這位上司的否決權來威脅你。他會一直這麼做，直到你被人家嚇跑了為止。到這個階段，人家才會把你請回來簽協議。那時候，人家用這一招，已經從你的口袋裡掏出很多錢了。

對付這種：「我們老闆肯定不會接受這個價格！」的花招的最好辦法，就是堅持要這位有權決定的人來參加談判，並成為積極參與的一位。你可以這麼說：「那麼，既然您的上司對我的報價有意見，那何不請您的上司來跟我認真地談談呢？我很想聽聽他的不同看法到底是什麼，這不是更直接了當嗎？因為我確信我方的立場是完全正確的。」如果對方拒絕你的要求，那你就簡單地說：「那好，我們的報價就是這樣了，除非不同意的那位先生直接向我們說明他不同意的立場到底是什麼？」

用這種辦法可以迫使你的對手：

──把他的老闆請來。

──宣佈談判破裂。

──接受你方的報價，即所謂將會為他的上司所否定的那個報價。

如果他選擇了第三種做法，那你不是就知道了對方是在跟你耍花招？如果不是這樣，那就真有可能使一位上司出現在談判會場，並由他來說明為什麼你方的報價不能接受的原因。

還有最後一種可能就是，他宣佈談判已告破裂，然後再請他們的老闆出面，試著與你的上級達成一個協定。總之，不管他用什麼來嚇唬你，只要你報的是個最佳報價，那你就乾脆拒絕退讓好了。對於大多數談判來說，除非一方或雙方都已確信對方已被推到了極限，否則協定是不會達成的。用這一招加上其他辦法來反擊你的對手，常常會發現，一筆交易正是在看起來已無交易可談的那個點上做成的。

當在談判桌上論及的某事被一個上司的名義拒絕時，這種來自上面的否決，也常確實出自對方的老闆之手。但是，這也還可能是其他人，比如技術專家、會計師、律師、董事會成員和銀行家等，這些人都可能成為不

同情況下，使得某一協議不能達成的原因。當然，這也可能就是真的，但除非你已經得到第一手資料證明它之時，你根本無法確定對方是不是只在跟你要花招。而且，即使你有了第一手資料，你也還不敢肯定，或者至少在你方的專家對此進行審查，並確認對方的否定是有理之前，你還不敢肯定。

用某個第三者來反駁你方報價的這一招，已被用得那麼廣泛，用以下的例子來說明怎麼對付。

 **個案研究**

海先生代表一家小的製造商，正在和羅先生（一家供應商的合約科科長），洽談有關向該供應商購買製造商生產所需原料的事。談判在供應商處進行。供應商一方使用了「我們老闆不同意」這一招。經過了長時間的談判之後，雙方的立場已經相當接近。

海先生已經對所購原料出價45萬元，羅先生說這個價看起還合適，但表示還得和他們的老闆商量一下，說完他就走出了會議室。大約10分鐘後他就回來了，於是就發生了下面這一段對話：

——羅先生：「我已經請示了我的老闆馬先生，他告訴我，任何低於55萬元的價格都是不能接受的。但是，我告訴他貴方絕不肯再讓步了，於是他又說，看在貴方是我們的老客戶的面子上，他願意接受一半損失，把價錢定為50萬元就成交。」

——海先生：「這不行，我們去年花42萬元買了同等品質的貨，45萬已經是我方的最高價，這一點我在一小時前已經告訴您了！」。

——羅先生：「我知道，海先生，可是……，（海、羅兩位又爭講了大約三刻鐘，可是海先生仍是不肯提高價錢。）

——羅先生：「好吧！我再去跟老闆商量。」他又出去了，回來後他

說：「馬先生生氣了！不過我還是讓他同意48萬這個價。趁他還沒改變主意，咱們就簽約吧！」

——海先生顯得很生氣說：「我看不出再談下去還有什麼用。我已經訂了機票，兩小時後就得登機回去。如果你們老闆想做這筆生意，那就請他來直接跟我說好了。請他現在就來，否則我就要走了。」

——羅先生：「請稍候，我馬上就回來！」（5分鐘後他陪著馬先生進入會議室）馬先生與海先生握手，坐下後說：「海先生，問題到底出在哪兒？」海先生：「問題不在我們，我已經出了我們的最高價45萬，這已經比我們上次買同樣的貨時多給了3萬。如果您還不接受，那再討論下去也就沒什麼用了。」

——馬先生：「從去年開始我們的成本就提高了不少，海先生，現在讓我來跟您算算幾筆帳。」於是馬先生逐項地說了幾個海、羅二人已經討論過的數字。

——海先生聽了幾分鐘，確信他說不出什麼新的論點後，就說：「請停下，馬先生，這些我和羅先生都已經討論過了，您到底接不接受45萬這個價？」一邊說他一邊收拾桌上的文件。

——馬先生：「我真不知道接受這個價後，我們還有什麼利潤！但是，我可絕不也讓您把我看成老頑固，讓我再跟本部副總裁商量商量，看他有什麼話說。」

——海先生：「這要花多長時間？離我登機可只剩下一個鐘頭了！」馬先生：「我10分鐘後回來！」15分鐘後他回來了，坐下後他說：「海先生，我給您帶來了好消息，副總裁說，如果我能為這筆生意的任何損失都承擔責任，他讓我用46萬元的價格跟您簽約。離您給的價沒多遠了。說句實話，我們這可是跟您賠本做生意！」他向海先生伸過手來說：「怎麼樣，好嗎？」

——海先生：「那就46萬吧！等我回到公司，由我來準備有關文

件。」

請注意下列三項關鍵問題：

第一，儘管海先生最後還是以46萬元成交，這比他所謂的最高價多花了1萬元，但他仍對談判結果很滿意。這是因為當他在談判開始，就已經知道會議上的任何協議，都須經對方上司的批准，因此他出價時早已留了一手。事實上，只有海先生自己知道，他們的底價應當是47.5萬元。一旦你發現談判要牽扯到上級批准時，你最好別把你的最高報價說給他的下級，這將使你在你的對手想用那一招來耍你時，你有了與之周旋的餘地。

第二，還有另外一個重要原因是，海先生拒絕與羅先生繼續談下去，而且直接提高談判級別，就是請馬先生來。馬先生來了以後，他禮貌地聽完了他講的那一大套，並確知除了他已和羅先生討論過的那些東西之外，馬先生再也講不出什麼新鮮的。當你告訴對方你提的是最高報價時，而你的對手又能使你同意和他的上司去談，那就等於你已經提出了一個你所謂的最高報價，還不是最高的資訊。

第三，當然，上面這一幕也可以用別的形式來演。馬先生可能拒絕再降價，堅持要48萬。這樣，海先生就只有兩個選擇了：離開談判桌，或再加價，直到47.5萬元為止。當然，海先生還可以使用前文中所述「打對折」那一招，即把45萬和48萬之間相差的那3萬一家一半。這樣的談判能取得何種結果，取決於與會人員和他們知道什麼時候該停止議價了。關鍵還在於雙方在任何情況下知道，到了哪個點的價，才算是合理的。重要的是，還要知道把最佳的價錢越談越近，以及知道什麼時候該拒絕那不能接受的報價。

二、協商與辯論

　　進行有效協商與辯論。對於許多種談判來說，雙方的立場有時候可能變得針鋒相對。這時候你應當特別注意的就是，有效地維護你方立場卻又不顯露出對對方的敵意和憤慨。這可是個高難度的動作，尤其是當對方一招接著一招地進攻的時候。儘管如此，與對方針鋒相對，對你的談判活動並無好處。所以在任何情況下，你都要冷靜。

　　如果你能夠認識到雙方意見不一致，本來就是談判過程的一個組成部份，這必將有助於你控制自己的情緒。因此，遇到滿懷敵意的對方時，你不跟他正面交鋒，相反地，努力找出藏在那敵意背後的原因是很好的做法。下面就是為消除對方憤恨情緒所常用的六種方法：

　　第一，提出解決問題的其他方案。對方的憤怒常常只是由於對方無力解決你們在某一問題上的分歧所造成的煩惱。如果你能提出一個解決辦法，他的憤怒自然就會消除。

　　第二，努力使話題轉向不那麼具有爭議的內容。這當然還未解決已有的難題，但這卻有助於使事態平息下來。等過段時間再重提那個棘手的問題，很有可能由於已經換了角度，對方就不致於再生氣了。

　　第三，努力用積極的態度對待雙方的分歧。使對方認識到，只要你們能攜手合作，友好的解決辦法一定可以找到。

　　第四，設身處地，站在對手的位置上，全盤地看一下所牽涉的內容。如果雙方都採取不退讓的態度，那麼，這分歧就不容易解除。

　　第五，有機會你還不妨幽默一下。在恰當的時候加點輕鬆的話題，有助於態勢平靜下來。

　　第六，如果對方仍是蠻不講理，硬是不肯改變敵對態度，那你只得直接對上他了。例如，你可以這麼說：「如果我們雙方都能保持平靜，並以理智的態度來討論問題，我想我們會達成一個友好協議的。」有時，這樣一句話很可能一下使你那位怒氣沖沖的對手，突然變得很通情達理了。但

是，如果你已經被他惹得忍無可忍，如果必要，你也可以用中止談判來威脅他。

三、達成協定

尋找達成談判的關鍵。在談判過程中，多半會發生這樣的情況，其中的一個或兩個問題，成了達成協議的絆腳石。於是雙方就在這些問題上，展開了長時間的折衝，雙方都堅持自己的立場，誰也不肯退讓一步。其結果一般都以兩種形式出現，不是在最後一分鐘達成妥協，就是談判破裂，什麼交易也沒做成。

當針對某一關鍵內容雙方僵持不下時，有許多種辦法可以有助於超越這個障礙。其中，最首要的，就是努力從你對手的角度來看看這個爭執點。問一下你自己，為什麼這個問題對你的對手是那麼重要？這除了可以使你避免只用自己的眼光看問題，也會避免視野狹隘，從而拒絕任何退讓。

事實上，如果雙方都把難題看做是一種須由雙方共同努力克服的障礙，那就沒有什麼分歧是不可消除的，因為那時雙方都不會採取不肯接受半點妥協的態度。注意聽取對方的不同意見，有助於消除分歧。有時，因為你這麼做了，你將會發現，對方不同意見的基礎也許不像看起來那麼牢固，從而使你找到新觀點，看到對方不過是在那個爭執點有禁忌而已。

發生上述情況時，人們常常忽略的一個事實是，對方之所以表示不同意，其理由很可能只不過是為掩蓋其真正原因而已。當談判未開始前，談判人員就受到了某種限制時，就常常會發生這種事。例如，他的老闆可能已經給他規定了一個他可以接受的最高價格。有的時候，談判人員也會開門見山地承認，確實是由於他受到某些限制才使談判陷入困境。一旦你知道了這個情況，你當然有辦法處理它。但是，你的對手也可能不願意告訴你這一點，他可能認為這麼做會損害他作為談判人員的威信和有效性。也還有一種可能是，對方一旦洩露了他已有的限制，你將不願意與他繼續談

判了。

　　不管是出於何種原因，一旦你發現在某個問題上你的對手很難決定，你一定要努力想出別的辦法，以不同的方式解決這個問題。比如，你是否能提出一些別的建議，來抵消你在那個已成為爭執點的問題上所做出的讓步呢？這麼做常常會有所收穫，因為這不但使協議終於得到達成，還使對方免於在那個有禁忌的問題上投降。因此，當出現了絆腳石時，努力找出方法足以使雙方規避那個難點，而不致使談判破裂。

談判心聲：界定成交區價

　　成交區價通常界定在賣方的最低售價跟買方的最高買價之間。這個說法有些道理，但不全然合理。問題在談判時，常常會出現三個不同的成交區間：

——買家的內心裡有一個。

——賣家的內心裡有一個。

——談判一但陷入僵局，找中立的第三者出面調停時，他內心還有一個。

　　所以我們建議找一個新辦法來界定這個區價，這可能很難，但是比較管用。成交區價應該界定在「買家預估賣家的最低售價」和「賣家預估買家的最高買價」之間。這種界定方法的實質在於：這個區價的基礎是對形勢的評估，而不是形勢本身。評估當然有可能是錯的，但是它可以根據新資訊的輸入而機動調整。

　　買家應當有能力降低「賣家預估買家的最高買價」，反過來說也是如此，談判技巧的重要性也就在這裡。你是如何提出要求的，你想要多少，你怎麼讓步，你的底線又在哪裡，都會改變對方心中的成交區價。

03
談判的國際禮節

　　由於商業貿易國際化，談判經常會涉及不同文化背景與不同語言者共同討論買賣議題，因此，對談判的國際禮節必須要有一定程度的知識。因此，我們認為談判的國際禮節是談判基礎的要求之一。我們在此要討論以下三項議題：一、談話的禮節；二、交談的禮節；三、稱呼的禮節。

一、談話的禮節

　　談判者首先要注意談話的禮節，內容包括：1. 得理且讓人；2. 話題要適宜；3. 聽話要認真；4. 插嘴太無禮。

1. 得理且讓人

　　在談判時，得理還須讓人，不要惡語傷人心。有人談話得理不饒人，天生喜歡抬槓，有人則喜歡打破砂鍋問到底，沒有什麼是不敢談、不敢問的，這樣做都是失禮的。在談話時要溫文爾雅，不要惡語傷人，諷刺謾罵，高聲辯論，糾纏不休。試問，在這種情況下即使佔了上風，有何益處呢？

2. 話題要適宜

　　在談判時，話題選擇要適宜，目光體態有禮貌。談話時要注意自己的態度，當你選擇的話題過於專業，或眾人不感興趣，聽者如面露厭倦之意，應立即止住，而不宜我行我素。當有人出面反駁自己時，不要惱羞成怒，而應心平氣和地與之討論。發現對方有意挑釁時，則可不予理睬。

不論和人熟不熟識，在一起相聚，都要盡可能談上幾句話。遇到有人想與自己談話，可主動與之交談。談話中一度冷場，應設法使談話繼續下去。在談話過程中因故急需退場，應向在場者說明原因，並致歉意，不要一走了之。

談話中的目光與體態也要注意。談話時目光應保持平視，仰視顯得謙卑，俯視顯得傲慢，均應當避免。談話中眼睛應輕鬆柔和地注視對方的眼睛，但不要瞪大眼睛，或直盯著別人。

以適當的動作加重談話的語氣是必要的，但某些不尊重別人的舉動不應當出現。例如揉眼睛，伸懶腰、挖耳朵，擺弄手指，活動手腕，用手指向他人的鼻尖，雙手插在衣袋裡，看手錶，玩弄紐扣，抱著膝蓋搖晃等等。這些舉動都會使人感到心不在焉，傲慢無禮。談話中不可能總處在「說」的位置上，只有善於聆聽，才能真正做到有效的雙向交流。

3. 聽話要認真

在談判時，聽人談話要認真，切勿心不在焉。聽別人談話要全神貫注，不可東張西望，或顯出不耐煩的表情。應當表現出對他人談話內容的興趣，而不必介意其他無關大局的地方，例如對方濃重的口音或說錯的某些字句。

4. 插嘴太無禮

在談判時，別人說話尚未完，插嘴搶話太無禮。聽別人談話就要讓別人把話講完，不要在他講的時候，突然去打斷他。假如打算對別人的談話加以補充或發表意見，也要等到最後。有人在別人剛剛開始講的時候，就喜歡搶話和挑剔對方。

在聆聽中積極回饋是必要的，適時地點頭、微笑或簡單重複一下對方談話的要點，是令雙方都感到愉快的事情。適當地讚美也是需要的。

參加他人正在進行的談話，應徵得同意，不要悄悄地前去旁聽。有事要找正在談話的人，也應立於一旁，當他談完之後再去找他。若在場之人

歡迎自己參加其談話，則不必推辭。在談話中不應當作永遠的聽眾，一言不發與自吹自擂同樣會令眾人掃興。

二、交談的禮節

在談判工作之餘，聊聊天對於生意夥伴來說，不僅可以增進暸解，而且對生意也有很大幫助。談話的題目在非常熟悉的人中間是不難選擇的，但對剛相識不久的人們來說就非常難選了。其實，談話是一種普通的社交手段，除了對於來自不同地區的人的一些特別禮節之外，還有許多在各國家都適用的禮節。

1. 交談七大禮節

經過語言專家，溝通專家以及談判專家的研究，在正式的場合，需要注意以下七大禮節。

第一，談話時切忌面無表情，語無倫次。說話時應表情自然，語氣和藹親切，不做不適當的手勢，或手勢的幅度過大，切忌用手指指對方的鼻子或指指點點議論別人。談話的距離要適當，與美國人保持在一臂左右，而與日本人則要遠一些，因為你們也許要相互鞠躬。談話時不要拉拉扯扯，拍拍打打，更不要口沫橫飛。

第二，與人談話時要表情專注，耐心傾聽。與日本人談話時，往往你說一句話，他就答一聲「嗨！」（「是」的意思），這並不表示他同意你的意見，而是禮貌的一種方式，表示他在專心聽，他聽懂你的意思了。在別人說話時，不要左顧右盼，心不在焉，或注視別處，也不能老看手錶，或做出伸懶腰，打哈欠，玩手機等漫不經心的動作。

第三，第三者參加談話時，應以握手、點頭或微笑表示歡迎。談話中有事先行離開，應與對方表示歉意，打聲招呼。

第四，與幾個人談話時，不要只與其中一兩個人談話而忽視了其他人。要善於聆聽對方的話，不輕易打斷。同時應注意察言觀色，如發現觸

及對方禮節的話題，可及時轉移。

第五，談話中不應譏笑、諷刺他人，不要涉及他人的生理缺陷。

第六，男子一般不參加婦女圈內的議論，也不要與婦女無休止地攀談，在許多國家，婦女的地位都與男子有差異，不要因此引起旁人的反感側目。與婦女談話要謙讓、謹慎，不與之開玩笑，爭論問題時一定有所節制。

第七，即使最熟悉的朋友，也要注意使用禮貌語言。在社交場合，不要高聲辯論，對於幽默的使用要十分注意，每個國家都有不同的幽默方式，切忌亂用。

2. 與歐美人交談

經過外交家與民俗家的研究，在與歐美人交談正式的場合，需要注意以下七大禮節。

第一，與歐美人在一起，不要吹噓自己的成就，不要談到錢，特別是女性。如果歐美人讚美你的衣服，只說聲「謝謝」就可以了，不要大談特談衣服是從哪家商店買來的，花了多少錢，對於珠寶首飾也是如此，不然會讓人覺得你俗不可耐。

第二，不要問歐洲人「生意怎樣？」，正像不要問美國人「你一個月拿多少薪水？」一樣，也不要問公司的純資產有多少，稅要交多少。

第三，歐美人一般不願在休息時間談工作，所以應避免談你們正在做的這筆生意，而非常普遍的一些商業活動是可以談的。

第四，歐洲人喜歡談政治，這個話題有時是避免不了的，要儘量不使自己捲入其中。在使用兩種語言的國家，不要問講某種語言的人對講另一種語言的人怎麼看。對猶太人，切忌談第二次世界大戰中猶太人被關在納粹集中營的事。

那麼，什麼樣的話題最保險呢？可以在與你的夥伴見面前，多瞭解一

些他所在國家的情況，談論關於商業、藝術、音樂、體育等文化活動。讚揚他的國家值得自豪的東西最保險，例如每個歐洲國家都有著名的畫家、詩人、表演藝術家、運動員、工藝師、食品和酒以及光榮的歷史時期。但要認真做一番研究，否則做出錯誤回答，就會透露出你沒有誠意，這會嚴重影響你的形象。

第五，對自己的國家多多暸解，考慮一下如何回答有關自己國家的問題。

第六，歐洲人討厭大聲談話，美國人談話的聲音會比歐洲人的高一些。如果談話時注意聽一聽，讓自己的聲音與別人的和諧一致就行了。

第七，在與英國人談話時注意不要總盯著對方看；瑞典人則喜歡交談時你看看我，我看看你；在希臘，不准久久凝視別人是一條不成文的禮節；地中海國家的人們認為呆滯的目光是不祥的。

3. 與拉丁美洲人談話

在拉丁美洲與在歐洲、美國一樣，非工作時間，儘量不要談及商業方面的問題。當然，如果對方主動談起這方面的問題則是例外。並且如果拉丁美洲人不主動談起他的家庭情況，你也不要細問，但你可以談一談自己的家庭，特別是孩子的情況。這有助於把你們的商業關係轉到個人關係上去。

其他的一些保險話題包括：你的業餘愛好、你的美學興趣，或歷史古跡、宏偉的建築以及美麗的風景等等。這可以顯示你廣泛的知識和興趣，給人良好教養的印象。

與拉丁美洲人談話，有時發表個人對政治問題的見解會引起對方興趣，假如對方談起，你就提些問題，讓他去談。儘量避免表示意見，而引起爭論。

4. 與韓國人談話

韓國（南韓）由於是高科技迅速發展的國家，一般人具有「自卑與傲慢」情結。談判時要注意這個背景。與韓國人談話下列三項提供參考：

第一，與韓國人最好的話題是歷史。談話之前，可以瞭解一下他們國家的歷史情況。這裡指的當然是光榮歷史。在韓國人面前不可談日本，也不要爲了博得對方好感而貶低日本，這樣韓國人會認爲你不誠實，不利於建立信任。

第二，在用餐和喝酒的時候談論生意是可以的，但注意不要許下任何諾言，韓國人與日本人一樣，諾言是一定要履行的。

第三，在韓國忌談政治問題。這是政府禁止的，如果違反會給當地人帶來麻煩。

5. 與阿拉伯人談話

阿拉伯人多處於沙漠地區，因出產石油而成爲「暴發戶」社會。阿拉伯人傳統注重社會階級、個人力量及重男輕女，談判時要注意這些文化背景。與阿拉伯人談話下列八項提供參考：

第一，和阿拉伯人談生意忌對他們提高嗓門，大喊大叫；忌公開批評或斥責某人。如果要指責，要把當事人請到一邊，悄悄說明你喜歡怎麼做，假如大聲斥責對方，使對方丟面子，談判就可能告吹。

第二，儘量少談未來，阿拉伯人認爲未來屬於阿拉，而不屬於人類。過多地談論明天會使你顯得荒唐，使他們感到不舒服、急躁或不耐煩。

第三，在宣佈你的公司與阿拉伯人的公司所達成的協議時，忌自做主張或大肆宣揚。阿拉伯人認爲這是違約洩密，對真主不尊。最好讓阿拉伯人首先宣佈這項協議。

第四，與阿拉伯人忌談他們之間的政治鬥爭，也不要談伊斯蘭教。

第五，如果你知道你的對手是一個有妻子兒女的人，在他把自己的妻

子兒女介紹給你之前，不要問及他們身體健康或任何其他情況，絕對不能對他妻子的容貌大加恭維。

每天的談話中一定要問及對方的健康狀況，並要表現得真心誠意。

第六，阿拉伯人可能問及你在專業上的成就和業餘愛好，你回答時一定要謙虛。阿拉伯人認為自誇是庸俗的作風。

第七，阿拉伯人切忌談到狗，更不能大談特談吃狗肉。保險的話題是阿拉伯人的足球，但要切忌表現出來比他們知道得多。另外你還可以讚揚富有成就的當地行業及其在歷史上的成就，可是對阿拉伯人不要讚揚他們的石油蘊藏量，不要讚美某些歷史人物，以免引起誤會。

第八，與阿拉伯人談話時，一定要看著對方的眼睛，這在他們看來是起碼的禮貌，如果目光旁落，則是侮辱他人的行為。

6. 與日本人談話

日本人傳統注重社會階級、團隊榮譽以及性別差異，談判時要注意這些文化背景。與日本人談話下列三項提供參考：

第一，與阿拉伯人相反，與日本人閒談時，不要盯著對方，他們會感到不自在，認為這不禮貌。所以他們喜歡看對方的脖子。

第二，在社會上活動和工作的日本婦女，不少是不結婚的。因為一結婚，作妻子的就有侍候丈夫的義務，再繼續工作是不大可能的。因此日本婦女切忌問其婚姻及年齡。問他人的年齡，這在日本是失禮的。

第三，如不暸解日本的風俗習慣，問起對方有無婚配，對方已答單身，就要轉別的話題，如再問為何不結婚，就是錯上加錯了。如無意中問到對方的年齡，他們讓你猜時，對女子要稍向年輕幾歲猜，以示她年輕美貌，對男子要稍向大幾歲猜，以示他成熟老練有風度。對年長的男子或婦女不要用「老人」等字眼，年齡越高越是忌諱。

三、稱呼的禮節

稱呼是人際交往最基本的行為之一。作為一名商務談判人員，正確地稱呼對方是十分重要的，因為它有助於縮小雙方的距離，拉近雙方的關係，從而有助於談判。

1. 一般稱呼的禮節

記不住別人的名字或叫錯別人的名字，都是極為不禮貌的行為，是商務談判時的大忌，一定要注意。

外國人的名字在發音、排列順序上，與我國不同。有時即使知道如何寫，照著字母也不一定能唸出來。第二次見面時叫不出對方名字就很失禮。如果你忘了對方的名字，可以問他：「我怎樣稱呼你？」寧可多問幾次，也不要貿然叫錯。

2. 其他稱呼禮節

以下指出其他世界各地稱呼中的禮節提供參考。

(1) 歐美人

英美人姓名的排列是名在前姓在後。如John Smith譯為約翰·史密斯，約翰是名，史密斯是姓。也有人有中間名。中間名多是母姓或與家庭關係密切者的姓。如 John Smith Wilson，譯為約翰·史密斯·威爾遜。約翰是名，史密斯是中間名，威爾遜則是姓。在西方，還有人沿用父名或父輩名，在名後綴以小（Junior）或羅馬數字以示區別。如 George Wilson，Ⅲ，譯為喬治·威爾遜第三。John Smith, Junior，譯為小約翰史密斯。

書寫時常把名字縮寫為一個字頭，但姓不能縮寫，如 G．W．Thomson，D. C. Sullivan 等。記不住或寫錯別人的名字都是失禮行為。

口頭稱呼，一般稱姓。稱男子為先生，稱女子為夫人、女士、小姐。不要對歐洲人直呼其名，除非他讓你這樣稱呼。如果某人有頭銜，則要正確稱呼，這時姓可省去，例如經理先生，秘書小姐等。如果不知道是婦女

是夫人還是小姐，那就假設她已結婚，用夫人稱呼。對未婚歐洲婦女誤用已婚婦女稱之都是一種小小的恭維，而對已婚婦女誤用未婚婦女之稱則是小小的侮辱。在美國有的婦女不願別人知道自己的婚姻狀況，她會告訴你稱她為女士。

如果歐洲人在名片上印有學術頭銜，你就要以看見的名片上的頭銜來稱呼。弗里茨·施密特，經濟學家，是「經濟學家施密特」，而不是「施密特博士」或者「施密特教授」或者「施密特」先生。在他請你去酒吧或其他酒店以前，一直要稱他「經濟學家施密特」。在喝過幾杯以後，你也許可以稱他「施密特」，但是仍然不能稱他弗里茨。

一個歐洲人的名片上可能有兩個頭銜，這在阿爾卑斯山以北地區是常見的，那裡的經理對頭銜特別注意。施密特的名片說他不僅是經濟學家，而且是公司的董事。靠努力取得的學術頭銜比在公司所處地位的頭銜更光榮。你可以光用學術頭銜稱呼，或者為了保險起見用兩個頭銜稱呼，在用兩個頭銜時，要把學術頭銜放在前面，這樣施密特就成了「經濟學家、董事施密特」，而不是「董事、經濟學家施密特」。

除非你與一個歐洲人非常熟悉，否則不要請他對你直呼其名，也許他覺得直呼其名很彆扭。大多數美國人說，他們憑直覺可以知道什麼時候適宜直呼其名。歐洲人常常不認為有必要像我們認為的那樣友好和隨便。年輕的歐洲人可能互相直呼其名，但是他們很少參加談判。歐洲經理可能並肩工作幾十年而從不直呼其名。

法國人姓名排列和英美人相同，一般由二節或三節組成。前一、二節為個人名，最後一節為姓。有時姓名可達四、五節多是教名和由長輩取的名字。但現在長名字越來越少。如：Herni Rene Albert Guy de Maupasant 居伊·德·莫伯桑。

法文名字中常常有le、la等冠詞，de等介詞，譯成中文時，應與姓連譯，例如 La Fantaine 拉方丹，de Gaulle 戴高樂等。

西班牙姓名常有三、四節，前一、二節為本人名字，倒數第二為父

姓，最後一節爲母姓。一般以父姓爲自己的姓，但少數人也有用母姓。如：Diego Rodnigueezde Silvay Ve-lasquez 譯爲迭戈‧羅德里格斯德‧席爾瓦－貝拉斯克斯。已婚婦女常把母姓去掉而加上丈夫的姓。通常口頭稱呼父姓，或第一節名字加父姓。葡萄牙人的姓名排列，基本和西班牙人的相同。

俄羅斯人姓名一般由三節組成。如伊萬‧伊萬諾維奇‧伊萬諾夫。伊萬爲本人名字，伊萬諾維奇爲父名，意爲伊萬之子，伊萬諾夫爲姓。婦女姓名多以娃、姬結尾。婦女婚前用父姓，婚後多用夫姓。俄羅斯人姓名排列通常是名字、父名、姓，但也可把姓放在最前面，特別是在文件中。名字和父名都可縮寫，只寫第一個字母。

俄羅斯人一般口頭稱姓，或只稱名。爲表示客氣和尊敬時稱名字與父名。家人和關係較密切者之間常用暱稱。

匈牙利人的姓名排列，姓在前名在後，由兩節組成。有的婦女結婚後改用夫姓，只是在夫姓後再加詞尾「ne」，譯爲「妮」，是夫人的意思。姓名連用時加在名字之後，只用姓時加在姓之後。如：瓦什‧伊萬斯特萬妮，或瓦什妮。婦女也可以保留自己的姓和名。

(2) 阿拉伯人

阿拉伯人姓名一般由三或四節組成。第一節爲本人名字，第二節爲父名，第三節爲祖父名，第四節爲姓。除非阿拉伯人請你稱呼他的教名，否則不要這樣做。多數阿拉伯人大概會用教名和姓——哈桑‧阿馬爾——作自我介紹或由別人介紹，請稱呼他「阿馬爾先生」。

除王室成員、大臣和高級軍官以外，阿拉伯人並不喜歡頭銜。特別是海灣地區的阿拉伯人蔑視炫耀，其中包括頭銜。

「謝赫」這個詞可能造成混亂。通常用它來稱呼特別值得尊敬的人：師長、長輩、宗教領袖、王室成員。當你將一個在權力、聲望或智慧方面眞正稱得上「謝赫」的人稱爲「謝赫」的時候，他可能謙虛地表示對他不值得用這樣可敬的頭銜，但是要繼續稱呼他「謝赫」，直到他明確要求不

這樣稱呼他為止。

然而，一些自稱為謝赫的阿拉伯人不是真正的謝赫。他們常常只是暴發戶，光是財富不能使一個阿拉伯人成為謝赫。這樣的人可能試圖以頭銜來引人注目，尤其是引起易受頭銜影響的東方人的注目。但是，你大概會很快知道誰是真謝赫，誰是假謝赫。對這種冒名頂替，其他阿拉伯人是有反感的。儘管如此，即使一個謝赫是假的，也要用他想用的頭銜來稱呼他。

 談判個案

在波斯灣，對統治者一般提及時，經常私下稱為「艾米爾」——當面稱為「謝赫」，隨後是教名，例如謝赫‧哈桑。

現代阿拉伯人可能用教名和姓，而因循守舊的人則可能正式稱為莫克塔爾‧伊本‧阿卜杜勒‧伊本‧穆罕默德‧伊本‧哈桑。伊本的意思是「某某的兒子」。在談話中，你不必背誦一個阿拉伯人的整個家譜。雖然其他阿拉伯人可能稱他為「莫克塔爾」，但是你首先要稱他為「莫克塔爾先生」，即使莫克塔爾是教名而不是姓。如果莫克塔爾想略掉「先生」二字，他會告訴你。

(3) 亞洲人

日本姓名字數多。最常見的是由四個字組成，但又由於姓與名字數不固定，二者往往不易區分，因而事先一定得瞭解清楚，在正式場合應把姓與名分開書寫，如：二階堂　進，小林　光一等。

談判個案

　　在與日本人打交道時，不要叫他們的名字。口頭上只稱姓加上先生就行了。第一次見面之後，經過晚間的娛樂活動，與你的日本夥伴有了進一步瞭解，並希望表示尊重，這時你可稱呼姓加上君，例如山田君。這會使你們的關係更近一些，但是「君」不應加在根本不認識的人的姓後。如果對每一個人都以君相稱，在日本人眼裡就是一種不真誠的表示。可是，如果遇到的是一位日本經理，他的地位與你相同或比你高，或是一位明顯比你年長的人，特別是老年人，你則不必等進一步熟悉，應一開始就尊稱他為某某君。如果你是一位女性，對談判小組裡的任何一位男性成員都應尊稱為君。

　　緬甸人僅有名無姓。我們常見緬甸人名前的「是」不是姓而是尊稱，意為「先生」。常用的尊稱還有「杜」，意為「女士」，用於稱呼有地位的女子。一般女子只稱作「瑪」，意為姐妹。

　　泰國人姓名是名在前姓在後，未婚婦女用父名，已婚婦女用夫姓。口頭尊稱無論男女一般只叫名字不叫姓，並在名前加一冠稱「坤」，意為您。

 談判加油站

勵志：小大衛的教練

　　談判者除了要有專業教育之外，還需要適當的實務「教練」，以便按照個人的特質與興趣，發展成為有特色的談判專業人才。團隊領導人，特別是企業老闆，要重視這項重要投資與投入。

　　有一位名叫「小大衛」的7歲男孩，是一位聰明乖巧的孩子，因為從小患小兒麻痺，雙腳不良於行，父母把他取名為大衛（舊約聖經中打敗巨人哥利雅的小男孩），大家都叫他小大衛，有一天的清晨他來到寵物店，選購一隻能夠陪伴他訓練腳力的「教練狗」。站在與他一樣高的櫃檯前，向老闆說明來意，於是店老闆吹口哨招來一隻狗媽媽帶著7隻小狗跑出來，讓小大衛挑選。小大衛只看到6隻。

　　問：「您不是說有7隻嗎？」

　　老闆說：「等一等，還有一隻！」果然看到一隻走路一拐一拐的慢慢跑出來，顯然是出生時造成的缺陷。

　　小大衛對老闆說：「我要最後出來的那一隻。」

　　老闆感到錯愕，就問：「小朋友，為什麼挑選這隻？」

　　小大衛向老闆指著矯正架的雙腳。說：「我需要是一隻能夠陪我訓練腳力的『教練』。」

書訊：成功談判的權威指南
書名：*The Negotiation Book: Your Definitive Guide To Successful Negotiating*
作者：Steve Gates (2011)

國內圖書館有原文藏書。

內容：

加油：危機能力

　　危機能力或稱危機處理能力，是談判工作者經常要面對的問題之一。危機對一般人來說是指十分嚴重的事件。例如，意外事故、突然遇到的危險事情，心理學上常把這些稱為危機事件。面對危機事件，每個人都會有焦慮、煩躁和恐懼等不良反應。人格健全和有危機常識的人，這種不良反應消退得快些，對事情也很快就拿定主意。下面介紹幾種方法：

　　第一，培養自信。自信的人敢於面對自己，尤其是自己不足之處。對自己的有限能力有充分的估計，並不斷進取，勤能補拙，朝著理想的自我前進。特別是增長處理危機事件的知識，有備而來就不會在突發危機面前束手無策了。在平常就學習些急救常識，例如：面對溺水者，知道如何做人工呼吸；面對火災，知道如何逃生；自己如果不小心手臂出血，知道如何消毒和包紮；遇到車禍，知道如何把傷害減到最低。你可以從書上學習，也可以參加相關的訓練。

　　第二，把遇到的危機清楚地記下來。當不幸和煩惱來襲時，要理清頭

緒，全面審視自我，安然面對。這些問題一般包括：

(1)我面對的是些什麼人和事？

(2)我面臨的不幸有多嚴重？

(3)我遇到的困難是不是致命？一定沒有辦法解決嗎？

(4)我是不是在誇大問題的難度而低估了自己解決問題的能力？

(5)我的煩惱是偶然的，還是必然的？能避免嗎？

(6)我是不是有點偏執而往壞的方面想？把問題記下來後，就可以冷靜、客觀地面對突發危機了。

第三，合理採用自我防禦方法。有些突發危機，是我們所難以預料的；意外的打擊會突如其來。在這種情況下，我們可以採用一些自我防禦方法來暫時緩衝一下，例如：文飾作用（自我安慰）、替代（轉移目標）、反問（掩飾內心真實動機所表現的假象）。但這些方法只能是暫時緩解，長遠之計還是勇敢面對，以機智靈活的頭腦來解決這些危機。最重要的是：敢於面對失敗，在失敗中學習經驗。失敗總是難免的，失敗是成功之母，在失敗中可以吸取教訓，從經驗找克服困難的方法，提高自己的能力。

第三章

談判準備與規劃

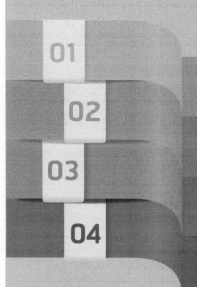

01 認識談判通則

02 確立談判目標

03 分析談判對手實力

04 談判加油站

01
認識談判通則

　　俗語說：「出門時，沒有計畫好要去那裡的人，是走不遠的。」這句話，對談判而言，也非常恰當，所以要在事前做好準備，好讓談判更加順利。在本章「談判準備與規劃」的主題下，第一項討論的是認識談判通則，以建立好進入談判實務的基礎。討論內容包括以下三個項目：一、確立談判規則；二、建立合作基礎；三、展現協商誠意。

一、確立談判規則

　　學者巴巴拉‧喬丹（Barbara Jordan）1975年於美國國會說了一句政治學名言：「如果談判者想把遊戲玩好，他最好先瞭解遊戲規則。」這句話對商業談判而言，同樣具有深刻的意義。在此，有兩個談判規則需要澄清：

　　第一，這些談判原則是什麼？
　　第二，這些原則對談判具有什麼意義？

1. 談判的原則

　　商業談判的情況與策略變化多端，然而談判的原則是大家的共識。在所有的談判中，首先要認識下列七項普遍的談判原則：

　　第一，談判雖然以雙方對談為主，也不排除三方，甚至多方的談判。
　　第二，談判是一種自願的活動，任何一方都可以在任何時候暫停談

判、終止談判、退出談判或者拒絕上談判桌。

第三，談判的前提是雙方，至少有一方主動希望透過談判來改變現狀，同時都認爲能夠達成令雙方滿意的協定。

第四，在談判中，時間是一個重要的因素。它具有影響全局的重要作用，假使一方有時間壓力時，甚至會直接決定談判的最終結果。

第五，各種談判的進展，即使是透過第三方（仲介或協調者）進行，都會強烈地受到談判桌旁的人的價值觀念、技巧、知覺、態度和情緒的影響。

第六，成功的談判結果不一定是不計代價贏來的，甚至談不上「贏」或「輸」這個字，而是雙方各有所「得」。

第七，進入談判時，雙方都認爲在落實一項決定前，有必要達成共同的協定。如果事情可以由一方單獨提出，經由對方同意，或者經過對方修正後同意，談判就可圓滿結束了。

2. 原則的意義

這些原則意味著什麼？結合上述原則，我們需要認識以下四項重要的意義。

第一，談判並不是要一決勝負。事實上，如果談判是一場生死決戰的話，談判肯定不會成功。談判通常由於雙方，至少有一方認爲可以達成令人滿意的協定，這就意味著，參與談判的人在一般情況下能夠和平共處，根本沒有必要使用容易導致衝突的「負面」策略。事實上，在絕大多數情況下，談判者之間的交涉不會導致衝突。另一方面，如果談判都採取進攻性策略，使爭議不斷升級，那麼通常就會帶來破壞性的衝突。從長遠的眼光看，這不是成功的處理方式。

第二，成功的談判在於：首先，透過觀察和分析，決定說服對方的最好的方式；然後，在適當的時候將這種說服方式付諸實施。談判是要影響

和說服對方，不是壓制和擊敗對方。有人認為，要想在談判中取得成功就必須採取強迫、固執及誤導對方的手法，持有這種態度的談判者在現實中可能會一無所獲。

第三，在正常的談判中，透過問題的解決或制訂一個雙贏的方案，可以滿足雙方的利益，但由於有些談判者過分關注表面的利益得失，而錯過這種機會，這樣就容易迫使對方採取防禦和敵對的立場，而不是與對方一起尋找雙方都能滿意的解決辦法。

第四，並非任何情況都要進行談判，而是以協商替代之。例如，在下列情況下，談判者就不可能或乾脆不要進入談判：

——一方處於明顯的劣勢，而沒反抗或者討價還價的能力。

——一方處於極度的優勢，更擁有實施個人意志的力量與企圖。

——雙方，至少一方沒有時間進行充分的談判準備工作。

——目前的談判可能會對談判者的中期或長遠目標會造成損害。

——一方的力量太弱，或缺乏談判經驗，難和對方抗衡。

——由於在談判中時間與情況非常重要，談判者必須知道自己處在談判進行中的實際位置，以及在談判過程處於哪一階段，以便適當地安排談判者的行動及行程。

談判心聲：讓步的技巧

談判者千萬要注意：不得在談判開始就讓步。如果在談判開始階段就讓步，這樣過於草率，可能無助於達成雙贏的方案。在談判過程中，每一步都必須計畫好。如果談判者沒有時間作計畫，就不要去談判。

商業談判：掌握交易與協商優勢

二、建立合作基礎

若要建立談判雙方合作的基礎。必須要確立以下三項原則：1.設定談判位置；2.共同基礎優先；3.注重整體利益。

1. 設定談判位置

首先，在進入談判、說服前，必須先確認自己對對方的要求是什麼，希望對方至少要做好哪些項目。要想檢測可能的效果，應從以下兩點做起：

第一，把要求的內容分成必須實現，或稱必然目標（Bound targets）及可視情況有所讓步，稱為潛在目標（Potential targets）兩種。

第二，制定最高上限與最低下限，也就是最高限度可要求到什麼地步，即開放位置（Opened position），與最低限度可讓步至何種程度，即下降位置（Lowered position）。在進入談判、說服前，應先設定自己的位置，也就是預先告知對方最高限度的要求事項——開放位置。

請注意：在談判開始的時候，不要提及下降位置，必須等到不可能再妥協時才可說出。在此之前，即使對方有意表示想要知道，也應持保留態度，沉默以對。

個案討論

現在看看想要說服營業部門的科長，讓他答應由營業部負責主辦新產品展示銷售會的例子。展銷會不由總公司的幹部負責，而改由直接與客戶接觸的營業部負責，這是首先必須強調的基本目的，除此之外的時間、地點、人員調配等則列為可視情況退讓的非基本目的，經過確認後，在說服時，應該先聲明：這一次的產品展銷會，公司希望由營業部主辦。日期自某月某日起持續展出三天，地點在世貿中心展

覽會館，至於人員方面，由營業部負責調派15名女性職員擔任現場諮詢服務。

　　這是最高限度要求——開放位置，因此不可能完全被接受，但是，談判、說服正由此開始進行。

2. 共同基礎優先

　　其次，在談判過程中要以共同基礎爲優先，對立問題居後。假定談判、說服開始之初，基本目標已經有對立情形，這時若彼此各自堅持、互不相讓，事情很可能不會有任何進展了，甚至可能因此而造成更尖銳的對立，帶來無窮的後患。生活管理上有句名言：「從最簡單的地方著手去做艱巨而複雜的工作，才是正確而聰明的作法。」

　　假如，談判一開始對立情形就非常明顯，則所要談判的事項可能因而變得複雜，爲了不使情況惡化，最好暫且擱下，改從其他的共同點著手進行談判。例如上面個案中的日期，它取決於產品發售之日，這一點可透過溝通而獲得一致的決議，可視爲談判的共同基礎加以靈活運用。

　　關於地點，則不妨採納營業部的意見，無須侷限於原先構想，以示讓步妥協。至於15名女性職員，假如營業部無法提供適當人選則可請求向其他部門調配，以示主動支援。不斷努力使小細節也能意見一致，如此將感受到內心想法的共鳴，從而縮短談判雙方的距離。或者設法在其他問題上取得協議，則使雙方對立的主要爭議，有可能出現讓步的徵兆。

　　如果營業部提出，由總公司負責主辦，營業部會盡全力協助。但是，由非直接接觸客戶的部門舉辦，效果會大打折扣。如果營業部仍然無法接受，則不宜再堅持，不妨擱置一旁，先就其他事項溝通二、三次，建立共同基礎以後，再重來一次。假如始終無法達成妥協，過去所花費的時間與努力就全然白費了，因此，要把握最後的機會：無論如何，請同意由營業部門負責主辦，總公司會全力協助。相信這時對方會因爲該堅持的都已經堅持過了，而接受提議。

3.注重整體利益

最後，應促使對方注重整體利益：部門不同，相關利益也不同，甚至互相對立，這是很自然的現象。但如果只是採取自我本位，堅持自己的主張，勢必將無法顧全組織的目標。管理者的原始角色也就是要解決對立，以使整體組織獲得更大的利益，因此，在互相堅持己見的對立之後，應超越「部門」的立場，注視公司整體的利益，以提高公司業績為總目標。若能經常考慮到這一點，則可化解部門之間的對立情形。總之，應以更寬闊的視野來重視並強調共同點。

三、展現協商誠意

展現協商誠意是談判通則的第三項關鍵議題，它是建立在確立遊戲規則與建立合作基礎的前提之下，也是很容易被談判者忽略的項目。

個案討論

> 在進行談判之前，可先思考「雞與豬合作故事」的寓意，將有助於認識協商誠意。故事是：雞和豬決定合夥做生意，他們觀察到速食是個成長的產業。雞兄決定他們最好開一家燒烤排骨肉餐廳。起初雙方充滿了新企業家的熱情，但是，在決定的次日，豬兄來找雞兄，說他要退出。「為什麼呢？昨天我們不是討論得很熱烈嗎？」雞兄問道。豬兄回答說：「我已經好好考慮過您的投資規劃了，因此，我目前要暫緩一下合夥做生意的事。對你來說，這只是一項生意投資，但是，對我而言是全心的付出、傾力的投入。」

的確，誠心的付出、誠意的投入是任何談判的要素。除非談判雙方能全力以赴，否則毫無意義可言。在談判者為自己生意拓展或職業上的晉升所進行的談判中，有一個談判者必須學習如何知道對手是否真有誠意。最

麻煩的是，判定對手是否有誠意是沒有捷徑的，這是一項必須由經驗累積而學得的技巧。更難的是，有許多人會故意誤導談判者，或是很多人光說不練。有人只要房地產仲介帶他們參觀房子，可是根本沒有購買傾向，也沒錢購買。同樣地，有人根本沒有實權決定公司裡的人事任用，卻特別喜歡參加招考員工的面試。更有些人喜歡給上司提許多建議的員工，而事實上無權購買或無法影響任何事務。

　　很明顯地，與這些人談判根本是徒勞無功，因為他們根本不受任何承諾的拘束，只是空談而已。提供以下兩項建議：辨識是否有誠意，誠意並非必然。

1. 辨識是否有誠意

　　辨識談判對方是否有誠意。既使真正有權的人，在談判上，也未必有誠意。談判者或許有個構想，想為公司開創新市場，可是談判者沒法經過談判而為自己謀得有利職位，讓自己的構想付諸實現。許多時候，有實權的人士不但懶惰，考慮也不夠周全。他們不會明白地告訴銷售員他們沒有興趣或他們的契約已經簽定，採取的是不抵抗策略，以及不斷的接受免費的午餐，不斷地說他們還沒有做最後的決定。另一種缺乏誠意的形式是眾所周知的「皮球」。在公司中，有一種相當自然的現象：許多人會避免做決定，甚至避免決定由誰做。在談判開始前，有時談判者必須先「挖出」誰是有權坐下與談判者談判的人。與某人商談時，很明顯地，談判者發現他不是正確的人選，或是缺乏興趣、沒有權力來幫談判者，最好能選其他的人參與討論。

 談判個案

　　希望其他人當中有人有興趣和誠意正式地與談判者商談。談判者可以這樣說：「張先生，我瞭解我現在的提議不是一個人可以決定

商業談判：掌握交易與協商優勢

的，我也瞭解你想建議與我的其他同事談論此事。但是，既然這不是件尋常的建議，我很想知道，當此事提出討論時，可否安排我在場？」

當然，此方法的危險性是，談判者談話的對象根本不熱心為談判者傳話。不過有時候他會的，而此技巧證實有時候頗為奏效。不過，一般來說，找尋到真正具有誠意的人，是一段又長又苦的路程，而且找到的也可能不是真正有權力決定協議成局的人。

2. 誠意並非必然

在談判中，誠意並非必然的。雖然談判雙方都有強烈的企圖心，但是在某一項議題，由於沒有利害關係，導致沒有興趣，自然會產生應付的心理，同時也要注意：並不是所有的問題都可談判的。

個案討論

小王是某高中的學生，他想就讀大學，並想要成為律師。為了籌集大學學費，他找到一份速食餐廳的工作。剛開始，他充滿希望，可是日子一天天過去，他愈來愈失望沮喪。經理年紀與小王相近，自我防衛意識很強，對自己沒有信心，常常惡言相向地拿員工出氣。小王被要求工作的時間特別長，時間表上列明小王不需工作的時候，也常常必須工作，而且工資又很低。不過小王堅持到底，在很短的時間內他便成為餐廳裡的主要員工。

他費盡心思如何把工作做好，並預先為經理做好準備工作，讓經理省時省力。經證實自己的能力之後，他試圖經過談判為自己謀得較高的工資及較少的工作時間，不過他的商談、懇求全被當做耳邊風。他雖年輕卻已經感受到，不管他表現的多好都沒有用，他和別人所享

受待遇還是一樣。瞭解這一現象後，他辭職了。從這例子來看，雖有談判的目的也有談判的誠意，但是，經理的觀點就不相同了，在他看來，還會有別的男孩會來取代小王。最後必須說明，這經驗很有價值，因為它教導小王有時候談判的機會就是不存在，有些人雖年紀比小王大，卻仍必須學習這門課程。

在生意場上，最令人沮喪的是不真誠、不守承諾的人，這是不可避免的。這些都是談判者會遇到的狀況，他們會浪費談判者的時間，直到談判者看清了實際情況，尋找到較有談判價值的人。找出這些騙子並沒有捷徑，不過假使談判者小心留神，還是有跡可循。常常最空虛的人也是最愛說大話的人。留心那些輕諾寡信、大聲吹牛、滿嘴名人的人物。注意不履行約會、不實施諾言等跡象。最重要的是，依賴談判者對對手的內在感覺，這實在不是件大事，但是，談判者卻必須做好這件事。

誠意付出是談判之鑰，就如同它是成功之鑰一樣。除非談判者和談判對方都有誠意，不然談判根本無法進行，所以當談判者面對面與懷抱同樣需求的對手進行談判時，不用膽怯。

談判心聲：事實與真理

有些人相信，買賣雙方談判時如能根據實情就事論事，談判結局一定會較為圓滿。問題是，客觀的事實和主觀的判斷真的能確切地區分出來嗎？哪一樣事實的背後，沒有判斷和偏見的參與？例如，尋求事實的假設、搜集事實特有的方法、事實從何而來、經何人申請，如此種種因素，都是影響事實的重要變數。換句話說，事實並沒有脫離判斷而獨立存在。

買方在談判時指明賣方提供事實，這點絕對正確，因為，事實瞭解得愈多，對買方的提議愈有利。不過，千萬不要認定事實就是不變

的「真理」，而且，僅有事實也不能保證談判會有圓滿的結局。如果你不掌握隱含在事實背後的「故事」，你就不會理解「定價」是怎麼來的。

此外，物超所值的概念也值得思考。例如，許多人都想要養狗，因為狗不會在乎主人是否成功。王先生曾花15,000元買了一條紅毛貴賓狗。雖說是隻很好的狗，但實際上它不值15,000元，那麼為什麼王先生願意花這筆錢買它呢？對王先生來講，它比英國王室還要尊貴，雖然它不可能去參加「名犬大展」，但王先生認為它的價值卻遠遠超過這一切。

談判者常會把錢花在獲取某些東西的特權上，儘管這些東西他們一輩子也用不上，例如，買車加裝一些不必要的功能，獲贈一些並不閱讀的雜誌，要求添加一些多餘的服務項目。滿足感存在於每個人的心裡，好比冬天賣冰的人，會想到以「免費專送到府」的方式為顧客服務，進而提高顧客的滿意程度。而這樣的努力確實值得各行各業的人參考。

02

確立談判目標

　　談判之前，確定你要達到什麼樣的目標。如果不知道目標，談判時就可能手足無措，不知道怎樣與對手討價還價，不曉得如何反擊對手的策略。制訂談判計畫時，容易被忽略的是：一份協議的長期影響。

　　經由討價還價，以得到對於眼前來說可能是一筆好買賣，日後可能會使你受損。因此，協議內容對於現在和將來的各種可能性都很重要。除了制訂談判計畫之外，確定誰將在談判中支持你或者是否真有人支持你，也是一個同等重要的任務。談判小組的組成，絕不可草率，因為人選不當可能鑄成大錯。還有，就是如果要進行多邊談判，更是一件不容易的事。

一、談判目標的設定

　　如果你不能整合有關談判的各個部份，那麼，花時間訂計畫也將沒多大價值。當然，如果你談的只是個買賣物品的事，你所要注意的也僅僅是價格和交貨日期罷了。但是，當你要談判的議題比較複雜，或者當你要和一位從未打過交道的人員進行談判時，在談判前定出你要達到的目標，就是很值得做的事了。

　　這樣做的好處是：把談判目標看得很清楚，將迫使你必須認清：你要的是什麼？為什麼你要它，以及為得到它要提供什麼？這將有助於你在談判中做出正確而適當的讓步和妥協，也可以防止你由於疏忽而匆忙地簽訂了不利於自己的協議。一個精心制訂的策略，可避免你判斷錯誤因而被你的對手所利用。

這也可以加快談判的進行，並有助於避免失敗，因為談判遇到的困難，常常就是準備不足的結果。最重要的是，這可以使你達成對你有利的交易。如果你能從談判一開始就向對方表明了你確實要的是什麼，那麼你的對手也就不會有非分之想了。總之，你在確立談判目標上所花費的時間，必將成為在談判桌上獲利的基礎。

二、談判目標的內容

談判目標中應包括十項內容。每一種談判都有一些特殊條款，這些都應當包括在你的談判目標之內。下列這些慣例性的項目是必要的。

1. 確定談判目標

談判應訂出的目標，或者說目標價格。價格應當是為獲得你所要的東西，你能合理付出的「價格」。請注意，這裡的價格一詞用的是它的通義，也就是用以取得一物的代價。當然，許多種談判的內容目標是與錢無關的。

2. 確定談判極限

正如前面所討論過的，首先應當確定哪個是你可以接受的、付出的代價。若是超過了它，你就可以離開了。同時，你還應當對你所可能獲得的最佳代價有個底。

3. 確定彈性讓步

確定為達成協定你可以做出哪些讓步，並儘量按先後順序把它們排列起來，以供隨時參考。

4. 確定取得讓步

另外，確定為獲得對方的讓步，你可以放棄哪些。放棄什麼並不真的是讓步，那只是你可以在報價中，當作讓步的內容。

5. 確定時間限制

確定達成協定應有的時間限制。這包括你所設想對方可能有的時間限制。

6. 找出外界影響

找出有哪些來自外界的影響，足以決定談判的成敗，例如，與這次談判有關的銀行家、政府代理機構、工會等，都可以視為雖然並未直接參與談判，但卻對談判感興趣的外來因素。

7. 找出虛假議題

找出對方可能提出哪些虛假議題，並打算如何克服這些虛假議題引申出來的障礙。

8. 考慮創造性建議

思考當談判陷入僵局時，你可以提出哪些有創造性的建議。例如，是否可暗示給對方一些次要的東西，來使得你方的提議更被對方接受。

9. 決定參與人選

決定應當有哪些人參與談判。這不僅僅指談判小組成員，也包括顧問，如會計師、律師，因為談及某些專業性的內容時，你可以向他們提出諮詢。

10. 確定備份方案

確定談判不成時，你可以提出哪些替代方案。顯然，不是每次談判都要制訂詳細的談判計畫。但事前做些準備，總會防止你在遇到意外情況時出錯。

總之，談判目標的內容，反應談判的企圖與方式。包含知道要做什麼，和要怎麼做，談判的藝術亦是如此。在準備階段中，你就要訂出目標以及如何獲得。

三、談判目標的定位

當現實接近理想時，交易談判可以開始。爲了促成協定，必須要認眞做好正式談判之前的準備。談判者都必須將準備視爲一項持續不斷的工作，而不是在談判前才必須做的工作。那麼，談判準備階段的第一要務，就是定出目標。需要在談判的準備階段搜集與談判目標相關的技術與價格資料，同時瞭解對方的態度和可能發展的趨勢。因此，準備階段的確定目標是談判成敗的關鍵。

談 判 個 案

王先生家的電冰箱壞了，已經不可能修復了，於是他決定去買台新的。他從存摺領出僅有的11,000元，也就是說，他最多只能花11,000元買台冰箱。

他再三選擇，後來到某商店看中了一台標價爲12,500元的冰箱，他很喜歡。商店的標價是不二價，但王先生卻是用他僅有的11,000元買到了這台心愛的冰箱。他達到了目標，那是因爲他先定出了目標，經過與商店經理的協調而達成。

1.定出理想目標

理想目標是希望得到的目標，也就是達到了此目標，對己方的利益將有最大好處，如果未達到，也不至於損害己方利益。一位熱氣球探險專家計畫從倫敦飛往巴黎。他對此次行動的目標做了以下詳細劃分：順利抵達巴黎；能在法國著陸就已經不錯了；其實只要不要掉到英吉利海峽，我就心滿意足了。請注意：談判是講求實際，理想目標也依然要合乎實際的原則，但是，理想目標絕不是高不可攀，你總不希望當你提出報價時，就把對手嚇跑了吧！

甲公司需要一套電腦軟體程式，而此時乙公司正好有此種軟體。當雙方代表坐下來準備談這項協議時，乙公司代表顯然有些趾高氣揚地說：「坦白地說，這套軟體我們打算要賣128萬元！」此時甲方代表突然生氣說：「你們開什麼玩笑，128萬元可是天文數字！你認為我是白癡嗎？」就這樣，由於沒有談判目標又無預留空間，雙方幾乎談不下去。

2. 終極目標

理想目標是個希望得到的目標，而終極目標則是目標的底線，如果未達到，就算失敗。

 談判個案

一家位於蘇格蘭的小輪胎公司原來一週只開工四天，經理為加強產品在市場的競爭力，希望能將工作日改為一週開工五日。但是，工會拒絕妥協，工會的理想目標是週五不開工。在漫長的談判過程中，公司一再聲明，如果工會不肯合作的話，公司將可能被迫關閉。看來資方相當堅持，可是工會的態度更強硬。最後談判宣告失敗，公司亦宣佈關閉，工人們都失業了。工會就是因為要追求理想目標而犧牲了終極目標──保住工作。

3. 目標的區間

最後，最好有個談判目標區間，以便雙方能自由遊走於理想目標和終極目標之間。

　　早上，劉太太到菜市上去買黃瓜，小販A開價就是每斤20元，絕不降價；小販B要價每斤22元，但可以講價，因此劉太太把他的價格壓到20元，高興地買了幾斤，此外，還多買了幾根玉米與大蔥！同樣都是20元，劉太太為什麼還願意和出價22元的小販B買呢？因為小販B的價格有個目標區間——最高22元是理想目標，最低20元是終極目標，而這個目標區間的設定能讓劉太太接受。

　　老王夫婦在一本刊物的封面上看見一個造型十分精美的古董鐘，這正是他們夢寐以求的東西。他們甚至都已商量好要把鐘擺到壁爐上或是客廳的桌上。他們希望能用500元買回它。他們總算在一家古董店找到了古董鐘，但是鐘的標價讓他們吃了一驚，那是5,000元。試看看吧！丈夫就去和老闆商量：——我很喜歡這個鐘……，我和我妻子都很喜歡，能不能優惠點賣給我們，我想出個價，你看1,000元怎麼樣？

　　他說完後下意識地往後退了一步，因為他怕老闆會罵他沒行情。但是老闆連眼睛都沒眨一下：「好吧，賣給你啦！」

　　老王夫婦會很高興嗎？不會的，他們的反應：我應該再出低一點的！或是這個鐘是不是有毛病呀？從這則故事中我們也不難看出，老闆如此直接地亮出底線實在讓老王夫婦難以招架。所以，有時候談判太直接了並不是件好事。

四、談判目標的應用

　　談判之前的準備和談判之中的資訊與情報，決定了談判時對自己與對方的把握。你手中掌握的資料多一點，你的把握就大一點，勝算也多一點。俗語說：「知己知彼，百戰百勝」，你的心目中有談判的念頭時，你就要著手收集資訊了。

你要收集的資訊內容要相當廣泛與精確。如果你能掌握所有資訊的話，你可以將條件開在對方的底線上，然後不論對方如何調整，你只需靜觀其變，那最後的協議就會和當初預料的一樣。但是這樣的情況不容易存在。正因為資訊的不足，才使得談判富有挑戰性，而且不是只有你會收集資訊，對方也會。

談判個案

　　某企業部門的女採購處長謝小姐，擅長業務談判，經常在談判桌上獲勝，也很受上司重視。但在一次與日方某株式會社的一批特殊玻璃生產線進口談判中，她卻犯了大錯。日方談判代表是位年輕英俊的男子，他發現謝小姐確實是談判高手，一時難以說服與接近，於是採用「美男計」，謝小姐果然落入佈局，而成為談判對手的女朋友，對其言聽計從，將己方資訊全部洩露給對方，從而使該公司直接損失達百萬美元。

1.把握資訊來源

　　把握住談判資訊來源。你應該知道你要的談判資訊源自何方，你要知道你獲得資訊的途徑，要有組織地進行。資訊來源有國內和國外兩種。國內的資訊來源：公眾資訊和新聞媒體：例如電腦網路、報紙；公共關係活動和私人人際交往；公共經貿諮詢機構；對方公司的說明書、內部刊物等。國外的資訊來源：本國駐當地的領事館、銀行在當地的分行；本行業集團在當地開設的分公司營業機構：本企業的代理商；當地的報刊雜誌。

　　上述資訊你只需很低的代價便能得到，除此之外，你還必須花大價錢購買相關的重要資料，例如行業記錄資料文件等。需注意的一點是，對上述資訊的掌握都必須在談判之前準備，也就是說，一個好的談判者，在坐

上談判桌前時，他已從各管道獲得了對方的資料。

2. 非正式溝通管道

非正式溝通管道的運用。在談判中，也不是所有的話都能公開表達。間接交流技巧使人們在交流中產生的摩擦最小。如果一個建議被非正式地提出，即使遭到拒絕，也不會沒面子；相反地，如果正式提出該建議並被當眾拒絕後，很有可能帶來反感和難堪。所以，除了在正式談判外，你還應考慮到談判期間可適當舉行一兩次沒有記錄的或秘密的交談；故意洩露己方資料文件，讓對方發現並研究；也試著獲取對方資料文件。

非正式溝通管道有時可以讓你獲得意想不到的重要資訊，甚至可以讓雙方的談判順利而和諧地完成。

3. 運用正式溝通管道

在談判時善用正式溝通管道。但大多數談判對手都是初次打交道，雙方都心存戒備。因此，對於大多數的談判者來說，還得苦戰於談判桌上，從對方的口氣、話語、行動、表情各個方面一點一點地找出你所要的東西，因此，瞭解你的對手顯得比瞭解你的需要還重要。

 談判個案

一位精疲力竭的商人，拖著大包小包的行李，來到一家大飯店。他告訴櫃檯小姐：「我走遍市區都找不到一個房間，你們有嗎？」小姐告訴他還有空房。商人接著說「太好了，我總算找到了！你們打算給我幾折優惠呢？」因為他一開始就完全暴露了自己迫切需要房間的要求，讓對方瞭解他的狀況，因此他想得到優惠的希望就很渺茫。

以下是瞭解對手的幾個問題：

——瞭解對方企業的實力雄厚與否？

——瞭解對方企業的主要資格是否合格？

——瞭解對方的組織情況是否完善？

——瞭解對方公司的聲譽是否良好？

——對方銀行信用好嗎？

——對方管理階層最近有何變化？

——買方購買產品的具體目的是什麼？

——賣方產品哪些地方能吸引買方？

——買方不喜歡賣方哪些競爭條件？

　　至於談判對手的個人背景，你要知道：

——對方喜好什麼娛樂活動？

——對方的工作習慣如何？

——對方在目前職位上做了多久了？

——哪些人，哪些事可影響對方的情緒？

——以前的談判對手對他有何看法？

——對方是否是權威人士？

——對方的性格如何？

　　除上述幾條外，也許有更多的東西有待你去掌握。

　　所謂「當局者迷，旁觀者清」，事後數落別人所犯的錯誤，總會自以為是地認為，自己絕對不會這麼笨。知識對提高談判技巧的確有幫助，但純理論的知識卻不見得對你有作用。

　　建議你不妨按我們的方法，把談判的經驗、犯過的錯誤，統統分

類歸檔，等下次重要談判開始之前，再把檔案拿出來閱讀參考，你會覺得受益良多。當然，這些珍貴的檔案千萬不可以讓你的老闆看見，否則，可能是一件無法挽回的錯誤。

03

分析談判對手實力

　　確定談判目標，就是給談判打下基礎。但是，這基礎之上要如何進行，卻要取決於對手要達到怎樣的目的。做到知彼是不容忽視的，因為它決定你在談判中是成功，還是失敗。而且，對方的談判目標，很多是你不能根據表面現象就可以知道的，對方還可能有著隱藏的目的。如果你不瞭解這些藏在暗處的目的，你可能就會使談判陷入僵局的危險。當然，談判一旦開始，你可以多知道一些對手想要的是什麼。儘管如此，事先花些時間來分析對手所可能採取的策略，這至少在為達到你的談判目標方面，已領先了一步。

　　為了談判成功，你應當先分析出對方的談判目標，然後再與己方的目標進行比較。這就有利於找出最佳的策略，來獲得己方的目標。這也包括分析對手的強項和弱項。只有做到了這一點，你才能有效地對抗對手的論點。同時，這還可以使你在談判開始以後，減少由於沒有心理準備，而使自己吃虧的問題。

　　隨後，思考你的對手是什麼人，也是審慎的表現。你的對手，是否有權決定能不能簽訂協議？是否較大的決議都將由非正式談判人員做出？而且，如果將要進行的談判比較複雜，或者你感到對手可能不易對付，你不妨進行內部談判演練。這至少可以檢驗一下你是否有了適當的準備。本節的五項討論，就是如何評估你的對手將會涉及到的課題以及你可能採取的對策。

一、談判對手的授權

確定談判對手的授權。在達成談判目標前，常常會聽到：「抱歉，我還得就這件事請上級同意，一旦批准了，就可以定案了！」有些時候，真的批了下來，於是交易也就達成了。但也有些時候，對手又回來跟你說：「我的上級不同意這個協議！」，看起來本來已經達成的交易，卻成為談判的前段。

為了盡可能地避免有這樣的結局，談判前你一定要先弄清楚你的對手有多大的決策權。否則，你將只能達成一份需要由別人批准的協議。當然，在許多情況下，談判結果須由上級批准。但是，任何時候你若是跟一個需待上級批准的對手談判時，你永遠記住要給自己保留同樣的權利，即使你能夠自己決定時，也是如此。之所以要給你自己也保留交由上級批准的權利，是因為這可以反擊你的對手，也替自己保留談判的空間。這種情形還真是常見！其形式多半是你聽到對手說：「我看我們老闆大概不會同意這個價錢，你如果稍稍做點讓步，大概還行得通！」

最重要的一點是，事先就要知道，你的對手是否有最後決定權。如果他沒有（這是在參加任何一種談判之前，都應當先得出的結論），那麼，把這個因素列入制訂談判計畫的要素之一。

二、估計對手的實力

進行談判準備常常被忽略的是：對你的對手沒有整體的評估。估計對手的實力，不僅有助於你知道對方有哪些優缺點或強弱項，還有助於你確立你自己的談判策略。應當思考包括下列六個指標問題：

第一，這次談判，對你的對手有多大的重要性？
第二，如果達不成協議，對方將有何損失？
第三，本次交易，對對方的整個經濟狀況有何影響？
第四，對方所經營的事業的現狀和近期的發展如何？

第五，你在上次與對方打交道時覺得他們怎麼樣？

第六，如果沒打過交道，那麼你知道他們對於所要談判的經驗如何？

如果你能得到這六個指標，以及其他問題的滿意答案，那就不會輕易被對方所算計，因為成功與否，並不僅取決於所談的生意本身，它還取決於參加談判的是什麼人，或哪個組織。而且，直到所達成的協議被完全徹底地執行之前，這個協議還不具意義。因此，你首先應當確知的是對方的信譽。

——他們是否真有談判的誠意？

——他們是否有能力履行協定達成後所應承擔的義務？

當有跡象顯示眼前是筆好生意時，對對手的評估就可能被忽略。但事實上，對於看起來越好的生意，你就越應當注意看那背後還有些什麼，以確知你的對手為什麼同意跟你做這筆生意。你永遠要記住，如果一筆生意看起來好得太不真實了，那它可能確實不是真的。

另一個極易被你忽略的方面是，這筆生意對雙方的現有交易關係的發展有什麼影響。當雙方已經有了多次交易的時候，有時人們就會認為，事情將會永遠這麼順利。但是，情況是隨時會發生變化的，你們今天的這位最佳客戶，明天也可能會破產！因此，不要認為任何產品都可以常保熱銷。如果你真能做到這些，那你就可以不必擔心因為做了筆不利的生意，而受責難了。

三、對手隱蔽目標

調查對手的隱蔽目標。有時候，你的談判對手之所以要談判，其理由並不見得是表面所呈現的。當然，有些時候，這些被隱藏起來的動機，不會妨礙你去與他談這一筆交易。那些可能只是與另一方有關的目標。儘管如此，有時對手未說出來的目的會對你有影響，這種影響可能發生於談判

過程中，也可能發生於以後的某個時期。顯然，你能夠用低價格買產品，確是一筆好交易，但另一方面，它也會給你造成許多困難。例如，不能按期交貨，或者品質上差一些。或者，在你收到這批貨之前，你在別的交易上可能出了問題。

不幸的是，除非你的腦筋非常清楚，要想知道別人心裡是怎麼想的可不是件容易的事。因此，你必須為此進行推理性思維。這意味著，你得尋找那些足以說明你的談判對手未透露的動機的線索。要做好這件事，你可以先找找看，是否有些能說明某一虛偽現象的信號。

談判個案

對方急於達成協定，而談判者卻覺得似乎他沒理由著急，或者某人對你所要求的一切未免答應得太快了。不管是什麼信號，談判者千萬不可輕視，一定要想一想，或至少問自己一下，對方的不尋常舉動，到底是出於何種原因。顯然，猜測別人的動機，並不是一般情況下都需要的，也不是什麼時候都能猜得到的。也就是說，你沒必要對每個談判都多疑多慮。但是，當你的本能告訴你有些訊息不大對勁時，千萬別輕易放過。

儘管你不能明確地知道，隱藏在對手的微笑後面的是什麼，但如果你覺得有什麼產品不是那麼可靠，你至少應針對那產品，在協議中加上幾條以保護己方的權益。事實上，如果你在協議中加了這些防備性的條款，而對方又拒絕了，那麼，即使你不知道對方的真正動機，至少你的懷疑已經得到證實。總之一句話，如果你覺得某筆生意不該這樣的話，那乾脆就別去做。

四、對手談判計畫

　　評估對手的談判計畫。我們之所以要分析對手將要怎麼做的基本理由是，使你能對任何意外情況的發生有所準備。儘管從表面上看起來，每一事物都可能讓人覺得相當重要，但你的對手一定會有隱藏、不願透露給人的目標。

　　如果你能預先知道這些隱藏的情形，那麼在談判過程中如何根據情況的變化來做調整，就會容易多了。否則，你將會在達成協議上遇到困難，因為你公開出去的資訊只建立在表面的基礎之上，針對的並不是被對手隱藏起來的目的，而那些隱藏目的才是對手談判目標的真正組成部份。顯然，如果雙方都把事實說清楚，協定就很容易達成了。可惜在實際情況中，即使是普通的買賣交易，也有一些隱藏的因素會影響談判的進程。因此，對任何一個談判，至少要先做個大略的分析，還是值得的。

談判個案

　　假設甲公司在向乙公司出售產品，而乙公司又是甲公司的老主顧。甲公司的談判人員驚奇地發現乙公司居然要求甲公司在價格上做出不大尋常的讓步，而從前的談判並沒有這種異常現象。而且，儘管甲公司認認真真地想說服乙公司不要如此，乙公司仍然不肯降低要求。於是這筆交易就談不成了，因為甲公司如果按乙公司出的價格出售，那就無利可圖了。

　　後來，甲公司發現，原來乙公司向丙公司訂了類似的貨物，只是品質差一點，而價格就是甲公司不答應的價格。甲公司還知道丙公司在付款條件方面給乙公司特別的優待。甲公司在上次談判時不知道的東西（如果事先調查研究一下，是可以知道的），原來隱藏的秘密是乙公司在緊縮銀根。就是說，乙公司想找一個低價供應商，並在付款

期限等方面有所退讓。

　　如果甲公司知道老主顧乙公司為什麼非要求低價不可的原因，那在上次談判中，完全可以按低價賣給乙公司類似的、但品質稍差的產品。但乙公司又不願意讓別人知道他們在財務上所受到的限制，於是甲公司就簡單地以為乙公司是在利用雙方長期合作的關係，來提出不合情理的要求。也就是即使你和對手已經建立了相當長的商業關係，情況不同了，也會使你的對手發生變化。因此，即使有過多次的交易關係，以假設為依據進行談判，還是明智的。否則，你在談判桌上，就可能會面對未曾預想到的困難。

　　對於任何談判都可能出於策略上的考慮，而使談判人員必須小心謹慎。談判對方可能並不想讓你知道某些事實，以避免因此而不利於把交易談成。舉個例子，一位想購買土地的人，可能知道他要買的這塊地附近有開闢公路的計畫，進而使這塊地的價值升高。不可透露某些資訊的另一理由是，這些資訊有助於加強你的談判地位。

　　假設一位急需現金的賣方，可能提出願意早點交貨，如果買方知道了這件事，他將利用這一點來壓低價格。事實上，有很多理由，使談判者不願意透露有價值的資訊。因此，談判開始之前，儘量多收集一些這樣的資訊，是你必須做的。

　　成功地分析了對手的策略，還不僅僅在於挖掘出所有的資訊。當然，這是為達到知彼所必須做的工作的一部份。事實上，在談判開始後，從對方的談判觀點也可以看出其有意隱藏的資訊的蛛絲馬跡。

 談判個案

　　如果有一筆交易談的是出售一家公司的分公司，我們應該注意的事項：

——是因為那個分公司不賺錢？

——賣方僅僅是為了將資金集中於別的領域？

因此，知道對方之所以要這樣做的理由是很重要的，這可以影響到你在談判中可以同意哪些條件。總之，談判開始前，就知道你的對手的談判立場，必將有助於你取得成功。

五、調整談判目標

調整自己的談判目標。面對談判對手的四項策略背景，在此作必要的調整對策。首先，為達到你的不同目標而制訂談判計畫時，比較一下你自己的總目標和對手可能希望達到的目標是值得的。這樣做有助於在雙方的目的之間，找到促成協議的共同點。

在一般的交易中，這方面問題不多，因為許多生意談判的目的，不過是在用某一價格買某種產品上達成協定即可，再無更複雜的問題了。但是，即使是普通的買賣，也可能有一些其他的考慮，而使一方為達成協議所能接受的價格受到影響。總之，雙方之所以在價格上陷入僵局，常常需要由一方做出讓步，才能達成協定。那麼，到底是什麼樣的讓步則完全取決於談判的內容是什麼，以及談判雙方不同的需求。

談判心聲：感情因素

談判有時可能會遇到感情上而不是物質上的因素。例如，甲老闆最初對於那塊將蓋建築物的土地拒絕接受某一價格，但當乙方答應以甲老闆姓名為建築物命名時，他就接受了那個價格。自然，你不可能在談判前就把對手的所有目標都放到手中，有些是在談判過程中才逐漸顯露出來的。當然，雙方也還可能有一些目的，是在整個談判過程

中從未透露的。儘管如此，至少想一想對方可能的不同因素，還是很重要的。這有助於你根據對方要達到的都是哪些目的，來決定己方如何報價。而且，一旦你發現談判難於進展，還可以使你便於透過滿足對方未曾明說的某種要求，而打破談判的僵局。

再者，只要你有點創造性，就會想出某些主意，從而有助於你賣給你的對手從未曾想到要買的東西。無論進行哪種談判，你都應當把你要達到的各種目的分出主次，這包括為達成協議，哪些東西是你可以接受的，以及為此你可能得到對方的哪些條件。然後就是先將對手的主要目標列表和確定哪些因素也可能在談判中有所作用。這樣做了之後，尋找那些對雙方利益都有幫助的項目，例如，在某個日期達成協定，對雙方都有利。你能找出的共同利益越多，越快達成協議的可能性就越大。當然，如果你離開談判的課題越遠，為獲得你所要的東西，你在談判桌上要作的就越難了。

最後，值得注意是：當你大概地將對手真正的，或想起來可能的目的列出清單時，你切不可在開始談判時就提出能滿足對方所有要求的代價。之所以不能這麼做的理由，我們將在有關如何進行談判裡再討論。總之，你必須永遠牢記，當你在談判桌前坐下並確知對方所要談判的是什麼時，你就把你的底牌都掀開了，這是不聰明的做法。

在《威尼斯商人》一劇中，莎士比亞曾寫道「一分代價，一分滿意。」恰到好處的讓步確實有助於提升客戶對你的滿意度，而且，這樣又沒有給賣方造成任何損失，也不至於完全做不到，對嗎？

談判心聲：讓步技巧

實際上，做出讓步又無損成本和服務品質的談判策略，並不像想像中的那麼困難。假如，你是個業務員，你的上司指示你在與客戶談判時，不能做出任何讓步，同時還要你盡可能做到讓客戶滿意的程

度。這項指示好像是強人所難，但是真正做起來，也並非不可能。以下這些方法，你可以試一試：

—— 專心聆聽對方的談話。

—— 盡可能向對方做合理的解釋。

—— 你所說的話，要能夠得到證明。

—— 儘量拉長談話的時間，別怕談話內容重複。

—— 對客戶禮貌周到，態度良好。

—— 讓客戶意識到，他所受的待遇是很高的禮遇。

—— 反覆不斷地向客戶說明，他絕對可以信賴這筆生意所提供的永久保證。

—— 向客戶詢問，為什麼其他買主也做不同樣的選擇。

—— 讓客戶自己查明某些事情。

—— 如果日後有任何事情需要處理，你絕對負責到底。

—— 要你們公司的主管出面向客戶提供有關商品及服務品質方面的保證。

—— 向客戶提供這些商品或市場的情報資訊。

談判加油站

勵志：小牛群中的小獅子

在談判專業領域裡，要找到優秀的人才並不容易；要留住能力強、又有發展潛力的優秀談判者，更是困難。老闆提供的高薪，優越的福利與獎金，假使缺乏獲得認同感以及成就感，也無濟於事。

在南非有一座頗具規模的乳牛養殖場，按照不同成長階段，分批飼養乳牛。有一天繁殖場主人在路上撿到一隻落單的小獅子，帶回來吩咐管理員，把它放在小牛群中一起飼養。除了用餐時由管理員提供特別肉食大餐之外，小獅子整天與小牛玩耍。經過一段時間，小牛與小獅子都長大了。有一天管理員發現小獅子不見了，雖然過去有幾次離家出走的紀錄，但是都會自己回家，這次似乎有點異常，過了兩天還沒有回來，於是向主人報告。主人嘆一口氣說：「我最近意識到小獅子已經長大了，玩伴已經不能滿足它，它需要找自己的『伴侶』去了，它再也不會回來了！我真後悔，沒有提早採取對策！」

書訊：談判成功的21項規則

書名：*Negotiate to Win: The 21 Rules for Successful Negotiating*

作者：Jim Thomas (2006)

國內圖書館有原文藏書。

內容：

規則1：沒有免費的禮物！你的每一次讓步都要有所交換（「好吧，如果……」）

規則2：起點要高

規則3：先讓一大步，然後快速縮小下一次讓步的幅度

規則4：儘早並且經常提出請求

規則5：對待問題不要逐個擊破，而是要在最後把所有問題打包解決，統一成一套問題

規則6：最後爭取額外讓步

規則7：不斷尋找創造性的（高價值—低成本）讓步來進行交易

規則8：做好提前準備工作

規則9：保持積極的談判氣氛

規則10：永遠不要因為對方不肯談判，就認定一件事是不能商量的。事實上，幾乎所有事都是可以談判的

規則11：永遠不要接受對方的第一次報價

規則12：慢慢開始

規則13：建立完整的議程

規則14：先從小事談起

規則15：要有耐心

規則16：運用／提防受到「規定限制」的權力

規則17：保持你的職權是受限的，爭取和高級負責人談判

規則18：考慮使用「好人—壞人」策略

規則19：爭取讓對方先報價

規則20：保持團隊的最少人數和你對團隊的控制力

規則21：爭取讓對方來找你

加油：成就能力

　　成就能力在教育心理學或管理心理學，是指個人的成就動機水準。人在從事自己認為有重要意義和價值的活動中，希望取得完滿的結果、盡善

盡美的成績，這種強烈的願望和需求就是成就慾或成就動機。成就動機在人的動機結構中佔有重要地位。它是人類適應社會的動力泉源，是人類的抱負、雄心和獲得成功的強烈衝動，甚至決定著人們在人生的攀登中最終達到的高度。高成就動機者往往喜愛捕捉大目標，放棄一些小目標，一旦面臨真正值得追求的目標，他們會無所畏懼、勇於冒險。在競爭的情況下，高成就動機者也有出色表現，他們的毅力比低成就動機的人來得更長久。

第一，談判工作者的成就能力，會經常展現在工作與工作活動中。 有良好成就動機的談判者有自尊、有抱負、有自我價值感；能勤奮工作、勇於競爭；善用工作的策略和方法，能自我評定並自我調節，自覺排除內外干擾，不易分心；能積極應變，容易適應新的環境，善於捕捉新事物、新知識。缺乏成就動機者則盡力逃避困難，不會去主動尋找適合於自己的工作方法，缺少求知上進的願望。

第二，成就動機的水準也並非越高越好。 有些人由於對自己的能力缺乏正確的認識，而高估自己的能力，所樹立的抱負與期望遠遠超過自己的實際水準，因而不但不能使自己專注於工作，還會造成心理上的不平衡，內心潛藏著威脅自己的莫名恐懼。由於心理壓力太大，最終多半導致失敗；而失敗的體驗又會失去自信心和自尊心，最終可能會使抱負和期望變得很低。因此，不切實際的成就動機越強，心理壓力就越大，失敗的可能性也越大。

第三，成就動機與社會文化及教育訓練方式有關。 西方文化崇尚個人奮鬥、個人至上，西方人的成就動機是以自我為本位的。東方家庭傳統崇尚團體，許多人的成就動機是以家庭為本位，將個人成功與家庭榮譽結合。這個傳統觀念，經常會埋沒個人的天分與志趣。應該鼓勵個人樹立恰當的成就動機，把遠大目標與切實可行的步驟結合起來，腳踏實地，循序漸進，將會更有成功的希望。

第四章

談判進行與流程

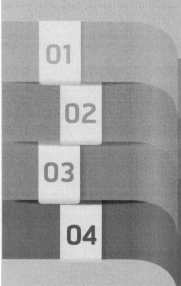

01　談判的妥善準備

02　談判的必要步驟

03　掌握談判的進程

04　談判加油站

01

談判的妥善準備

　　談判的妥善準備是談判流程三大項目之首，其他包括談判的必要步驟以及掌握談判的進程。本節討論的內容包括下列三個項目：一、談判背景的勘查；二、擬定談判的計劃；三、時間與空間的安排。

一、談判背景的勘查

　　談判前的背景勘查，是談判準備的重要一環，它具有決定性作用，關係著談判的成敗：

　　第一，你對自己的能力瞭解多少？
　　第二，你對談判對手的能力又瞭解多少？
　　第三，對方對你的能力瞭解多少？
　　第四，對方對於自己的能力是否有正確而客觀的評估？

　　看待一件事，十個人可能會有十種不同的反應。談判也一樣，即使是站在同一立場的人，所持的觀點也不盡相同。所以，掌握「個別差異」的事實，再將上述四個要點運用於談判中，是談判前必要的準備工作。

1. 自己的實力

　　確定自己的談判實力。無論在談判前的準備階段或談判進行當中，無論談判的內容是單純或複雜，也無論談判期限的長短，都不能忘了一點：先看看自己是佔了優勢，還是處於劣勢。你必須從各種不同的角度詳細研

討有關談判的內容和事實。

　　此外，談判者還必須知道自己的談判對象是否是個高手。若是的話，那麼對於你所運用的種種策略或小動作，對方一定早已看得很清楚。但是，談判者還是應該按原定計劃行事，該使用的技巧還是照常使用，該堅持的條件更不必因此而讓步，否則，對方會認為你毫無準備，對方氣勢自然節節上升，如此，你獲得談判成功的希望就更加渺茫了。

 談判個案

　　偉全公司是零件製造廠商，振興公司則使用偉全公司所生產的零件製成商品出售，而振興公司正與包括偉全公司在內的多家零件製造廠接洽購買零件事宜。偉全公司製造該類零件的歷史相當久遠，也熟悉同行之間的競爭情況與競爭方法。其他零件製造廠商所開出的價格無法與偉全公司競爭，而振興公司也正與偉全公司積極地展開交涉，希望能購買到偉全公司所生產的零件。

　　在這種情況下，偉全公司自然是估優勢了。偉全公司如果瞭解自己的有利地位，那麼堅持自己所提出的交貨時間、付款方式、以及其他有利於自己的條件，甚至還可以要求振興公司，如果不接受所提出的條件，談判便立即終止。以振興公司所處的不利地位來看，除了完全接受外，是別無選擇的餘地了。

2. 對手實力

　　估計談判對手的實力。至於對手的真正實力到底如何，這要等到談判正式開始，再經過實際的交涉與觀察才能獲知。瞭解談判對手的實力是非常重要的，如果不能完全瞭解，則無法擬定有效的戰術和技巧，以化解對方的攻勢。談判者通常會犯高估或低估了談判對手的錯誤。這種錯誤，有

時在談判的準備階段就已釀成，有時則在談判進行中，因一時的失策而做了不當的判斷。

只要是談判高手都知道當摸不清對方的虛實時，寧可高估，也不要低估了他們。理由很簡單，因為低估了對方的結果，對己方往往只有害處，沒有好處。相反地，如果談判者高估了對方，而在談判過程中，逐漸發現對方實力不過如此，那麼，談判的自信心會大幅增加。假設買方與賣方正為某項商品的交易價格僵持不下，買方認為該商品有缺陷，賣方應該降價出售，但賣方卻堅持不肯退回已收受的訂金。最後，買方決定訴諸於法律，談判於是宣告破裂。

3. 讓對方瞭解

讓談判對方瞭解你的實力也是必要的。在談判前，談判者要預先評估本身的強弱與地位的優劣，並要設法探查對方對於自己的瞭解程度。完成了這兩項談判的初步準備，才能夠適時而有效運用談判技巧。即使面對的是同一件事，每個人的反應也會有所不同，尤其在事過境遷之後，其中的變化更是難以掌握。這種因人而異的觀念差異和隨時可能有所變化的反應，是談判者不可忽略的一個事實。如果對方高估了你的實力，這還算好。但對方若是個談判高手，就不那麼容易應付了。所以，談判者也必須設法讓對方對於自己的實力有正確的瞭解。

二、擬定談判的計劃

一般而言，談判的準備工作就是要制訂一個簡明、具體而又有彈性的談判計劃。談判計劃應盡可能簡潔，以便洽談人員記住其主要內容，使計劃的主要內容與基本原則能夠清晰地記住，進而使他們能得心應手地與對方周旋，而且能隨時與計劃對照應用。

計劃必須具體，不能只求簡潔而忽略具體，既不要有所保留也不要過份細緻。此外，計劃還必須有彈性。談判人員必須善於領會對方的談話意

圖，判斷對方的想法與自己計劃的差異所在，進而靈活地調整計劃。這些當然都是紙上談兵，實際情況往往迥然不同。在實際工作中，談判人員要收集許多情況，閱讀相關的大量文件，同時儘量與這次談判有關的人員交換意見，集思廣益。當談判者前往談判的路上，要利用這有限的時間，把紛亂如麻的情形，簡化濃縮成爲重點。下列是二個不同階段中所使用的技巧：

1. 集中思考

集中思考問題。集中思考的目的是迅速地歸納有關問題，同時理出自己思路。集中思考階段分兩個步驟：第一步，把與談判有關的想法，通通寫在紙上；第二步，用另一張紙記下自己對於對方的判斷和瞭解，包括：

——他們在做什麼?
——他們在哪裡?
——他們的外觀如何?
——談判者瞭解了哪些有關對手個人的情況?
——目前所知道他們在談判中期望的是什麼?
——談判者預測對方的期望是什麼？
——我們還需要掌握什麼情況？

同樣地，把這些有關對方某些問題的想法及時記載下來。在集中思考階段，如果談判者把有關談判的臨時主意和有關對方情況的估計與猜測，列成兩張表寫在紙上，談判者的頭腦就更清楚，把它們放在一邊，會對談判產生重要作用，可供以後的談判準備工作參考。

2. 方向與目標

確立談判方向與目標。首先，談判方向是指談判者希望透過談判所要表達的「方向目標」。它是談判者的主要思想。但它有時會與經過雙方共同協商制定的洽談目標略有出入。談判方面的備忘摘要文字表達要力求簡

潔，最多15～20個字，要是太冗長，就證明洽談人員腦子裡對於爲什麼要進行談判，沒有很清晰的概念。因此，此時談判人員的頭腦要清楚，如果用了20多個字都難以表達清楚，那他就必須重新整理內容，要對原來的談判方向進行刪減和修改，直到最多用20個字就能完全表達出來爲止。

其次，是談判目標的確定。談判的目標通常可以用一句話表達。例如「我們認爲談判目標是……」或說：「我們聲明談判目標是……」有時候，目標不見得要和談判方向完全一致。而準備工作的程序是：

——首先，竭盡所能想出各種應對辦法。

——然後，逐步地制定出己方的談判方向。

——最後，制定談判議程表。

值得注意的是，談判議程表最多不要超過四個。如果必要，可把其他問題做爲附屬列在主題下。準備階段的最大目的是要談判人員提供一份在談判時放在他們面前的文件。要求文字簡潔、易記，能給談判人員有提示的作用，使他們在全部精力投入談判的同時，能夠把握住談判流程。

三、時間與空間的安排

任何重要的事，不應採取找機會、碰運氣的態度。成功人士一定很自然地注意一般人不會注意的細節。例如，一位老練的銷售員訓練自己記住所有他見過的人的姓名。他這麼做不是爲了炫耀記憶力，或讓他新認識的人對他超級記憶力留下深刻印象。他這麼做是因爲他知道，如果他不注意、不記得對方姓名、地位，和其他重要個人資料的話，待一會兒在談話中，他會處於錯失良機與不利的情況。所以，談判者不可忘記談判的細節部份，而談判的地點和時間，便是最基本的細節部份。

談判個案

　　談判時間和地點的適當與否，有時候對談判結果有決定性影響。有位職業高爾夫球員同意為盲人籌款而抽出時間參加高爾夫球賽。他出現在慈善機構總部，商討有關他慈善比賽的細節，並會晤他的對手——一位雙目失明的高爾夫球員。這位職業高爾夫好手當然是驚訝萬分，如果贏了一位盲人有何光榮之處；如果他輸了，又是更加沒有面子的情形。他決定禮讓對方，從其實際桿數中扣除一些桿數。讓他很為難的是，他的對手不加思索便拒絕了這個建議。

　　這位職業高爾夫球高手要求他的對手重新慎重考慮，但是這位失明的高爾夫球員堅持自己的決定。他說：「這樣不公平，我不要任何特別的安排。」這位高爾夫球明星嘆了一口氣。他決定，雖然贏也不是，輸也不是，他也別無選擇，只好硬著頭皮，與這位失明的對手打場球。他向他的對手說：「那麼麻煩你至少選一下我們比賽的地點和時間吧！這是我對待任何對手應有的禮儀。」這一次失明的球員就選了一處他所熟悉地形的高爾夫球場。高爾夫球員也欣然同意。至於比賽時間，這位盲者微笑說：「我們將訂在比賽當天晚上十二點。」你所選擇的談判時間和地點，或許不像此時那麼具有決定性，可是最重要的就在於不可全憑機遇。

1. 談判地點

　　選擇談判地點。如果可能的話，在中立的地點談判總是比較沒有問題。大規模的勞資談判就是典型的例子：不在總公司辦公室或工會總部舉行，而是選在中立的飯店或會議廳舉行，原因是在自己的地盤，談判的一方佔了明顯優勢，促使前往談判的客人不自在，會對談判的善意造成損害。當然，許多時候在自己場所或對方場所談判亦有其方便之處。如果你去一家公司應徵職位時，會晤地點可能是那家公司辦公室或會議室舉行。

而如果你是個獨自經營的生意人或專業人士，那麼談判地點可能是你的辦公室或者是對手的辦公室。

2.座位安排

　　座位安排的重要。如果談判的地點是你對手的辦公室的話，你或許會坐在氣勢較弱、屬於下屬的位置。典型例子是，你的對手會坐在辦公桌的大位子，而你則坐在旁邊的椅子上。更糟的話，甚至坐在臨時搬進來讓你坐的椅子上。這種不利於你的情況可以避免，你可以建議改到會議室談判。在會議室談判時各方圍著桌子坐下，就可放鬆心情，準備進行談判。這一論點或許看來太明顯、太基本了，但是絕不容忽視。讓自己和對手坐下來，準備開始談判，絕非是你可以等閒視之的談判。如果談判各方能各就其位，準備進行談判，那麼已經朝談判成功目標邁進一大步了。

　　在近代史上，當中止越戰的巴黎和談開始時，似乎有重重難關無法突破，直到會議桌的外形讓談判雙方皆感滿意時，談判才有豁然開朗之勢。談判雙方都認為會議桌的座位安排必須給予某幾位參與者特別的禮遇和優勢，在這個問題沒有解決之前，別的問題只好擱置緩議，而越南代表則一直僵持下去。

　　談判桌的形狀，和會議室的方便性一樣，適當座位的安排也是需要注意的談判技巧細節。談判者坐在對手辦公桌對面的座位有下屬服從性。有些主管費心而故意安排他們辦公室的擺設，讓他們對手坐在較不利的位置和較不利的坐席，以減低對手氣勢。過於低矮的座位會使得坐者必須挺直腰身講話，製造說話者的不適與緊張，讓對手有機可乘。而座位較高的人可以俯瞰低座位者，而低座位者不得不仰視高座位的人，其氣勢就變弱了。

談判心聲：座位的安排

談判的兩方應該相對而坐。如果成員能夠圍著主要代表而坐，將會提高溝通的效率和樹立團結的意識。雙方的主要代表要能看著對方，這樣的安排容易控制場面並提高士氣。

通常什麼人坐在主要位置上、座次的安排能透露很多資訊。眼光銳利的人一眼就可看出哪個人說話算數。座位的安排和變動，可以傳達出想要傳達的資訊。如果你的對手喜歡使用肢體語言，他們會花很多時間去捉摸座位安排和變化，但是他們並不知道，有時那根本一點意義也沒有。

3. 時間選擇

談判時間的選擇。談判的時間和地點一樣重要。對生理反應的研究相當流行，新研究重心的一部份是，一天中哪些時段個人處於最佳狀況、哪些時段又處於低潮，當然個人的生理狀況必須個別討論，但是一般的看法是，絕大多數人在上午大約十一點時，工作情況最佳。在這時候，早餐已經消化了，已經開始處理了一些事，可是並不疲倦，生理系統也還未忙於消化或享用豐富的午餐。所以，如果你和絕大多數人一樣的話，效率最高的工作時段便在此時。還有其他因素也要考慮：在上午較晚的時段，你的對手也可能正是最有精神的時候，這可能對你不利。有時候，假如你的工作時刻較晚開始的話，那麼你的最佳狀態可能會是在下午2：30分左右。此刻，你的對手可能已經開始有疲倦感了。所以，假使你在研究階段發現此現象時，在下午安排談判時間對你或許較為有利。另一方面，假如你知道你吃過中餐後情況不是很好，而你也將處於不利的狀況，那麼不要把談判定在此時進行，應該是對你有利的。

此外，還要注意議程的其他考慮。談判地點和談判事項的性質，在決定談判時間上都不盡相同，每種行業有其特質。如果你的對手是個股市經

紀人，那麼談判時間最好是安排在開盤之前或收盤之後。在市場交易時，顧客會不斷來電，證券交易非常繁忙，經紀人此時也是全神貫注在處理業務。所以，除非你們會談地點遠離經紀人的營業地點，不受任何緊急電話的干擾，否則，在繁忙時間舉行談判，或許對雙方都是不利的。

02

談判的必要步驟

第二世紀以《沉思》（*Meditations*）名留千古的哲學家馬爾克斯・奧列雷斯（Marcus Aurelius，121－180）的名言：「沒有規矩，不成方圓」（意譯自No rules, no standards）。根據這個概念，我們認為在談判過程中，必要先立下雙方共同可以接受的規矩為優先的工作。雖然談判者可以遵從的談判程序有很多，大多數談判都可以粗略地劃分為六個階段：

第一，準備談判：談判者需要確定要談的問題和每個問題的目標範圍。

第二，制訂策略：各方都要決定採取什麼策略和戰略。

第三，談判開場：雙方都要提出各自的要求或主張。

第四，相互瞭解：談判者要為自己的立場辯護，並試圖弄清對方的立場。

第五，討價還價：各方都試圖使對方讓步。

第六，談判收場：雙方達成或者沒有達成協議，談判中斷。

即使是在較非正式的場合中，上述六個步驟也可以對談判提供一個簡明和實用的輪廓，更可以加強談判過程中需要運用的技巧和戰略。我們建議你在所有的談判中都使用此步驟，儘管它不能保證你成功，但它將幫你準確評估形勢、選擇說服對方的最好方式、有效實施你的策略。它還會讓你避免犯那些最常見的或要付出高昂代價的錯誤、幫助你制訂目標和確定時間流程。

第四章
談判進行與流程

一、準備談判

充分的準備是談判成功的關鍵，沒有經過認真準備的談判者，遲早會陷入不知道談判目標的境地。任何談判準備工作都包括三個基本的要素：

第一，確定談判目標。
第二，摸清對方的底線。
第三，評價雙方的實力和弱點。

1. 談判目標

確定談判目標。在準備工作時，需要確定一個目標範圍，而不是一個單一的目標。這個目標範圍包括：

第一，頂線（topline）目標——能取得的最好結果。
第二，底線（bottomline）目標——最差但可以接受的結果。
第三，現實目標（target）——實際期望的結果。

通常談判開始時，目標範圍設定在談判雙方的頂線目標之間，而協定的達成，一般則是在雙方的底線目標之間。如果底線位置沒有交集，一般不會達成協定。但並非所有的問題和爭議都要有一個目標範圍。例如，當涉及到某種原則性問題時，可能就不存在所謂的頂線和底線。如果遇到這種情況，起碼要有一個現實的談判目標，在談判中，心中有一個清晰的目標非常重要。

2. 對方底線

要摸清對方的底線。在籌畫談判時，你可能需要調查一下對方對你的要求會做出哪些反應。設想只是一種最好的猜測，它必須得到驗證。如果你沒有對你的設想進行檢驗，你可能會浪費很多精力堅持對方沒有要求的東西，或要求對方沒有堅持的東西。

3. 實力與弱點

準確評價雙方實力和弱點。實力是指可以對談判對手的行動施加的支配力或影響力。有哪些支配力？支配力和影響力可以有多種形式，例如：

第一，決策權威（你是老闆）。

第二，對討論的問題具有豐富知識。

第三，強大的財力資源。

第四，充裕的時間。

第五，決心和毅力。

第六，充分的準備。

第七，豐富的談判經驗。

談判心聲：盯住拍板的人

坐在談判桌對面和你討論問題的人，並不一定是真正的決策者，他們只是決策者的代言人，因此，無論什麼決定，他們都必須找他們的上司確認，而他們的想法與決策者的想法也會不盡相同。如果你不認清對方的決策過程，你就很難有效地與對方進行交涉。而一旦弄清了對方的決策程序之後，你就會發現，你和賣方業務人員之間的相似之處。這時，你就會明白，與其說你要和對方的業務人員交涉，不如說，你更需要幫助他們和他們的上司「談判」。

二、制訂策略

準備好全部戰略是談判準備工作的重要組成部份。但要注意戰略計畫不要弄得太細，因為一旦談判沒按你預想的方向發展，你就得停下來重新審視你的戰略。

1. 戰略要點

制訂談判戰略的要點，要注意以下問題：

—— 第一次會面時，我們應當提哪些問題？

—— 對方可能會提哪些問題？

—— 我們應如何回答這些問題？

—— 我們是否有足夠的事實資料和資訊來支援這種立場？

—— 如果沒有，應增加哪些資訊？

如果是團體談判，還要考慮下列問題：

—— 由誰來主談？

—— 由誰來確認理解程度（確認事實）？

—— 由誰來提問題？提什麼樣的問題？

—— 由誰來回答對方的問題？

—— 由誰來緩和緊張氣氛，表示對他人的關心？

2. 選擇方法

選擇方法主要指設定談判的風格。關於談判風格，請記住四個要點：

第一，談判風格形成的原因在於，這種風格對談判者有實際意義。

第二，儘管很多人看起來願意選擇合作風格，但沒有一種談判風格可以適用於所有的談判場合。

第三，人們經常會改變自己的談判風格，以適應新形勢的需要。

第四，專業談判者一般傾向合作的風格，但同時又作好對抗的準備。

3. 談判策略

善用談判的策略。在準備談判戰略時，還需要考慮幾個問題，並做出適當的決定，這些問題包括：

(1) 在何處談

多數談判者感到在自己熟悉的地點談更有信心，但對那些重要的正式談判來說，選擇一個中立的地點也許更為理想一些。

(2) 什麼時候談

在談判時，要確保有足夠的時間進行充分的準備和談判。絕不要一時興起，倉促進行。

(3) 如何開始

好的開始，是成功的一半。認真對待第一次談判是一個非常重要的策略。認真考慮第一次談判的目標，因為它們關係到整個談判的氣氛和談判的結果。

三、談判開場

開場在任何談判中都可能是最重要的部份，因為它將給接下來的談判定下基調。開場包括兩個基本要素：談判開場與制訂議程。

1. 談判開場

雙方的開場白。其重要之處是：

第一，它可以透露一方對另一方以及所討論問題的態度、願望、意圖和看法。

第二，它可以改變談判的氣氛。

第三，利用開場，雙方可以探明對方的整體態度，然後再決定自己的立場。

第四，利用開場，雙方可以確定談判的範圍。

關於談判的氣氛，達到這種效果所用的時間很短，通常也就是在談判一開始的幾秒鐘內，肯定不會超過幾分鐘。在這麼短的時間內，雙方互相見面，可以利用這個機會創造一個積極的、建設性的氣氛，或者創造一個

敵意的、強硬的、不信任的或不妥協的氣氛。這種氣氛一旦形成，就有可能持續下去，幾乎沒有改變的可能。

2. 制訂議程

為提高談判效率，談判雙方需要對要討論的問題及理由達成共識。因此，在談判開始前，雙方需要就談判的主題、範圍和目的取得共識。對正式談判來說，議程應以文字方式確定下來，以給對方保留準備論點和作出反應的時間，但不要被書面議程的「合法性」給束縛住，因為議程永遠都是可以再商議的。

四、相互瞭解

此階段包括三個要素：1.獲取資訊；2.驗證對方的論點和立場；3.把握時間及利用休會。

1. 獲取資訊

在談判中，資訊就是力量，你能從對方得到的資訊越多越好。如何獲取資訊？要想獲得資訊，你就要提問。但在實際談判中，你可能往往只顧陳述自己的觀點，而完全忘記了提問。對方提供的資訊的品質，與你提什麼樣的問題有很大關係。經驗豐富的律師可以揭穿精心編造的謊言，瞭解這一點就知道有效提問的價值了。

2. 驗證對方的論點與立場

確認對方的論點和立場。獲得對方更多的資訊後，應對這些資訊的真實性進行判斷。在判斷對方論點和立場的真實性時，你應當特別關注對方論點中的下列毛病：

第一，事實錯誤或遺漏或邏輯錯誤。

第二，有選擇的使用資料，可能被掩蓋議程以及可能的顛倒重點與非重點。在該談判階段，先讓對方說清真相然後再回答非常重

要。

也就是，在對方回答你的問題時，不要插話；用直接提問來結束每一句話。並且只說必要的話。請記住，專業談判者聽的時間比說的時間要長，經常對說過的話進行小結。注意要使用你自己的語言，而不是模仿或重複對方剛才說過的話。

3. 把握時間及利用休會

要注意以下兩個問題：

(1) 如何把握時間？

在籌畫和進行談判時，應密切注意會談、正式發言和個人發言的時間長短。根據經驗，一次會談一般不應超過兩小時，正式發言不應超過15～20分鐘，非正式的個人發言不應超過2～3分鐘。會談時間過長常常容易導致厭煩、失去耐心、缺乏效率。

(2) 如何利用休會？

休會是談判中的一個有力武器，如果你發現自己處於下列情況時，你就應當利用休會：

——你需有幾分鐘時間來理解和思考一些新的重要資訊對你的戰略或立場的影響時。
——你發現對方的態度或風格發生重要變化時。
——你的戰略或策略不再有效，需要重新制訂時。
——你需要時間認真考慮對方新提出的主張或建議時。
——你希望對方能認真考慮你的建議或讓步時。
——你注意到衝突在升級，需要一個「冷卻期」。

五、討價還價

討價還價是談判的關鍵，其重點包括下列三項：相互讓步，打破僵局

以及向協議邁進。

1. 相互讓步

讓步是要修改你先前持有並公開申明的立場。在談判中，讓步是必不可少的，但雙方都會試圖儘量退得少一點。任何讓步都需要考慮三問題：

——我現在就應該讓步嗎？
——我應該退多少？
——我準備換回什麼？

你如何處理這些問題？解決這些問題的方法有很多種，一種方法是，做有條件的讓步，就是對你的讓步附加一些條件，以有換有，而不是以有換無。所以只要有可能，就要想到對你的每一次讓步尋求回報。

首先，要想作出有效的讓步，你還能做什麼？當做出有條件讓步時，先說出條件，在對方表示願意就這個條件進行談判後，再詳細談你的讓步。此外，當考慮讓步時，記住：一次成功的讓步通常是很小的一步。如果做太大的讓步，你的信任度就會被打折，對方就會向你進一步施壓，迫使你做出更大的讓步。

其次，未經施壓就做出的讓步價值不大，對方會把它看做是爭取其他讓步的起點。有時你會發現自己處於讓步餘地很小或無處可讓的地步。因此，一般情況下，不做好讓步準備就進入談判是非常危險的。

第三，談判中可以運用的一個技巧是，提出一些主張，尤其是在需要利用它們來克服過去的障礙，以尋求滿意的解決方案時。你應當始終試圖讓對方做出讓步，其方法是：

——讓對方相信，他們目前的立場是守不住的。
——告訴對方如何做出讓步又不失面子。
——表明在適當的時候你也會讓步。

2. 打破僵局

打破僵局作為談判計畫的一部份，要時刻想到談判達不成協定的情況。

(1) 什麼情況會出現僵局？

僵局（dead lock or stalemate）產生的原因有多種，其中包括：雙方目標差異很大。一方誤將僵硬當堅定，不管談判成敗，堅決不做讓步。談判中有意使用策略，以迫使對方重新考慮他們的立場，並做出讓步。

(2) 如何處理僵局？

不管是由於對方原因，還是第三方干預，讓談判失敗是不明智的，儘管達成的協議可能比談判破裂時達成的立場還要糟糕。打破談判僵局有幾種方法，例如允諾就有關話題將來再談，或將提出的新條件放到後面再談。但是，處理僵局的主要選擇有兩種，一種是採取單邊行動，強制實行一項建議，一種是尋求第三方干預。

(3) 第三方干預的形式有哪些？

第三方干預的最溫和形式是調和（conciliation），即由調和人出面幫助談判雙方達成一致。更直接的幫助形式是調解（mediation），即談判雙方同意考慮（不是接受）調解人的方案。最有力且有一定風險的第三方干預形式是仲裁，即雙方事先承諾接受第三方提出的解決方案。

3. 向協議邁進

談判的目的是達成協定，而不是在辯論中讓對方啞口無言。但在多數情況下，要避免很快就達成協定，因為這樣容易產生極端性後果（或高或低），讓經驗豐富的一方佔上風。越臨近達成協定，越要小心謹慎。那麼向協議邁進時，應注意採用哪些策略呢？最常見的策略有：

(1) 忠告和建議

例如，「你也許可以這樣處理這個問題……」，「這樣做的不利之處在於……」。

(2) 承諾

向對方表明，答應你的要求會對他們有利。例如，「如果你能給我們……，那麼我們也許會幫你……」。

(3) 解釋

明確告訴對方，你爲什麼要讓對方採取某些行動。例如，指明這些行動對組織效率和組織內其他人的作用。

(4) 讚揚

讓對方知道你看重什麼，將來什麼東西是重要的。例如，「我們讚賞你的坦誠……」。

(5) 誘導性發問

明確提示對方應做出的反應，讓對方接受你的建議。例如，「你一定贊同……」，「難道你不認爲……？」，「你確實看到了問題的所在……」。

(6) 道歉

有助於制止不利於理性討論問題的情緒，特別是在以後的建設性討論中要避免這類行爲。例如，「首先，我必須道歉……」，「很抱歉，我沒意識到這一點」。

(7) 回應

以關切和非評價的方式，回應對方流露出的情緒，使其自動消失。例如，「你看來對……很沮喪」，「你感到這樣做是不公平的……」。

六、談判收場

通常談判的收尾階段包括三種內容：制訂協議，保證協議的落實以及對談判進行總結。

1. 制訂協定

在談判時，要想達成一項協定，必須讓對方相信不可能再從你這裡得

到更多的東西了。而要做到這一點，你必須做到：

—— 你的最終出價已經明確。

—— 你的最終出價只有一個。

—— 你幾乎已經沒有讓步的餘地了，讓步的難度越來越大。

—— 儘管施加了壓力，你先前有過的那種讓步姿態已不再明顯。

—— 你已建議對方將你的「最終出價」提交給對方的團隊。

　　儘管雙方都有可能會贏，但很少會出現平分秋色的結局，優勢屬於有實力並知道如何運用實力的一方，當實力相等時，則屬於善於籌畫並且很會談判的一方。

2. 協議落實

　　保證協議的落實。一項協議如果不能有效落實，就不能算成功。因此，應在談判協定中包括一項落實協議的計畫。

—— 該計畫應當明確做什麼？

—— 什麼時候做？

—— 由誰來做？

　　如何落實協議。在有些情況下，落實協議的最有效方法是組成一個聯合小組。對那些受協議約束或需要落實協議的人來說，要給他們足夠的資訊，並做出充分的解釋，儘管他們沒有參與實際的談判過程。

　　這種溝通應建立在以下基礎上：

—— 確定誰需要什麼？

—— 這種資訊應如何傳達？

—— 由誰傳達？

—— 透過什麼方式傳達？

—— 傳達到什麼程度？

結束談判的要點，爲避免不愉快的結果，在結束最後一輪談判前：

—— 澄清協議條款。

—— 問自己：誰得到了多少？

—— 得到了什麼？何時得到？

—— 儘量達成書面協定。

—— 如果協議是口頭的，將你所掌握的一致、分歧、解釋、說明列成要
點，會後儘快交給對方。

3. 談判總結

對談判進行總結。談判結束後，應對談判進行總結。問自己以下問
題：

—— 我對談判結果的滿意程度如何？

—— 誰是最有效的談判者？

—— 誰退讓得最多？

—— 哪些行動妨礙了談判？

—— 我對對方是否信任？對此影響最大的是什麼？

—— 時間利用得如何？是否可以利用得更好？

—— 雙方互相溝通得如何？

—— 誰說話最多？

—— 是否提出了有創意性的方案？如果提出了，結果如何？

—— 我是否充分理解問題的實質和對方的意圖？

—— 對方是否理解我的意圖？

—— 我的準備是否充分？

—— 這種準備對談判有什麼作用？

—— 對方提出了哪些最有力的論證？

—— 對方對我的論證和觀點接受程度如何？

——我從這次談判中主要學到了什麼？我下次應怎樣做？

談判心聲：公平合理

　　在談判的現實層面上，公平合理只是假象。也許大多數人並不願意存心去佔別人的便宜，他們只是希望能有一個公平、合理的環境，但公平、合理真要做起來，卻很麻煩。

　　假設你是裁判，你準備發給並列冠軍的兩個小朋友一人一個芒果冰淇淋，這表面上很公平，是不是？可是如果其中一個小朋友喜歡芒果冰淇淋，另一個不喜歡，你把他不喜歡的東西給他，對他公平嗎？或者，如果我和一位億萬富翁同是冠軍，大會頒給我們一人10,000元獎金。錢和冰淇淋雖然不同，每個人都喜歡它，不過，問題是億萬富翁得到10,000元和我得到10,000元，兩個人的滿足感一樣嗎？應該是不同的。如果不同的話，那這樣做是不是公平合理呢？因此，在談判中，買賣雙方所贏得的既不是商品、金錢，也不是服務，而應是彼此的滿意度。但是，沒有任何一場交易能讓買賣雙方都獲得同等的滿意度，所謂公平的概念只是主觀認定。

03

掌握談判的進程

　　掌握談判的進程是談判進行與流程的最後項目，它牽涉到三個重要的議題：一、談判邏輯操作；二、談判議程安排；三、談判方案制定。

一、談判邏輯操作

　　準備談判時，雖然不必讓別人瞭解你這麼做的理由，但是自己總要知道為何要這樣做的理由。這是談判的邏輯操作的重要性。

談判個案

　　台灣一家大型企業甲公司，在引進德國乙公司設備的過程中，談判負責人是公司總經理X先生，隨意超越談判的邏輯程序操作，結果變成了一場荒唐的談判，使甲公司受到巨額損失。在討論洽談程序時，不懂商務洽談業務的總經理說：「這次洽談，如果順利的話，就準備簽訂章程、合約。」這在談判的邏輯操作上來說，根本就是本末倒置。按照談判的邏輯操作，引進設備的商業洽談，本就是行情調查研究，項目建議書及可行性研究報告在先，實質性章程在後。

　　可是當台方要求對方提供設備樣品、技術資料及專案建議書時，德方談判代表H先生說：「噢，經理先生，我們的設備是2010年代的新產品，遠銷世界各國。」說著，H先生掏出一張點綴著繁星般紅點的世界地圖，聲稱這是德方產品經銷的國家和地區。接著又說：「且不

說這些，貴國有許多公司也與我們簽訂了此類產品的合約。再說，雙方是合資辦企業，若設備低劣都會遭受損失。你說對嗎？貴方若不在意，還是先簽訂章程、協定、合約，這樣，貴方訂的貨就穩拿了，否則……。」不訂合約就拿不到貨，H先生這小小的手腕居然急煞了台方代表。於是，雙方就簽訂了章程、協議、合約。

　　由於是先簽章程後議價，在以後的三次價格談判中，賣方的開價直線上升，從650萬歐元、700萬歐元到第三次談判上漲到750萬歐元，後來竟又提出850萬歐元。結果遭到台方總工程師的據理反駁：從具體資料，說明對方產品價格過高而且品質等級不夠好。但H先生卻又施展另一個手腕。趁總工程師不在時，他設私宴款待總經理。酒足飯飽之後，H先生說了一番極為動聽的話：「在我們歐洲，總經理的權力是很大的，一切說了算。貴國不是提倡學習西方的管理經驗嗎？你應當拿出總經理的氣派。」這話點醒總經理的權力慾望，他連連點頭稱讚。H先生趁熱打鐵：「我們彼此已是朋友了，請你幫忙一下，這850萬歐元，請經理就簽下來吧！」喝得迷迷糊糊的總經理寫上了自己歪歪斜斜的名字，簽訂了極不應該簽訂的合約。

　　經過這種談判品質所購置的設備，結果如何？沒有技術資料、操作說明書。短缺的設備和備件共51件。品質差的有20多種零件，有些是次級品。型號規格不符。不少零件的功率、型號、規格均與合約標準不符。當然，後來台方公司進行索賠交涉，經過艱苦努力，終於追回了一筆金額，避免了慘重的損失。然而，如果當初能夠正確地按照邏輯操作，做好談判致勝的每一個環節，損失本來是可以避免的。

二、談判議程安排

　　我們研究了另一個台德合作成功的個案。這個談判，台方是某專業材料廠，它的專業產品佔國內產量的35%，是國內同行業的佼佼者。該廠預

備與德國合資成立公司後，就預先做了充分的準備工作。

 談判個案

　　談判過程如下。首先，專業材料廠在2005年5月派人赴德國實地考察：

——進行可行性研究，瞭解有關資訊、資料。

——考慮談判方案的選擇與比較，分析可能影響談判的各種主客觀情況。

——與德方共同編制了可行性研究報告。

　　回國後，該廠又特別組織了一個談判團隊，包括從上級部門請來的談判專家和從律師事務所聘來的法律顧問，為該項目的談判奠定了很好的基礎。談判的準備工作做得愈充分、愈細緻，談判的成功率就愈大。

　　這個談判個案的對方是德國「BR」公司。該公司是德國五十大公司之一，全世界有100多個分公司。他們的專業產品遍及世界，年銷售額為600億歐元。在談判之前，德方對國際與國內的市場做了充分的瞭解，進行了全面的可行性研究。他們還特別對台方的合作夥伴做了詳細的分析、瞭解，掌握了所有與談判有關的各種資訊和資料，並組織了一個優異的談判團隊。該團隊由公司董事長兼首席法律顧問擔任主談人。

　　2005年7月，台德合資興建BR專業有限公司談判在台灣舉行，先後舉行了十餘次談判，2006年8月談判成功，歷時近一年的時間。台德雙方既競爭又合作，求同存異，共同努力，終於達成雙方都滿意的協議。在談判的開場階段，德方採用了先聲奪人的策略，力圖搶佔談判優勢。他們憑藉BR威名赫赫的國際性大公司的實力、技術和經驗等

各方面的專長來影響台方的談判心理，希望台灣方面依賴他們。而台方與對方一交手就意識到，必須揚長避短，甚至以小博大，才能抑制對方的優勢戰略。故此，台方發揮主場優勢，強調在台灣興建合資企業，受台灣行政管轄的法律制約，只有充分尊重台方的意見才有利於談判。台方用事實勒阻了德方在談判中想要主導的心理。

從談判開始階段的技術角度考慮，雙方率先打優勢戰，搶佔制高點是正常的。因為有經驗的談判者在談判的開場時，總想掩飾己方的需求，誇大對方的需求；誇大己方的實力，貶低對方的實力；強調己方的優點，誇大對方的弱點，以圖製造對方的有求於己方的氣氛。誰能成功的完成了這一步，誰就掌握了談判的主動權。

當雙方進行了初步較量之後，是否能從各自釋放的能量中，產生合作的氣氛，並開始在合作基礎上對等談判，這是衡量談判開場階段成敗的關鍵。談判開場階段雙方的努力是否成功，要看談判者在起始階段是否能把握好競爭與合作的分寸，是否能進取有度。無論哪一方在談判的開場時努力不足或工作失誤，都會使談判的方向迷失，進而導致在談判的磋商階段的失利。

從台德合資企業談判的開場階段來看，雙方勢均力敵，旗鼓相當，創造了談判開場階段的均勢。由於雙方的共同努力，在談判的開場階段形成了一種合作的態勢，把談判推向了友好協商的階段。在這一談判階段中，台德雙方採用了分散整合兼備的工作方法，有時召開全體會議進行整體討論，貫通磋商，調整工作進程，或是分技術、財務、法律三個組進行專案研究與談判。雙方各自對保密與各種資訊不斷進行分析綜合、評估調整。

在談判中的磋商階段是談判過程中最複雜、最現實的討價還價階段。在台德談判的過程中，產生了許多繁瑣的實際問題，需要雙方不斷的談判商議。這裡僅列舉以下幾個具有典型意義的問題。

第四章
談判進行與流程

1. 企業名稱

　　關於台德合資企業的名稱，德方提出定名爲「BR專業台灣有限公司」。台方反對，因爲這個名稱實際上是否定了雙方的平等談判的主體資格，形成了總公司與分公司的隸屬關係。台方要求對等，德方也同意這個原則，但要求「BR」與「台方某公司」兩個名詞雖然並排，但把「BR」放在「某公司」之前。

　　德方的理由有三：一、BR是世界性的大公司，在國際上享有盛名；二、BR的聲譽有利於合資企業經銷產品；三、BR在合資企業的股份多於台方。德方有實際意義的意見也使台方無法拒絕，但台方又提議在BR、某之間加一橫線，就成爲「BR－某專業有限公司」，德方同意。台德合資企業名稱雙方都感到滿意。充分證明了雙方既競爭又合作，既進取又讓步，平等互利、友好協商的精神。「BR—某專業有限公司」名稱的產生，也同時證明了雙方都是勝利者的觀點。

2. 出口權談判

　　德方要求獨佔出口權問題是一個關係到市場分配、價格、外匯等多種複雜因素的問題。關於產品的銷售問題在該項目的可行性研究中曾有兩處提到：一是「外商負責銷售出口75%，其餘25%由國內銷售」，二是「合資公司出口管道由BR承包」。雙方在這方面的理解上產生了分歧。這類理解上的分歧，是構成談判障礙的重要因素之一。德方的理解是：許可產品（用外國技術生產的產品）只能由BR獨家出口75%，一點也不算多，而其他的兩個管道，是爲出口合資企業的其他產品的。

　　台方的理解是：許可產品的75%由BR出口，其他爲內銷。兩方爭執的焦點在於對許可產品，台方與合資企業有否出口權。德方擔心合資企業參與擴大出口數量和開發許多出口管道，會打亂BR自己的價格體系，擠壓自己原本的國際市場，故反對台和合資企業出口。台方同樣基於自己的利益而不願放棄出口權利。雙方爲此互不相讓，談判進入僵持局面。

此時，正值第三次談判的最後一天，德方要求終止分組討論，由雙方主談人召集全體會議，就此問題展開專題辯論，但雙方仍互不讓步，於是德方宣佈終止談判，堅決表示在此問題上絕不讓步，導致談判破裂（這是一個假性敗局）。德方終止談判不過是個手段，無非是想以此來向台方施壓，迫使台方讓步。當時，台方對談判破裂的性質認識不清，一時陷入不知如何是好的境地。

於是，台方召集相關人員集思廣益，研究對策。經過仔細分析，才瞭解到此項投資的主體BR是個享有盛名的大公司，其目光是長遠的。他們此次來台灣談判，事先是作過充分的可行性調查研究。此專案旨在投石問路，打開台灣市場。在台灣，某專業材料廠是最合適的合作夥伴，因為它無論從技術到產品都是國內第一流的。如果德方在台灣第一個合作項目失敗，以後想要在台灣投資成立合資企業就更困難了。基於這個理由，德方是不會輕易放棄此項談判，他們終止談判不過是個手段而已。台方談判團隊諮詢國際談判專家，經過正確的分析，提出決策的有效依據。因此台方不再擔心談判失敗，而是順水推舟，不予理睬。這是一種典型的主觀性假性敗局。談判從形式上看雖已破裂，但雙方都在等待堅持對方的讓步。此種對峙局面，對雙方的毅力、耐性都是一個考驗。

誰先妥協，誰就要付出代價。幾天之後，德方因對該項談判的依賴性較大，按捺不住了，主動傳來訊息，再次陳述他們的四項理由：

第一，包銷75%的許可產品已經承擔了很大風險。

第二，如再出口其餘的25%，就等於自己投資來創造與自己競爭市場的對手，這絕非BR合資的目的。

第三，合資企業出口會打破BR的價格體系。

第四，如25%的其餘產品再出口，就超出了台方要求獲得技術與利潤的目標。

台方接到訊息後，仔細研究了德方的理由，覺得不無道理，但己方又

不肯讓步。為此，台方採取了新的對策，假手權威「第三人」來迫使對方讓步。談判重新開始時，台方請來經貿機構的專家一起參與談判。台方這項動作有兩個目的，一是希望產生緩衝作用；二是希望以專業機構代表意見的權威性，促使對方讓步。在此次談判中，台方也陳述了堅持擴大出口的三項理由：

第一，合資企業是獨立法人，享有獨立的經營權。
第二，國際市場潛力巨大，合資企業會與BR共同打贏競爭對手。
第三，合資企業增加出口，有助於外匯平衡，利於企業長期生存。

經貿專家此時就像一個仲裁者，聽取了台德雙方陳述的理由後，巧妙地提出了一個意見：請德方把所分佈的國際市場區域以圖形表示。這下可把德方難住了。因為德方產品銷售不可能涵蓋全球。德方是身經百戰的談判老手，立即轉守為攻，只堅持說BR在全世界都有銷售據點，迴避實際的問題。然而，內行人就看得出，德方決不讓步的防線已被打開了缺口。台方趁機提出，如果合資企業直接收到國外訂單該如何處理？

為此雙方經過多次的討價還價之後，最終取得協議，達到合資企業在不破壞BR的國際價格體系的前提下，可對外來訂單有條件履行合約的方案。這個條件主要是：如果合資企業接到合約地區外的訂單，其價格和BR國際價格表相同，只要在收到合資企業通知後的14個工作日內，BR未以書面通知合資公司、BR或由BR指定的第三者將接受這些訂單的話，合資公司則有權履行這些訂單。如果BR將訂單轉給合資公司，並由合資公司履行，合資公司也應支付BR佣金。這個雙方妥協的方案，實際上既保護了德方的利益，同時也否定了外商獨佔出口權。

註：本個案是筆者配合論述改寫的。

三、談判方案制定

在談判之前，談判團隊應擬定一個周密的談判方案。當然，這種談判

方案可能隨著談判情勢的發展變化而需要調整補充。談判之前思考準備得再充分，也很難制定一個完美無缺的方案。但這並不是說談判方案可有可無。談判方案應相對簡明、靈活，並保留彈性，不應當包羅萬象而太過繁雜。

這裡所談及的談判方案，主要是指依據談判的不同形式和內容所擬定的談判目標，以及實現目標的原則性問題。這種談判方案有別於談判過程的具體方案，一般不反映談判的具體手段以及手段的運用技巧等內容。談判方案的形式是多種多樣，內容上也沒有定論。

1. 制定談判目標

關於制定談判目標，以貿易談判的目標為例，一般是以銷售額的預期利潤為前提。當然還必須考慮原來價格和風險因素。一旦談判的情勢發生變化，談判方案中預訂的價格水準就應迅速地反映，及時調整談判方案。

某出口公司事先制定的談判方案所反映的價格標準，是在科學地分析了己方的價格構成基礎上完成的。原先報價的預期利潤幅度為銷售額35%。這個幅度的大致內容是：商業性開支15%、利潤12.5%、風險5%、談判動機幅度2.5%。由此可見，某出口公司銷售額35%的預期利潤幅度，實際上是談判價值構成中的爭取線，而談判的動機幅度2.5%，是己方可讓步的一個幅度。事實上，某出口公司基於對己方的價格構成分析，其談判利潤幅度的目標是設定在銷售額的32.5 %。因此，某出口公司談判方案中價格水準的談判目標可表述如下：

在報價的有效期內，如無意外風險因素，擬以32.5%的預期利潤率成交。在此，為了進一步科學地分析貿易談判方案的預期目標，有必要進一步分析談判預期利潤率幅度內，經常遇到意外性的風險因素。

2. 最低接受限度

制定各項最低接受的限度。某出口公司談判方案的此項內容是：

(1) 價格標準

只要在報價的有效期內成交，在談判幅度內作出讓步，利潤最大減讓為5%。

(2) 支付方式

如果不增加賣方商業費用的話，買方的任何支付方式均可接受。

(3) 交貨

如果不增加額外罰金的話，可以同意對方的提前交付的要求。

(4) 保證期

如果能保證在保證期內沒有多大風險的話，可以答應買方延長保證期的要求。

某出口公司的各項最低接受限度的內容，是基於己方利益，對各項可能影響談判利潤的條件限度。它是用來實現談判目標而進行討價還價的範圍，其作用在於保證己方的風險係數降低到最低點。

3. 談判期限規定

談判的期限，事先應當有所計畫和安排。談判的效率問題，應當成為評價談判成敗的標準。談判的期限直接代表談判的效率。因此，談判方案理應包括談判的期限。通常，談判的期限是指從談判的準備階段起到談判完成的結束日期。而國際買賣談判中的期限，是指從談判者著手準備談判至報價的有效期結束之日為止。因為商業活動要受時間的限制，如果超過了期限，即使履行了協議，也可能帶來損失。可是，談判需要有充分的準備和營運的時間，不應該因為時間緊迫而影響或拒絕談判。因此，談判者應在談判之前，對談判的時間作出精確的計算和適度的安排。

4. 團隊組成與分工

談判團隊的組成與分工談判是談判主體間一系列的行為過程。談判行為人的素質和能力直接影響談判的成敗。因此，在談判方案中對談判團隊的組成和談判人員的分工作出最佳的安排，是十分重要的內容。某出口公

司的某項談判方案是這樣安排的：

談判團隊的組成：

談判負責人：甲先生，出口銷售經理。
談判成員：乙先生，系統工程經理。丙先生，法律顧問。

乙先生負責所有工程和生產方面的談判，並負責向生產經理索取各種有關的資料；甲先生負責聯繫出口信貸擔保機構，並負責從出口信貸擔保經理取得必要的檔案。在此特別指出的是，談判方案中還明確指定法律顧問參與談判，足見談判者對法律保護的重視。

5. 通訊與彙報

聯絡通訊方式及彙報制度。在談判中，談判者隨時都可能遇到某些意外情況，需要談判主體與決策人不斷取得聯絡通訊與彙報請示。從談判主體決策人的需要來看，只有隨時瞭解談判過程中的情勢，熟悉談判的進展，才能作出重要的決策，為此就需要在談判方案中，事先擬好溝通管道以及請示彙報的程序。

因此，某出口公司的談判方案是這樣安排的：甲先生將向總經理彙報談判工作，而總經理將負責徵詢公司其他部門專家的意見。如總經理不在時，將由丁先生取代。在出國兩週之內，如果在談判方案的範圍內成交的話，不必彙報。兩週以後，彙報談判進程。上述談判方案有關聯絡通訊方式及彙報制度的特點是簡明扼要。

在以上，我們具體分析了某出口公司談判方案的內容、制定根據和過程。此項談判方案是以科學分析為基礎的符合談判實際需要的方案。它簡明扼要、列出所有重點，能夠適應變化。不足的是，談判方案中沒有說明談判中運用資料的範圍，這在談判中是很重要的。如果談判者事先不能對談判中需要運用的資訊與資料充分地準備整理，並彙整於談判的方案中，使用時就會於陷於混亂。

 談判加油站

勵志：小男孩的答案

在越來越複雜的國際談判場合，當問題的理性思考不能解決問題時，不妨來個感性的直覺判斷。有些談判問題，往往是談判者自己鑽牛角尖，把事情弄複雜的。

英國某家報紙曾舉辦一項高額獎金的有獎徵答活動。題目是：在一個充氣不足的熱氣球上，載著三位關係世界興亡命運的科學家。第一位是環保專家，他的研究可拯救無數人們，免於因環境污染而面臨死亡的厄運。第二位是核子專家，他有能力防止全球性的核子戰爭，使地球免於遭受滅亡的絕境。第三位是糧食專家，他能在不毛之地，運用專業知識種植植物，使幾千萬人脫離飢荒而亡的命運。

此刻熱氣球即將墜毀，必須丟出一個人以減輕載重，使其餘的兩人得以存活，請問該丟下哪一位科學家？問題刊登之後，因為獎金數額龐大，信件如雪片飛來。在這些信中，每個人皆竭盡所能，甚至天馬行空地闡述他們認為必須丟下哪位科學家的見解。最後結果揭曉，巨額獎金得主是一位就讀幼稚園小男孩。他的答案是——將最胖的那位丟出去！

書訊：談判技巧的秘密

書名：*Secrets of Power Negotiating：Inside Secrets from a Master Negotiator*

作者：Roger Dawson (Oct 20, 2010)

原書在國內圖書館有藏書。中文翻譯本《新絕對成交：談判大師》，陳儀譯，麥格羅希爾，2011。

商業談判：掌握交易與協商優勢

內容：

第四章
談判進行與流程

商業談判：掌握交易與協商優勢

第四章
談判進行與流程

加油：判斷能力

在談判工作上，常常可以看到人的判斷能力水準差異非常明顯：有些人的判斷能力十分準確；有的人卻判斷有誤，充滿偏見。判斷能力是對事物屬性及其事物之間關係作出反應的能力。良好的判斷能力與一個人具有豐富的經驗，對概念的正確把握有密切的關係。也就是良好的判斷能力是可以培養的，關鍵在於仔細地觀察、明智地把握和謹慎地推理。判斷需要對問題的認真分析、概括，然後得出結論。判斷能力在一個人的生活、學習中有著極其重要的作用，所以我們應該培養這種能力。那麼，該如何培養呢？

第一，增強觀察力。學習是從不完全的知到比較完全的知，逐步地掌握自然現象和社會現象的產生和發展規律的過程。我們的學習是從感性認識開始，以感知為基礎的，而觀察是感知的一種特殊形式，是一種高級形態的感知。在人腦獲得的資訊中，80%以上是透過看、聽得來的。

第二，打破思維中的成見，消除偏見。成見指由先前活動造成的一種對當前活動的心理準備狀態，或解決問題的傾向性。成見既有積極作用，也有消極作用。在環境不變的條件下，成見有助於人們應用已掌握的方法迅速地解決問題；但在變化的條件下，會由於某一方法而妨礙人們採用新的解決方法。例如「腦筋急轉彎」，就是為打破人們常規的思維模式而設計的。

第三，掌握豐富的知識經驗。掌握豐富的知識經驗對提高觀察力、判斷能力有著極其重要的作用。有了豐富的知識經驗，就能做到「一望而知」、「一看就懂」，或者一看就發現值得深思的問題。判斷，往往是與自己已有的知識經驗相聯繫的。反之，對某一方面的知識一無所知的人，必然會對有關現象「視而不見，聽而不聞」，會因鑑別能力低而使判斷產生偏差，或將很重要的現象忽略了。所以談判工作者應更多注重知識的累積，把學習當成一件愉快的事情，這樣自然就會吸收很多新知。

操作篇

第五章

談判操作的前提

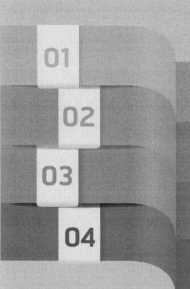

01　談判的需求與動機

02　談判的態度與高度

03　談判的基本策略

04　談判加油站

01
談判的需求與動機

　　西方有句諺語：「Poverty is the only thing that money can not buy.」（貧窮是金錢買不到的唯一東西。）意指：人生中的許多慾望是金錢無法買到的。把這句話應用在商業談判上，具有深遠的意義：談判雖然以金錢的取捨為目標，但是它的過程還是要遵守普世的生活價值與倫理規範；大家都期望在談判中獲勝，但是要建立在合情與合理的基礎上。這是談判操作的重要前提。

一、需求的意義

　　需求對談判的意義。成功的談判牽涉到許多有利與不利因素，因此，如何爭取到更多的有利條件，同時也能夠排除不利因素。

談判個案

　　英國某一礦業公司設在非洲的分公司，雇用了數千名的員工，其中80%是來自當地的黑人女性。有一次公司面臨勞資談判問題，新成立的工會向公司提出強烈的要求：女工生小孩時，公司必須給予四個月的分娩假期及75%的工資。同時，非洲地區的法律承認多重婚姻，孩子被看作是父親的「銀行存款」（可領取兒童補助），因此生育率極高。不過，從另一角度來看，倘若公司純粹以金錢為由而拒絕，極可能導致長期罷工，公司業務將蒙受重大損失。還好，公司深知白人與

黑人的文化差異，這種文化隔閡不但永遠無法打破，就是克服了也會帶來不良的後果。於是，公司決定以冷靜態度進行談判。

在談判開始之前，先進行調查，結果發現母親生下嬰兒後，就將孩子送回部落養育。其所要求的75%的薪資，是作為嬰兒的養育費，而且母親必須返回公司工作，才可以維持生活。經過深入調查，雙方都有充足的瞭解與認識，員工對公司的態度逐漸消除金錢上的爭論。但談到個人問題、部落習俗、政府的禁止節育制度……時，雙方又有了摩擦。公司只願意做少許的讓步：支付一個月工資，這個決議不被員工接受，只好找新的解決方案。最後公司方面決定設立免費的托兒所，結果皆大歡喜。自此以後，原本對部落非常忠實的女工，逐漸對公司表示忠誠與信心。

慾望的滿足，可說是個人產生行為的動機。所以，談判的時候，必須先對慾望的滿足與動機有充分的理解。

第一，談判者為滿足對方的需求而努力。

第二，談判者應引導對方，讓他滿足自己的需求。

第三，談判者為滿足雙方的需求而努力。

第四，談判者不否定自己的需求。

第五，談判者不否定對方的需求。

第六，談判者不否定雙方的需求。

1. 需求的分類

心理學家馬斯洛（Abraham Maslow）提出了動機的需要層次（Needs Hierarchy Theory）理論。根據此理論，個人的需要是按照重要性呈等級排列的。馬斯洛認為，我們總是想得到我們現在沒有的而又需要的東西。因此，我們已經擁有的東西對我們的活動就不會再產生激勵作用，我們會產生新的需要。一旦我們的低層次需要得到了滿足，我們就會把目光投向

更高層次需要。需要層次理論：這種動機理論指出需要包括生存需要、安全需要、歸屬需要、尊重需要和自我實現需要等等。

(1) 生存需要

這是人類最基本的需要，包括食物、空氣、水和睡眠，還包括性和運動的需要。

(2) 安全需要

包括生理上的安全和心理上的安全與平靜。

(3) 歸屬需要

一種對愛、友誼、親情的需要，還有渴望與他人交流，被他人所接受的需要。

(4) 尊重需要

自我尊重的需要，以及被他人尊敬、敬仰的需要。

(5) 自我實現需要

自我實現需求的目標是自我實現，或是發揮潛能。

企業透過給員工薪酬、福利優惠、安全的工作環境和就業保障來滿足員工生存與安全的需要。歸屬需要包括與他人的相互交流和社會關係帶來的滿足感，例如，情感支持、尊敬與認可。歸屬需要在工作中可以得到滿足，主要是與同事或上級的相互交流，在工作之外與家人、朋友交流也可以得到滿足。個人的成長需要包括馬斯洛的尊重需要和自我實現需要。成長需要關注的是自我，可以從充分發揮我們的能力來實現。假使一個工作具有挑戰性、自主性和創造性，就能滿足成長需要。

2. 需求的昇華

企業在滿足員工生活需要之後，隨著昇華作用而來的高水準需求——榮譽感的滿足，會使需求理論序列體系的外在矛盾——現實與理想明顯化。人類是重視社會象徵的生物，所以人的世界可以用象徵性需求來滿足真正的需求。因此，士兵會為了部隊的光榮與尊嚴而壯烈犧牲。同樣地，

人也會為了社會象徵的高水準需求，不惜捨棄基本性需求，這種現象日益增多。

　　例如，某一民族的成員，可以為種族的尊嚴而犧牲生命，並視此種行為為最大榮譽。當員工滿足了最基本的需求，就渴望滿足更高需求，爭取更多的成就。而且，有時候為了這種成就，往往冒著連基本需求都無法滿足的危險，例如，有歸屬感的員工會在公司遭遇困難時繼續支持，就是這樣。

二、需求與動機

　　滿足需求與激發動機有密切的關係。為了滿足需求而激發動機的行為，並非經過仔細考慮後所採取的行動，而是每一瞬間所歷經的心理感受。為了滿足需求，人們會不會置生命於危險之中呢？慾望不滿足時，隨之而來的負面效應，可能發生的比例不少。其實，閱歷豐富的談判者處理此類的事物，一定會考慮其後果，然後再採取適當的方法；反之，不夠成熟的人只希望獲得一時的滿足。不過，很多人為了獲得受人尊敬的滿足感而置生命於度外的。

　　另一方面，也有不少人為了成就他人而犧牲自己的滿足感。母愛就是最好的例子，醫師、僧侶及修女都會犧牲自己的基本需求。大戰中有一修女為士兵洗拭已經生蛆的傷口，目睹此景的記者說：「即使給我一百元美金，我也不願意做這種工作。」歷史上，有許多為了國家犧牲生命的勇者。美國政治家亞歷山大・漢彌爾頓（Alexander Hamilton）就是。在他當財政部長時，遭受過莫大的威脅。據說曾有人強迫他利用職權做不法的勾當，若不依從，便要把他與雷諾魯斯夫人的羅曼史公諸於世。但是他毫不理睬，逕自向總統華盛頓告知被威脅的情形，同時，也向內閣同事坦述事實真相，讓大家能瞭解他並未怠忽職守。然而，他個人卻受到很大的傷害，當秘密公諸於世後，他的夫人氣得病倒，後來死於精神病院，兒子更為了父親的名譽不惜與人決鬥而喪命。

談判者如何利用需求與動機關係背景理論，開創更廣闊的談判空間，值得深思。

1. 阻止滿足需求

　　在階段性的需求中，另有一個外在矛盾現象——可能會發生需求受阻。生活無憂無慮的現代年輕員工，比較重視職業所帶來的社會地位，而不注重職業本身的樂趣。一般認為：富家子弟比貧困子弟更不能忍受需求受阻，所以，很容易變成嬉皮族。研究結果卻相反：許多生活在安定環境的青年，自願至聯合國和平部隊裡當義工。當他們遇到需求困境時，大部份都能忍耐留下來。當然，也有人會陷入「亞伯特·史懷哲情結」（Albert Schweitzer），自認工作非常充實，在困境中宛如置身於美如圖畫的環境；可是經過一段時間，開始厭倦周圍的一切，企圖追求更新奇的工作環境。換句話說，即是受到「文化衝擊」的緣故，至於能不能熬過去，就得視當時本人所獲得的滿足需求而定。

　　根據馬斯洛的理論證明，當最基本需求與高水準需求皆獲得滿足時，都認為高水準需求較重要，而且，為了滿足高水準需求，能夠忍受低水準需求的受阻。美國政府為了測驗海軍士兵忍耐需求受阻的能力，進行過一項實驗。首先，將全體人員分成二組；其次，在一特定時間內，將一組置於類似戰鬥的狀態中，而另一組則處於輕鬆悠閒的狀態，結果發現前者的基本需求受阻，後者均獲得滿足；最後，讓兩組實際參與作戰，並觀察在新場合中，哪一組對需求受阻的耐力較大。實驗的結果證明在作戰之前得到滿足需求的一組比需求受阻的一組，戰績更佳，完全推翻過去認為「習慣於需求受阻的人較有耐性」的理論。這和美國的大企業對待高級幹部所採取的做法——習慣維持的理論，完全一致。

談判個案

　　參考上述理論，如何辭退不稱職的高級幹部（包括談判管理者），與其進行有效的談判？經常是企業家頗為傷腦筋的問題，因為他們都希望這樣做不會影響其他幹部的工作情緒；最常用的方法是將需求的階段用相反的順序逐步進行。意即先阻止最高階段的需求，讓當事人察覺老闆暗示──不可能加薪與升官，使其自動提出辭呈。一般而言，過去一向對基本需求都能如願以償的高級幹部，一旦更高層次的需求受到挫折，立即會呈現反應。反之，如果當事人已經對自己的基本需求有所不安時，縱使其最高層次的需求遭到拒絕，也不會有劇烈反應。以下列舉了要讓高級幹部自動提出辭呈，企業家常用的逐漸降低需求的各種方法。

　　第一，完美需求的層次──故意取走辦公室的地氈，或者將年輕美貌的女秘書換成相貌平凡的女職員。

　　第二，知識與理解需求的層次──讓對方整天忙於會議與應酬，無暇處理公事，或者不讓他參與任何重要會議。另外，經常變更辦公地點，使其居所不定，或經常不採納其意見。

　　第三，對表現自己需求的層次──剝奪其任務，或將對方調整為有名無實的職位。

　　第四，對尊敬需求的層次──故意讓對方做有損人格的工作：不准對方使用停車場，對應酬費用改採緊縮的方式，取消高級幹部專用餐館的特權。

　　第五，對歸屬需求的層次──向對方提醒更適合的工作或其他公司。有時候，暗示他另謀他職。

　　最後，老闆如果使用了這些方法，對方仍然無動於衷時，只好再用對安全和保障需求層次的方法。例如，讓公司的特約醫師診斷其健

康情形，然後用嚴肅的口吻說：「你現在退休，對你身體有好處！」但是，假使該高級幹部明知自己無法滿足經常性的需求，很難在別處找到報酬相當的工作時，上述每一嘗試都會失去效用。類似此種情況，老闆唯有忍痛如數付出退休金，強迫對方離職。

2. 感情與談判

感情的談判比事物、立場、事態等問題的談判複雜得多。當你處於感情行動的狀態下，必須要努力去找出產生感情的外在因素，將癥結明顯化。例如，婚姻生活無法獲得幸福，夫妻間沒有愛，彼此陷於冷戰狀態，每天抱著憎惡的意念活下去。這問題的後果是可預測的，所以要盡快找出富於創造性的改進方案，以免讓事態陷入僵局。

談判心聲：有心人的答案

在談判實務上，不管將來的預測如何，倘若能賦予事物創造性的建設，也許能找到一線曙光。有人故意以難題請問一位志願做火車轉轍手的工人說：「如果你站立在高山上，發現鐵軌上有兩列火車相距一英里迎面而來，而彼此視線受阻未能察覺此緊急狀況，請問你該如何處理呢？」

——我要開槍警告，讓兩列火車緊急停車。
——請問從何處取得警告用的槍支？為何不設想站立的原地就有了呢？

這類含有不完整答案的問題，帶有感情成分的場合，應該如何處理呢？這類議題雖然沒有標準答案，但是可以測驗其是否一位有心人，他的答案值得在談判操作時注意。換言之，模稜兩可的言詞，可用做表達多種意義的方法，也就是能表達最基本的經常性需求至最高

層次的完美需求。例如，滿足、成就等名詞均是。

　　至於仔細考慮後，或許會發現這類言詞有如下的疑問：

—— 我現在到底在追求哪一層次的滿足？
—— 我只是想獲得最基本的經常性需求嗎？
—— 為了獲得安全或保障而如此做嗎？
—— 為了自己的尊嚴而出此下策嗎？

　　由此看來，不僅對最低層次的生活滿足，甚至對於最高層次的成就性滿足，人們都有意追求。自己想想看，你希望可以用金錢買到哪一層次的滿足。如果你知道模稜兩可的言詞，能把所有層次的需求在談判表現出來，你就會有無數富於創意的方案。

三、談判創造力

　　利用需求激發談判創造力。利用需求理論，激發富有創造力的動機。位居公司高職位者必須具有識才而用的能力，驅使部屬願意為公司盡心盡力。要激發部屬的動機，產生敬業精神，首先得讓他們滿足低層次的需求，然後自動為滿足更高層次的需求（至少達到自我表現的階段）而努力。具體而言，人的基本需求獲得滿足後，才能表現出創造性的一面。一個富有創造力的談判者，不會擔心新構想的本身，而是煩惱自己的構想是否能被別人接納。假使有人認為他的構想標新立異，不切實際而輕率地加以否決，可能會使他原本想利用直覺與洞察力來表現的意願打消。

　　當你緊張時，富於創造性的行為也就難以施展出來。同時，一切的行為將變成例行公事而重複出現，與別人的應對方式也只是習慣性的寒暄而已；無法在瞬間想出微妙的對話，給予別人新鮮感。就好像烏龜只在伸出脖子時，才能夠自由走動。所以，為人長官者，應該讓部屬有發揮才能的機會。創造性是談判成功的重要因素之一，就像教導孩子辨認植物，不要

用折下的花木，最好從如何栽種開始。

談判心聲：力量的錯誤認識

對力量的錯誤認識是談判最嚴重的一種錯誤，隨之而來，可能採取的錯誤讓步或獨斷獨行。因為，認識錯誤不但剝奪了平等談判的機會，而且還會使你一而再、再而三地犯錯。以下是談判者常犯的錯誤，希望你能竭力避免：

——不能低估自己的力量。大多數人擁有的力量都比自己想像來得大，追求知識、嘗試風險、勞力工作、提高談判技巧等，都是獲取力量的泉源。

——不要認為談判對手知道你的弱點。假定對手並不知道你的弱點，並試探你的假設是否正確，你會發現結果要比你設想的好得多。

——不要被對方的身分嚇到。切記，專家並不是什麼都懂，尤其是大老闆不見得比你對問題瞭解得更深入。

——不要被統計數字、程序、原則或規定嚇倒。這些點一定有可協商之處，保持懷疑的態度，並能夠提出質疑。

——不要被瘋狂的行為嚇到。如果談判對手的行為蠻橫、不講道理的話，應立即站出來嚴正抗議，或許其他人，包括對方的其他人員，也對他這種非理性的行為感到厭惡。

——不要太快暴露實力。凡事都要慢慢來，至少能給己方更多的時間思考問題。

——假如談判停滯不前，不要過分強調自己的問題或承擔的損失。你應該把重點放在談判對手的分析上，才能把握致勝契機。

——不要忘記你的對手之所以坐在談判桌前，是因為他深信這麼做必定有所收獲。假設你的對手和你一樣需要談判達成協定，當你發現自己假設錯誤，應儘快查明問題之所在。

商業談判：掌握交易與協商優勢

02

談判的態度與高度

在第一節討論過談判的需求與動機之後,我們要繼續探討談判操作的第二項前提:態度與高度。用心理學的概念比喻:需求與動機是一項是非問題,態度與高度是選擇問題。選擇的意思,並不全是由二者之中擇其一。不過,當有人讓你比較二種東西時,不少人會不知不覺採取這種態度。

談判心聲:共同點與差異點

請讀者先將兩件事物擺在眼前,把比較的結果記錄下來,再加以觀察,自己是否只注意到共同點,或者相異點呢?或者是兩者都兼顧?經過分析、比較與兩者擇一的方法應該廣泛被應用才對。從談判的操作觀點看,選擇是一種「態度」,選擇的結果則反映談判者取得結果的「高度」,這是一種因果關係。

一、談判三種態度

一般人認為解決談判有三種態度的選擇:

第一,進攻:以優勢(金錢或勢力)將對方推入絕境。
第二,妥協:考慮雙方勢均力敵而與對方妥協。

第三，讓步：在居於劣勢的情況下讓步。

首先，第一項是談判中最優先被採用的方式。以力量優勢擊敗對方的談判方式，其實是以自己的力量為後盾，強調對方的能力較低，而最後在合乎情理的狀況下，結束力量的競賽而已。不過，這類型的談判極難令人完全心服口服，往往是佔下風者逼於情勢不得不認輸。因此，這項談判的決議對敗方來說，心裡頭為了改變現狀反而會更加努力。難怪只靠自己的實力優勢進行談判的商人，給予對方的印象是被「欺負」，因而會產生「報復」的企圖。

其次，與對方妥協的談判方式又如何呢？通常雙方都希望在談判過程中調整某些利害關係，以達成協定。但這種方法仍然無法達成圓滿的結果。如果有一方想要「佔便宜」，這就顯示這方的態度極為「自私」。這種人不但想佔便宜，而且還想要求對方改變態度，結果其代價是犧牲了談判者的「高度」。如果想改變談判對方的立場，一定要讓對方瞭解新的觀點十分合理才行，不過，如果雙方只是爭議，依然無法做到這點。

最後，談判的「讓步」，則必須在雙方互相做適度退讓的原則下，才能成立。如此在禮讓融和的氣氛下進行談判，彼此的主張自然會有所改變與退讓。但是，在尚未說出正當理由之前，也許彼此不會甘心退讓。一般而言，在「妥協」與「讓步」的情形下，能提出有力證據的一方，均能獲勝。換言之，能夠在談判中提出有力的證據，是談判勝利的關鍵。

二、創造性的選擇

創造性的選擇方案會讓對方拋棄「一決勝負」的態度，談判家羅勃特‧布魯克（Robert Brooke），曾經指出如下的警告：

第一，一決勝負的談判方法，宜用富於創造性的方案來代替。也就是說應該有無數個解決問題的方案。

第二，不顧雙方利益的一群人，仍不可忽視創造性的重要性。這個方

法正好和執著於某一立場，強迫對方接受自己的解決方案，以決勝負的作法相反。

1. 獲勝的動機

誰都想在談判中戰勝對方，這是無可否認的事實，尤其當你身為談判團體的成員時，這種意念更強烈。譬如說，遇見意見分歧的情況，總歸咎於運氣不佳，而不願把它當作訓練思考的最好機會。倘使這時能利用創造性的思考，再次檢討立場，也許能想出讓全部人員滿意的解決方案。事實上，談判的每一成員，常將個人的需求與團體的需求相混淆，因此對立的雙方無法協力解決問題，甚至不願傾聽對方的意見。

在談判中，通常將獲勝的動機與組織和成員的忠誠視為同等重要。具體而言，就是不惜任何手段，以取得這種優勢，否則便是不盡職。顯然，這種想法永遠不能用「武力」解決。當你以「一決勝負」的惡劣態度應付對方，在此情況下，縱使堅持某一立場獲得談判勝利，對方依然抱著敵對態度，並伺機報復。

在此提醒讀者，「一決勝負」的方法，不是高明的談判手段，應該還有更妥善的方式。面對這種談判，特別要留意彼此的心理反應。當對方來勢洶洶時，你可能也會興起「絕不服輸」的鬥志。反之，對方向你表示敬意和協助，且準備好幾個富於創造性的方案，希望雙方都能得到利益時，你的反應又會如何？將兩者比較，你就會明白談判時，應採取何種態度較為明智了。

對方受到的壓力和團體給予壓力相同，兩者均強迫人有非勝不可的心情。如果能將雙方團體和個人的壓力消除，以寬宏的度量進行談判，談判的結局是肯定的。否則，自己的行動是逼使對方採取可能預料的反擊行動。假若你想找出妥善的解決方案，使雙方獲得利益，必須先表達自己的論點，讓對方明白你的誠意，再以實際行動表明態度並進行說服。亦即使對方瞭解，當目標實現時，絕對有利於雙方的合作。這樣的話，我方的目

標即能轉變成雙方均可獲益的共同目標。

2. 改造談判關係

談判家傑克・吉姆（Jim, Jack R）曾經指出，如果期望在談判中獲得進步，必須要先改造雙方的人際關係。也就是說，把對方消極對抗的態度改變為積極支持，儘量減少對方的不安，讓對方集中於共同的目標。

以下列舉吉姆所提出六種情況的負面消極態度與正面支持態度的對比：

(1)評價→說明。

(2)控制→認識問題。

(3)堅持→彈性。

(4)冷漠→帶著情感。

(5)優越→平等。

(6)固執→彈性處理。

以上六種傾向會互相作用，例如，與談判對方相處時，很容易採取負面評價的態度，但如用帶有情感的語言及態度，就能將前面的不和的現象與氣氛一筆勾消。相反的，當我們以言語及談判手段企圖壓制對方時，對方會退居守勢，伺機反抗。因此，在討論問題時，若採用希望對方幫助解決問題的態度，就容易達到結論。這種態度與耍心機作法不同。因此，我們應該避免這種錯誤。換言之，向對方表示無論何時何地，對方都可以考驗我方的態度、動機與想法。如能切實做到此點，對方就會放棄負面守勢。若具有隨機應變的機智，不堅持己見，虛心檢討，避免爭論，以專心解決問題的態度去談判，你就會發現對方也有不少解決及檢討問題的好主意。

首先，在談判進行中把握問題所在，宜提出更多富於創造性的方案，讓對方考慮，而對方也會以同樣態度，最終獲得圓滿的結果。假使談判

時，以雙方利益爲前提，提出具有創造性方案，而且能使對方合作，採取配合的行動。除此以外，各團體成員的知識與能力也會發揮出來，而任何一方都會表示出本身的需求，相互合作。在此階段不應提及雙方不相容的問題，儘量去尋求與發現共同點。讓雙方的全體成員具有息息相關的觀念，縮短彼此間想法的差距，更易解決問題。爲解決問題，都願意爲與自己關係密切的問題付出心血。

其次，應讓參與的成員瞭解談判的進展狀況，及各階段所要求的活動。對方提出一個結論時，我方可以考慮對對方的方案稍做讓步，再接受這個結論。倘若在自己團體成員中有以下的人選，將會增加談判時的信心。即在談判受阻之前，及時發現困難，並巧妙地介入，提出抽象而不傷害對方的構想。換言之，這種人不僅注意談判的內容，也關切解決的方案，經常具有預測並指正未來的能力。各階段的要點如下：

第一，明白「一決勝負」手段的缺點，瞭解具有創造性方案的優點。

第二，認識守勢的態度及積極支持的態度。

第三，協力做事實認定的工作。

第四，雙方爲提出具有創造性的方案而努力。

第五，讓全體當事者有共存共榮的感覺。

第六，發生問題時，擁有能夠採取自動性行爲而沒有偏見的觀察員。

三、雙贏談判方案

讓談判雙方皆能接納富於創造性的方案。擁有智慧，能夠提出富於創造性的方案，這是談判成功不可或缺的一環。沒有勝負之分，而雙方皆能接受的只有具有創造性的方案，它必須滿足參與者個人的某些需求。

美國某些企業團體擁有所謂「洗手間顧問」，他們經常能提出新構想以改進餐廳、休息室或交誼廳，甚至包括公司的廁所設備。乍聽之下，小小洗手間能有什麼花樣？依照其構想之一，認為將紙巾掛到適當地方，可節省衛生紙的用量達50%。構想之二，將廁所的衛生紙放在後面，比放在側面來得妥當。的確，這些都有道理，可是卻失去了原來方便性與功效，令人啼笑皆非。瞭解這點，也就曉得為什麼有人會在廁所的牆壁上亂塗抹了。

1.產生創造性方案

有時富於創造性的提案會因迫切需要而產生。日本的中央警察局沒有警報系統聯結各公司，在尚未十分普及前，許多經營者沒有能力在倉庫與中央警察局間裝設電話，因此不能發揮最大的效用。但是，腦筋動得較快的，則另想辦法來預防意外事件。例如晚間下班前，先在店中撥電話回家，撥至最後一個號碼時（舊式轉盤電話），則用木栓卡住，然後綁上繩子與門把相連接。這樣一來，若有外人進入，會碰到繩子，就撥通家中電話鈴響，縱使經營者不在場，仍能知曉。可是這樣的作法也有麻煩之處，那就是前面幾個號碼相同的人，整夜無法接聽電話，現在已行不通了。

談判時，具有創造性的方案應由雙方提出較合適。有一次工會向某經營者提出極端無理的要求，盼望他能修正要求，即使公司答應全部要求，是否有什麼好辦法使公司不受那麼大的打擊。如此一來，工會往往不得不提出好幾個對方可能接受的富於創造性的方案。

 談判個案

美國某一藥品公司因為壟斷抗生素的市場，而遭受違反壟斷訴

訟。最後以高達1億美元的賠償達成和解，這是經由四十三州的許多藥品批發商、零售商協調決定。在全數金額中，只付給批發商與零售商300萬美金，這是因為他們獨佔抗生素的緣故，也許是進貨價格的高低左右的利潤，不應給予過多的賠償，批發商與零售商的律師們，覺得應需4,000萬美元才合理。經過其他律師團談判的結果，堅持1,000萬美元，比原來多出700萬美元。如此看來，解決問題有賴提出具有創造性方案。

2. 實踐創造性方案

要實踐創造性談判方案，得注意其手段的因果關係。兩項關鍵問題：

—— 發現構成事件前的基本因素為何？
—— 各個要素間有何關聯？

假使這種手段正和事實的認定不謀而合。把每一要素反覆檢查並多方考慮，必能獲得具有創造性的方案。此案正好可以用此方法獲得解決。通常，時間是要素之一，甚至某些情況時間與金錢同等重要。所以，重新檢討時，結果發現本案有值得考慮與注意的地方。例如，在和解契約中，強調原告在最後上訴期限尚未到達前，無法獲得和解金。一方面藥品公司怕原告繼續上訴，引起更多糾紛，便急於解決問題。

記得芝加哥某一貧民團體與當時的市長談判獲勝的個案，他們威脅市長說，如果市長不接見他們，就要將飛機場內的全部席位霸佔，這迫使市長不得不屈服。而他們更在市政府的樓梯下堆滿死老鼠，以抗議衛生局對他們的疏忽。同時另一民間組織也把卡車的垃圾放在市長秘書家中的草坪上，讓市府瞭解垃圾處理不當。

此外，有一種利用幽默方式進行談判的辦法極為有效。以前警局常利用幽默方式來處理示威遊行事件。一九六七年十月六日《紐約時報》刊載

有如下的報導。有一名叫威魯納‧錢克斯達的警官用擴聲器向示威的民眾廣播說：「各位市民，請迅速離開此地！否則各位準備毛巾等著，因為我們要進行一項難得的潑水遊戲。」此話講完，喧笑聲此起彼落。一分鐘後，當員警開始向坐在街道中心的示威者潑水時，大多數群眾已自動離開了。

談判個案

　　路易斯安那州舉辦大學足球賽，發現第一場的預售票情況非常不理想，因此主辦人非常擔憂。於是休伊進行調查，原來，當天晚上有馬戲團也要在當地開始活動。他明白這種情況將不利於足球賽，應該阻止互相拉觀眾。所以，翻遍有關的法律書籍，想找出有力的法規，最後從州法律的條款中發現防止動物傳染虱子強制法。這條款雖已通過，但尚未實際執行過。休伊滿懷信心前去談判，首先以溫和的態度要求對方延後表演，眼看對方執意不肯，說道：「是嗎？根據州法律，動物得先放在水中洗刷乾淨，才能表演，你的老虎與大象等是否都如此做了呢？」這一招讓團主不得不讓步。你說，這是不是一個成功的談判個案呢！

談判心聲：小惠與大局

　　優秀的談判者會用小惠來影響對手的大決定。人只要吃飽，注意力、接受力自然就會很高，所以，那些有經驗的業務人員喜歡約客戶一起吃午飯，吃好了以後再談生意。

　　有一家地產公司在拉斯維加斯販賣土地，他們計畫投下100億美元作為吸引買主、創造利潤的基金。他們規定，只要你聆聽一小時的現場說明，就可以得到20美元。我問地產公司的老闆，為什麼做這樣的

商業談判：掌握交易與協商優勢

投資，他告訴我的理由有四點：

第一，凡人都喜歡不勞而獲。

第二，凡人都喜歡拿別人的錢去賭。

第三，凡人都不喜歡被人輕視。

第四，那些試聽的人都會很專心，然後堂而皇之地把錢拿走。

更有趣的是，凡是來聽說明的人，都會假裝自己對土地開發確實很有興趣。其實他們就只為了20美元，把原本質疑的態度轉化為積極的態度。美好的夜晚，豐盛的食物和一點點小惠，並不算什麼賄賂，他們之所以這麼做，只是為了營造一個易於接收資訊的環境罷了！

第五章
談判操作的前提

03
談判的基本策略

　　任何談判運用策略是必然的，也是非常有效的。一般而言，每個談判者都應該發揮自己拿手的技巧，提出具有創造性的方案，以便在談判時能提高效率與成果。一般常用的策略：靜態性策略，消極性策略，以及積極性策略等三類型的項目。

一、靜態性策略

　　談判的靜態性策略是指：沈默保留與自我設限兩個項目，通常在談判過程中，遭遇難題而需要時間與空間思考如何繼續談判。

1. 沈默保留

　　我方不給對方肯定回答、保留回答、延期、以必須經過幹部會議為由，甚至在決議上需要花費更多的時間思考等等藉口，這些均屬沈默保留的靜態策略。

　　古希臘喜劇《女人的戰爭》，有如下記載：希臘的女人以耐心來對付丈夫的外遇，讓男人有自省的機會。有時候，故意讓對方說出內心話，當他完全暴露了矛盾與弱點，及時抓住把柄，再予以強力抨擊，這些都是忍耐的戰略。因此，在談判上，耐力是不喪失冷靜的表現，勞資關係談判期間，也相當於這個階段。勞資糾紛談判勝利者總是具有耐力的一方。

有一次，美聯社與新聞工會談判時，就充分發揮「耐力」的精神。當時，工會聲明即將進入罷工階段，且堅決表示在美聯社屈服之前絕不妥協。然而，美聯社維持冷靜處理態度應付。因為，他們的高級幹部都是資深的老練職員。等到情況惡化，工會提出勞動協定制時，仍不以權力來壓制工會，始終採取「忍耐」戰略。結果，罷工不到三天，就有一百多名會員背棄工會，最後，工會只得草草結束行動，與美聯社妥協。

2. 自我設限

自我設限是指：適可而止的限制的方式。例如，傳達意志的限制，指參與談判的成員只能接觸某些事物。另外，還有時間限制、地理限制，它們是指適用於某一公司或特定地區的提案。但是有一點，讀者必須特別注意，那就是「限制」應該具有正當理由，否則對方不一定遵守。談判也有時間限制，例如，到十二月一日的上午零時為止，討論就結束了。此時，若有其他人要發言，就可在零時之前，將鐘擺停住，繼續討論。談判時，如果想漠視對方提出的限制，宜以不損及對方面子為原則。遇到這種場合，可以幽默應付，這樣一來，可以緩和雙方的緊張氣氛，繼續進行談判。

在美國談判的話，盡可能利用耶誕節或感恩節前三天進行談判。這樣做，等於設下「自然的時間限制」，因為通常對方都不願延長談判時間，而錯過與家人團聚的機會。某一企業家有意併吞另一公司，就採用這個時間限制的方法，最後雙方同意合併，這個談判也就圓滿結束了。

倘使談判物件的論點只與當事人相關時，雙方可能都不願公開，以免為外人所利用，這時候，彼此都會限制談判的範圍。另有一點，如想瞭解自己的立場到底穩固到何種程度，亦可使用各種「限制」來測試。當對方

壓制我方到了極限，即可獲知對方輕視我方，否則，就是故意試探。在此情況下，必須準備採取對抗式的談判。

二、消極性策略

談判的消極性策略與靜態性策略不同，前者具有主動性，後者則比較被動。包括：藉詞推託與忽視牽制兩個項目。

1. 藉詞推託

藉詞推託是談判最常用的消極性策略，理由是其方便性，隨時隨地都可以進行。

 談判個案

美國東部某一公司決定在德州建立工廠，以擴充業務。工廠的設計以鋼架構造為主，經過董事會討論，達成的結論是，必須雇用鋼架工程專業人員。然而這些人員的工資甚高，且有很強的工會組織。公司方面則認為與其聘請鋼鐵工會的會員，還不如用自己公司的員工。於是，開始著手基礎工程的工作。當鋼鐵工會得知該情況，提出抗議，工程已進行至相當階段。工會指責這是違反勞工法規的行為，公司則作如下答覆：

——是嗎？我們沒想到會違反工會規定，既然如此，我們以後就只雇用工會的會員吧！

如此一來，工會得到滿意的回答，公司更省了一大筆費用。

這個個案是典型的「迂迴戰略」。在談判遭遇強烈越權或特權問題糾結時，以緩和的手段撤退，經常會產生功效。例如，有一汽車旅館連鎖集團的特殊行業指導者投訴說：「轄區內某一汽車旅館的客人，在床上發現小蟲，然後十分憤怒地寫信抗議。」該汽車旅館負責

人就立即答覆客戶，文中首先感謝對方指正，其次說明經營的方針是以旅客舒適為前提，最後再強調顧客永遠第一。同時，表明對方的抗議非常正確，一定給予妥善處理。如此一來，顧客終於不再追究。

　　迂迴戰略這種談判策略是：首先表示不反對對方意見，並不斷的向對方讓步，必要時在重要關鍵稍作停頓，等到再次談判時則堅守原則，不做讓步。如此做法，對方一定想不透為什麼這樣而懷疑事情有重大變化，因而害怕對方再次耍詐，不敢再要求對方做任何讓步。

談判個案

　　有一家A公司想合併B公司，而B公司獲得這消息之後，雙方可以採取前進與撤退兩種策略。此時A公司已在股票市場大量購買B公司的股票，然而，B公司發現情況不對，就馬上採取反擊手段。事情發展至此，A公司毫不猶疑地施展撤退戰略。從表面看來，好像A公司改變心意，放棄合併意圖，但實際上，這僅是一種手段而已，A公司正在暗中進行資金的準備，並且收購暗中脫手的B公司股東的股份。換言之，A公司是有計畫的合併，首先公開表示企圖，接著假裝撤退，再慢慢分化B公司，最後使對方不得不答應要求。迂迴戰略的另一具體例子是：在公司與工會談判可能陷於困境時，例如：在勞資協定到期前，公司方面找房地產仲介去勘查新地點，同時讓工會知道這個消息。以此來改變工會態度，也是有效的辦法。

　　逆行戰略是談判中藉詞推託的另一項比較具風險性的策略。這裡有一個有趣的個案與讀者分享。

　　一位圖畫買家想依照一般行情，以每幅五十美元收購美國印地安人本土畫家的作品。但是，對方答道：三幅共二百五十美元！買家說：這價格太高了吧！我沒有那麼多錢來買這批畫。兩個人站在一起，討價還價了半天，依然毫無結果。這時候，印第安人滿臉不悅，

將其中的一幅丟入垃圾桶，點火焚燒。買家急忙奔到店外，搖搖他的肩膀說：「你瘋了嗎？竟把藝術品燒毀，可以好好商量嘛！剩下的二幅到底要賣多少？」印第安人正經地說：「二百五十美元！」

買家還是不願出高價，只是極力說服他。但是，印第安人十分頑固，拒絕讓步，而且再次到店外焚燒另一幅畫，以冷漠的態度等待著買家。買家說：「拜託！請別再燒了，你到底要賣多少？」答：「二百五十美元！」故事到此為止，相信各位都知道結局，那就是買家花了二百五十美元帶回了一幅畫。有些人常在不自覺中採取逆行戰略。例如，癮君子無意中看到一篇「吸菸有礙健康」的文章，以後就不再讀這類的文章。又如某一行業非常獨特，既無競爭對手，且一本萬利，因此業務興隆，但股東會議卻決議趁別人還未注意之前，另設一家公司來互相競爭，避免獨家經營而落人口實。

此外，我們來討論一些「邊行戰略」的運用方法。當對方提出二個方案時，你會選擇對自己有利的方案而不理會另一個方案。如果給對方兩個方案來選擇，一個內容繁瑣，一個簡單扼要，這樣一來，對方自然會陷入圈套而選擇後者。向對方要求時，採取溫和與嚴厲並進的方式，使對方不得不接納較為合理的一案。

談判個案

有個實例。幾年前，美國某一規模極大的航空公司想在紐約建立營運中心，於是向康·愛迪生電器公司要求較低的價格。但是康·愛迪生電器公司以公益事業為藉口，拒絕這項提議。談判受到阻礙，航空公司因此另想辦法，聘請專家估計自設發電的費用，結果發現成本不高，同時在短期內即可收回成本。這件事讓康·愛迪生公司負責人知道後，就立刻改變立場，向公益事業委員會報告，讓委員會認同低廉的收費辦法，可是此時航空公司卻已不願再接受，堅決主張自己發

電。經過幾次磋商，終於以更低費用達成協定。在這次的談判中，獲得好處的並不僅是航空公司，連同其他位於紐約市的商業機構都享受到優惠價格。

2. 忽視牽制

當談判面臨對手牽制時，故意忽視對方設定的目標。這種策略是除了藉詞推託之外，第二種談判常用的消極性策略。其中又分「順向牽制」與「逆向牽制」兩種。

談判個案

位居紐約州水牛城的水牛大飯店，生意十分興隆，幾乎壟斷了整個城內的飲食業，經營者史塔·脫拉採取的戰略如下：

在建立第一家分店時，順便完成第二家的設計藍圖，以便隨時動工。假如發現另有同業想在當地購買土地，立刻將藍圖附在申請書上，假裝向政府申請，以迫使對方知難而退。此外，在進行交易談判時，可利用牽制法，但必須讓對方感覺這是慎重的決定。倘使對方缺乏敏銳眼光，無法顧及大局的話，則必須使用小技巧，讓對方要求我方讓步。若想隱藏重要的事項，使用牽制法也非常有效。

與上例類似策略是所謂「逆向牽制」。舉個例子說明，有二個少年想拋售自己的老爺車，可是當時經濟不景氣，這類的車子只能賣到二十五美元，他們的老爺車十分破舊，唯一較特殊的部份是具有羅爾斯—羅萊恩牌的散熱器。於是他們擬定一個出售計畫：由其中的一個少年找中古汽車買賣商，詢問是否有賣上述牌子的散熱器，並說明過幾天再來，而且要以三十五美元的價格收買，隔天，另一少年則駕著老爺車來賣，車商一看有羅爾斯—羅萊恩牌的散熱器，遂欣然以二十五美元成交。事情過後，原先的少年再也未曾上門了。

三、積極性策略

　　積極性的談判策略則與前面所討論的消極性策略相反，通常是以主動出擊為前提。討論的項目包括：得寸進尺與突變奇襲。

1. 得寸進尺

　　得寸進尺是指在談判時一步一步來，按部就班。這種戰略，以抓住機會為第一步。通常在商場上佔絕對優勢的人，都不與一些想要分點好處的人發生紛爭。所以，大企業開展市場的第一步，是先從打開通路分點好處著手，在抵押保險業界，我們可以看到這種戰術的好例子。保險公司一向都拉攏向銀行貸款購買新房屋的人加入保險。如果所有權人死亡，或者遭到變故不能繳納銀行的分期貸款時，保險公司則可代為繳納來保障所有權。

談判個案

　　有一家保險公司，在這方面的業務比其他同業慢了一步。但這家公司卻發現有幾家大銀行都限定和一家保險公司來往的事實，而對外務員指示使用新戰術打開通路。於是，外務員就到銀行向承辦人勸說：「我們公司正計畫一種嶄新的服務辦法，我們絕不會像貴銀行所指定的那家保險公司，向客戶叩頭拜託，也不會在客戶一到銀行辦完貸款手續就馬上到府拜訪推銷。我們的方法完全不同，我們要用郵寄廣告來推展業務，所以請貴銀行把尚未加入保險的客戶名單抄一份給我們。如果你們的貸款由我們的保險來做加倍保障的話，你就可以更放心了。」

　　如此一來，這種郵寄宣傳的方式非常成功。因為多半屋主已購屋多年，加入保險的各種條件都甚為優良，亦即他們的地位、思想、金錢方面都比購屋當時進步多了。在短短的一段期間裡，這家新公司終

於囊括保險業的80%房屋抵押貸款。不久，這家公司又派人到銀行遊說：「我們擁有了80%，你看我們該不該爭取100%？」銀行同意合作。不多久這家公司就成為當地唯一受市立銀行協會所指定的保險公司，後來又在各地利用同樣戰術獲得輝煌成果，成為全國受最多銀行指定的公司。

另外，美國政府要淘汰一些地區的國防工業時，也利用這種得寸進尺戰術。他們不會把國防企業的廠商一次拉下，而採取更巧妙的方法。就是利用「障眼法」。針對一些想要淘汰的廠商，一步一步逐漸減少產品的數量，最後完全與之斷絕往來。

2. 突變奇襲

談判時，若發現新情報或想採取新手段，「奇襲」是最佳的辯證法。進行談判中，突然更換談判的主辦人，讓對方難以捉摸，出奇制勝。這種做法雖然有點「意外」，猶如棒球比賽時，投手失去控球能力，必須更換新投手的情形一樣。或許，你常在談判中，碰到自己或對方採取毫無道理的某些特殊行動，事實上，這可能是一種「奇襲戰術」。使用該戰略，表面上看似毫無根據，但卻企圖以言行來困擾對方，在對方真正陷入精神混亂而表現得不正常時，此法就行不通了。

 談判個案

某一英美聯合公司，在非洲南部尚比亞的銅山地帶設立新礦區。礦工及其家屬均被安排在河流附近的簡陋宿舍。公司曾計畫將此地開發為具有水電設備的現代化村莊。但目前設備太差，住宅一切的水源均取自河流，糟糕的是，河裡常有鱷魚出沒，許多人往往在洗澡時失蹤，於是，公司採取緊急措施，裝置水管設備，以免人員傷亡，同

時，為了健康問題，用氯氣消毒河水。這樣的措施卻遭到員工反對。公司方面極為驚訝：「你們太不講理，難道視生命為兒戲嗎？這種給水設備完全是為了保障你們的安全才裝置的；再說用氯氣消毒，可避免寄生蟲，真不知你們為何不願意改善？」

因為工會拒絕討論，公司只得著手調查原因，追根究底，結果發現，工會害怕給水設備一旦完成，公司會拒絕按原來的計畫做永久性的建設。他們想給予公司壓力，讓公司投下資金，以獲取永久保障。但公司則不理工會的抗議，依然建立輸水管，兩個禮拜後，一切都被搗毀，恢復原有的狀態。這個談判失敗的個案值得深思與檢討。

談判心聲：步步高升

多年前，在《生活》（LIFE）雜誌上刊登過一篇文章，內容是描述史考勒斯兄弟怎樣運用「步步高升」的策略，取得談判優勢並時常擊敗談判對手。所謂「步步高升」的策略是，當有人來找他們兄弟打交道時，他們總是先派出年紀最小的弟弟登場，等到雙方談到後來，眼看就要出結果時，老二登場了。老二面不改色繼續和對手談判，又過一個階段後，大哥最後出場。這樣的車輪戰術，幾乎打敗了所有的對手。

「步步高升」策略的運用，能一步一步地削弱對方的士氣，並且還會造成談判者與組織間的緊張關係。典型的情況就是，買賣雙方議妥了價錢，不過還有一些細節尚待敲定，所以還沒有簽下協議。業務人員把這個好消息報告主管，誰想第二天買方經理卻又提出比議價更低的價錢，害得業務人員十分為難，不知要怎樣面對主管。

事實上，在談判開始之前，就應該考慮到萬一對方採用此招數，該怎麼辦？可以這麼做：

第一，如果對方找高層主管介入談判，你也不妨學他。

第二，做好掉頭就走的準備。

第三，直接到對方公司找大老闆抗議。

第四，不要等待有好消息才向公司彙報。

第五，讓你的主管知道，要打擊談判對手的士氣，不妨也採用一下相同的策略。

第六，不要重複向每個人陳述你的意見。而是坐下來，把這事讓你的對手去做。

談判加油站

勵志：五塊錢的堅持

在談判工作中，我們時時抱著「勝過別人」、「超越別人」的競爭心態。這當然是好的，它激勵我們變得更好更強。但我們是否意識到有一種信念，比談判成功更加重要，那就是不肯放棄最後一絲希望。談判工作往往不能從一開始就見分曉，而是在最後一刻，也決不放棄的信念更顯得可貴。獲勝的願望誰都會有，強者、弱者真正的差別是誰能夠堅持到最後。

美國紐約海關裡，有一批沒收的腳踏車決定拍賣。拍賣會中，每次叫價的時候，總有一個十歲出頭的男孩喊價，他總是以五塊錢開始出價，然後眼睜睜地看著腳踏車被別人用三十、四十元買去。拍賣暫停休息時，拍賣員問那小男孩，為什麼不出較高的價錢來買。男孩說，他只有五塊錢。

拍賣會又開始了，那男孩還是給每輛腳踏車相同的價格，然後被別人用較高的價格買去。後來，聚集的觀眾開始注意到那個總是首先出價的男孩。直到最後一刻，拍賣會要結束了。這時，只剩下一輛最棒的腳踏車，車身光亮如新，有十段變速器、雙向手煞車、速度顯示器和一套夜間電動燈光裝置。

拍賣員問：「有誰出價呢？」這時，站在最前面，而幾乎已經放棄希望的那個小男孩輕聲再說一次：「五塊錢」。拍賣員停止唱價，所有在場的人全部盯住這位小男孩，也沒有人喊價。直到拍賣員唱價三次之後，他大聲說：「這輛腳踏車賣給這位穿短褲白球鞋的小夥子！」此話一出，全場鼓掌。那小男孩拿出握在手中僅有的五塊錢鈔票，買了那輛毫無疑問是世界上最漂亮的腳踏車時，他臉上流露出從未見過的燦爛笑容。

書訊：國際商務談判的實用解決方案

書名：*Practical Solutions to Global Business Negotiations*

作者：Claude Celllich and Subhash Jain (2011)

國內圖書館有原文藏書。

內容：

加油：注意能力

　　專家分析在人為失誤的談判個案中，有很高比率（47%）與注意力有關。注意是心理活動不可缺少的要件。只有高度集中而穩定的注意，才能保證學習的順利進行，並取得良好的效果。有些談判工作者學習新知識效率不高，往往是由於注意力渙散所造成的。那麼，怎樣培養自己的注意能力？

第一，克服內外干擾，養成鬧中取靜的學習習慣。在學習中，常常有不少的內外因素干擾，使我們難以集中精力學習，特別是遭受挫折、身心欠佳、思緒繁雜、學習任務艱巨的情況下，更容易出現分心，我們要學會以堅強的意志克服一切干擾，學會鬧中求靜的本領，養成在任何不順利的條件下，堅持學習和工作的習慣，這樣才會有所作為。

　　第二，加強意志的鍛鍊，做支配注意的主人。注意的穩定和集中都離不開意志的支配。注意能力，實質上是一個人的意志力在注意方面的具體表現。意志堅強的人，是一個富有自控能力的人。培養和發展我們的注意能力，那就必須使自己具有堅強的意志力，而且特別需要重視培養自控能力。

　　第三，培養穩定而廣泛的學習興趣。各種注意的發生和保持，都是以興趣為主要條件。興趣是一種興奮劑，我們一旦對某個標的發生了興趣，就會精力充沛，注意力集中，樂而不疲，專心致志。一個談判工作者只有當對自己所從事的工作有高度的自覺性和充滿自信時，才可能對談判的結果持有積極的態度。

第六章

談判的有效溝通

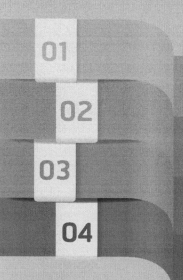

01 談判中的意向

02 說服中的論述

03 談判說服的技巧

04 談判加油站

01

談判中的意向

　　在談判溝通中，意向的表達與展現佔有相當的分量，是談判者一定要表達的內容。所謂意向（Intent），是指在談判雙方進入主題論述前所做的相關指標的表現。它是論點的準備，也是進入正題的主要方針。談判溝通中的意向分兩種：談判進行前的意向和談判進行中的意向。在這一節裡，將討論以下四個議題：一、談判意向表達；二、調整談判心理趨向；三、集中談判的思維；四、談判的意向展現。前三項是談判進行前的意向，最後一項則是談判進行中的意向。

一、談判意向表達

　　談判進行前的意向，是指雙方在實質內容，也就是與交易相關的各種條件，進行談判前的意向表達。該階段的意向要實現三個功效：

　　第一，營造主題氣氛。
　　第二，調整心理趨向。
　　第三，集中思維方向。

　　談判者的意向實現了這三個功效，也就是讓談判意向指向談判成功。如何才算意向成功？或者說，怎麼意向才能成功呢？討論的議題包括：營造主題氣氛與談判的意向選擇，特別是後者的應用，扮演談判溝通成敗的重要角色。

1. 營造主題氣氛

營造主題氣氛，是指談判者根據總體談判策略的需要，透過在談判溝通中表達形成相應的談判氣氛。所謂主題，是強調總體策略的特徵，例如冷淡與熱絡，緊張與鬆散等總體性、基本性的特徵。

在談判溝通中要實現主題氣氛的營造，在表達上需要考慮話題選擇、語句選擇和表情的配合等等。

2. 談判的意向選擇

談判的意向選擇主要包括以下三個項目：話題選擇，語句選擇以及表情的配合。

(1) 話題選擇

談判者在談判溝通中作意向表達時，講什麼話題更適合主題氣氛？也就是為話題做選擇。話題有許多，而許多話題中所含有的力量：

①「煽情性」的話題

例如：關心體貼之類的話題、歌功頌德的話題、懷舊敘舊的話題、祝福期盼的話題、情誼表達的話題等均屬「煽情性」的話題。

②「傷情性」的話題

例如，揭傷疤之類的話題、聲明性的話題、貶低性的話題、失敗性之類的話題等等。

③「平淡性」的話題

主要包括：就事論事的話題及所有不帶褒貶、不帶好惡感情的話題等等。

在談判溝通的意向中，正確選擇不同類型的話題，才可正確營造所需的主題氣氛，要正確選擇話題，才可以說出相應的語句產生相應的主題氣氛。顯然，傷情的話題是絕不可能營造友好熱烈的氣氛的。反之，以煽情性的話題也不可能獲得冷淡的談判氣氛。

(2) 語句選擇

語句與話題密切相關。語句本身也有特性，故選擇時必須符合話題的需要。也就是，需先分清語句的類別與特性，然後再選擇。語句有華麗、樸素、柔和與直硬之分。華麗的語句，多指構造複雜、修飾豐富、意向細膩的語句。

在談判溝通中要選擇適當表達的對話，例如：

——若不介意，我十分願意用詳細的時間表達我們對面臨問題的憂慮。

——有貴方如此大力的配合，我堅信在貴我雙方之間將不會存在解決不了的困難、無法突破的障礙。

——儘管外面天寒地凍，而在室內我們的工作熱情依然高昂。這是我們克服困難的有力保證。

——貴我雙方已有悠久的合作歷史，我堅信在新的合作中，不論出現什麼誤會都可以消除，無論有什麼困難，都會有辦法解決。

樸素語句，多指構造簡單、不加修飾的語句。如從句使用較少，只由主句語組句子，甚至僅以因果兩句組句。典型的例子如：

——我很高興認識您。

——要談的議題很複雜。

——下午我們繼續商量。

——我建議用兩天時間談完。

——由於貴我雙方都很忙，日程安排應該可以再濃縮些。

——由於我不熟悉貴方習慣，請貴方先說吧！

直硬語句是指簡捷乾脆、常帶應用祈使語的語句。例如：

——對不起，我看很難辦到。

——別急，聽我說完。

——您好！幸會。

——希望能配合好。

——是嗎？我聽錯了？

——我實在太忙，請貴方能把握時間。

針對不同話題，華麗語句可以用於煽情話題，其中尖刻的修飾也可用於傷情話題；樸素語句可用於平淡話題；直硬語句可用於傷情話題。

(3) 表情的配合

表情的配合指談判者在談判溝通中進行意向時，臉部表現的感情可以是：

——常常面帶微笑。

——面顯愁容且眼皮沉重。

——臉部平靜且眼神平淡。

不同的表情可以依照想要營造的主題氣氛而選擇。常常面帶微笑的表情應該與煽情話題相配，面顯愁容更適合傷情話題，而臉部平靜的表情適合平淡話題。不過，由於策略需要，在談判溝通中常常會進行複合式的運用。當然，面帶笑容卻大談傷情之事，絕不是好的複合式運用。

二、調整談判心理趨向

在談判溝通中，談判者需要調整談判心理趨向。談判前的意向中，心理的調整非常重要，它主要是指對於情感與慾望應適合談判實質條件的需要，或者說，調理談判的情感和慾望，使之符合談判實際情況。

1. 情感調整

在談判時，有兩種情況，一是己方想要成交，一是己方無意成交。前者需要對方熱情投入，後者是要扼制對方的成交熱情。兩種情況，調整表達並不一樣。

需要調整對方熱情時，要採用營造氣氛的技巧，諸如煽情性的話題、語句及表情。例如，強調雙方的實力、雙方的關係、雙方的誠意、雙方的長遠利益等條件，藉以燃起對方勢在必得的談判熱情。不過，當對方持強自傲，而你又需與之成交時，調整其談判熱情的手法就要變化；營造氣氛就要變成平淡，從話題和用語及表情反應出非強求之意，以保持己方的主動地位。或是說出結局：可能失敗，以傷情的意向預測以後的談判後果，使其反省自己，調整態度，拿出談判熱情來。

如果在談判溝通中要扼制對方成交熱情時：

——氣氛營造應爲平淡。

——要講不能交易的條件，如競爭、對方產品的缺陷等。

——話語禮貌，以表達尊敬及愛護對方之意，以免談判未如其願時，讓對方誤會你欺騙了他。

2. 慾望調整

談判溝通也有兩種典型情況：期待值過高，賣方要價太高或買方出價太低；和不期望成交，也就是抱著試一試的態度。對於前者，談判氣氛可以自由選用，因爲各有其用。煽情：表達友好，傷情：表達擔憂，平淡：表達不抱希望，三者對於期待值過高的對手的意向均可以使用。

不期望成交，主要看己方談判的需要。若是「貨比三家」中的一家，從策略需要，表達的主張應是煽情的：鼓勵其全力以赴，或獲得交易、獲得友情、未來的交易希望。若與談判策略無關，則平淡對之，以節省時間，但談判中的友情與禮貌仍不可缺。典型句型有：

——十分感謝，您給了我這個機會與貴方談判該筆交易。

——請原諒，我方有自知之明，提前告退了。希望沒給貴方帶來不便。

——看來，這次貴我雙方無緣成交了。我們下次再見。

——本來我們也沒指望會有什麼結果，但讓我們認識一下吧。

商業談判：掌握交易與協商優勢

——感謝您來我國訪問，希望這是我們交往的開始，而不是結束。

三、集中談判的思維

這是指在談判溝通中集中思維方向。將談判雙方的注意力集中到共同的焦點上。換句話說，就是選定共同的談判路線。可使用偵察→瞭解、磋商→判斷、集中→結論等表達手法。

1. 偵察→瞭解

此手法是讓談判各方各自表明有關時間、地點、議題順序和人員安排等想法，是開放式的思維。開放式思維多以平淡性的語句闡述，有時候加點煽情的語言點綴一番。例如：

——我方認爲要使談判有效率，應從技術性問題談起。當然，如果貴方要跳過去談別的，也可提出來討論。

2. 磋商→判斷

在開放式思維後，想清楚到底要磋商或判斷。雙方針對各自的意向內容進行對比，加以判斷取捨。此時的意向，沉浸在平淡意向之中，以保持嚴肅認眞的氣氛。陳述的思維是對各自長短處的評判，利弊與可能的分析，例如，分組談判的建議，此方式在談判中很有效率。而一方認爲，自己沒有足夠的人員參與分組談判，使該方式不可行。也許雙方會有評判的分歧，只要任一方有動機，均應做出讓步的表達，使工作儘早完成，如上述分組建議，對方說沒有人力，也就是應該撤回。

3. 集中→結論

此手法是清理、彙集評判的思維，也就是做出結論。集中意向，是在平淡中進行，要樸素而清晰地描述，使雙方對共同的談判路線沒有任何誤解。若總結得不好，可能造成雙方準備工作、談判日程的混亂。

四、談判的意向展現

在談判過程中，尤其是交易實質條件，包括價格、合約條款、附加條件等，談判過程中，仍然會有意向性的表達出現，其表達的要求多為釐清概念及明確態度。

1.釐清概念

在進入實質談判後，雙方的意見會相互往來，有的表示反對，有的贊同；有的是詢問問題，有的則是混淆或糾纏。在討論之後，或各種意見交換中，常有意向性表達出現，此時的意思就在於釐清概念。這一概念是界定談判內容，包括兩層含義：所言之物的事與話的定義，以及其後所反映的真正立場及其實質意義。

(1) 所言之物的定義

為了確保談判的效率，談判中意向首先要說明白的是：雙方談的應是同一件事物。若你談你的理解，我談我的理解，而理解的標的不同，就會使談判陷於徒勞無功。此時，表達的技巧是運用確認和重複的意向方式來實現定義的一致性。確認是指談判議題定義的明白追問，或對理解要求的認同。這種意向的典型例句有：

——等等，貴方講的是這樣嗎？
——對不起，貴方講的非我方所提的問題。
——請原諒我未聽懂貴方的意思，能否再講一遍你的問題？
——很抱歉，貴方理解錯了我方意思。
——請注意，我們似乎離題太遠了。是否還是回到我們共同的問題來？
——為什麼，我們越來越不理解對方了。是否出了什麼錯？——我們談的可能不是同一回事。

重複是指對談判議題的定義做單方的複述，以確定理解是否無誤。這種意向的典型例句有：

——如果我沒聽錯的話，貴方是否講這樣？

——請允許我重複一下貴方的意思。

——如果貴方有疑問的話，我可以重複一遍我方的意見。

——我理解，貴方的意思是那樣，對嗎？

——爲了不產生誤會，請讓我將貴方講的意見歸納一下。

(2) 確立真正立場

爲了掌握談判的進展，必須掌握發言者的真正立場。有的談判者含蓄，或爲了刺探對方情報，故意含糊其詞，在明確雙方講話的同時，對談話引申出的要求與立場，也要予以界定。對此，意向的手法主要是讓對方表態。其典型的語句有：

——如果我沒誤解貴方的意見，您是要求這個條件，不同意另外的條件，
   對嗎？

——您講了這麼多，那麼您到底是贊同，還是反對我方的條件呢？

——我理解，到目前爲止，貴我雙方並未就這問題達成一致，差距還很
   大，是嗎？

——貴我雙方已爭議很長時間了，應該靜下來清理一下各自的立場，看看
   如何讓雙方意見靠近一些。

2. 明確態度

在談判中，明確態度是指：說明談判雙方對面臨的談判問題所持的主觀願望。釐清概念是意向的基礎性的一步，而明確態度則更進一步，是由表面到內容的一步，是追究其原因的一步。談判過程中，典型的狀況有氣氛緊張，談判激烈時；也有氣氛融洽，彼此理解時；還有平淡之時。在下列三種狀況下的意向中，只是態度的意向差異而已。

(1) 緊張時

在談判緊張時，此時的意向是要說明：

——你想怎麼樣？

——我對此的看法。

以達到調整雙方態度的目的，使消極化爲積極，對抗轉爲和平，破壞變成建設。典型的意向有：

——貴方怎麼啦？若這麼激動是無法交換看法的。

——我不知什麼地方得罪了貴方。有話請慢慢講，您講得太快，我聽不清，您的聲調太高，讓我方不容易聽清楚。再說，有時間讓貴方講話，我方也願意聽。

——貴方的學識與地位有能力把談判從對抗狀態轉過來。不知爲什麼今天會出現如此情況，讓我方十分驚訝和遺憾。

——我認爲，分歧在所難免，但吵架不能解決問題。還是需雙方拿出誠意來談。

——我認爲，雙方均應重新審視一下各自的條件和態度，冷靜以後再繼續談判。

——如果貴方認爲繼續吵下去（或維持現在的緊張狀態）能解決問題，這是貴方的看法和權利，但後果請貴方充分考慮。

——吵並不完全是壞事，互相溝通可以，但一直吵還是要在談判桌上談出結果。

——我認爲，貴方若想保持談判桌上的強勢，甚至想要以勢壓人，那就錯了。能得到交易才是眞正的強者。

——以理服人才可以贏得友誼和合約。

(2) 融洽時

在談判融洽時，此時意向是雙方如何利用這種積極性加快交易的談判，使談判儘早達到目標。典型的意向有：

——貴我雙方的坦誠和合作態度使談判進行很順利，使所有與會者很受鼓

舞。

——既然雙方均有誠意實現交易，我建議在下面的談判中，貴方能儘早提出可行的成交方案。

——雖然貴方的方案已表明了貴方的努力，但仍有些缺陷還沒有糾正，例如我方在上午（或昨天）談判中提到的某問題尚未得到答覆。

——在聽到貴方完整的意見後，我一定會將我方的意見告訴貴方。

——貴方若有困難，也請講出來，看我方能否配合解決。

——既然貴方這麼真誠，我不妨利用這個機會告訴貴方，這交易需盡快進行，以免夜長夢多。

——我很想告訴貴方某些細節，但由於商業信譽，我不能講。但我可以說的是，我將積極配合貴方儘早結束談判。

——我方的條件，不知貴方聽明白了沒有？若沒聽明白，我方可以再重複一次；若有意見，我方願意聽，只是希望貴方趕緊表示意向。

——我希望貴我雙方加快談判速度，創造一個良好合作的案例。

——既然大家是朋友，各方提出的條件也應公平友好，若有不足之處，請自我修正。這樣就避免雙方互相批判。

——請放心，對朋友的合作，我們會替對方著想，絕不會因為關係好，談判就變得粗糙，或是權責不分。

(3) 平淡時

在談判平淡時，此時說明的是：

——雙方這樣談判下去行不行？

——談判為什麼這樣沉悶？

如果談判並未全面展開，或僅屬相互介紹階段，還未到條件的討論階段，則可以按議程往下談判。若在實際條件談判中，談判既無大的進展，雙方談判也不積極時，就需要做意向的說明。造成這種情況的原因有兩

種：沒有成交的熱情，也就是我的條件就這樣，接受不接受都可以。沒有修改條件的餘地，也就是無論有多少批判，能夠表示的條件不多或根本沒有。此時典型的態度說明有：

—— 我們談了很長時間了，貴方的意見沒有講，不知為什麼？

—— 我們的談判毫無進展，貴方是否沒有意願交易，還是有別的考慮？

—— 交易成與不成，對我方沒有關係，但我方仍然希望聽到貴方的想法。

—— 貴方如果不願意考慮我方意見，只要明白講出來，我們可以重新審視接下來的談判。

—— 貴方明顯沒有道理，但仍這麼堅持，讓我方不理解。如您無權表態，我方可以等您向有關方面彙報後再談。

—— 我知道，我方提出了一個難題，不知是否在您的授權範圍內？若不在，您可以請示後再表態。

—— 貴我雙方都是自由的，不必對該交易負責，但對貴我雙方彼此提出的問題應有個合理的答覆。

談判心聲：正反之間

　　一個棒球場上的優秀投手，不僅要擅長變化球路，也需要提高球速，而且更要懂得調配球速和球路。同樣的，在談判桌上也應這樣。傑出的談判者對談判進行時間有很好的敏感度，他知道什麼時候該放鬆，什麼時候該抓緊；什麼時候該「坦誠」，什麼時候該「莫測高深」，什麼時候該「點醒對方」，什麼時候該「閉嘴」，什麼時候該試探，什麼時候該接受，什麼時候該強硬，什麼時候該讓步，什麼時候該給，什麼時候該拿。而談判步伐的調整與談判時間的掌握至關重要。

　　按理來說，談判者絕不能「洩露」自己的意圖，或是極想結束談

判的心情。換言之，你在談判過程中應該保持「神秘」的態度，讓對方不斷地在即將達成協議的喜悅和談判破裂的疑慮之間往返，以至於把握不住到底該讓步？還是放棄？這樣一來，他就很難防範你下一步。

在談判中的說服性論述，也就是談判過程中的說明或讓聽者明白的技巧。這是談判表達的主體部份。對該部份的分析包括：說服論述的意義、類別和原則。

一、說服論述的意義

當談判者在談判中進入論述時，是由一定的原因引起的。主要有兩大原因：自我主動的陳述和回應的陳述。

1. 自我主動的陳述

自我主動的陳述是指己方主動表述的行為。換句話說，由己方先發言。引起先發言的情況有兩種：介紹己方情況，對交易的看法或己方的社會狀態，以及表明己方的觀點、交易條件或立場。

(1) 介紹己方情況

這是按談判程序要求或按對方要求而做己方情況說明。此時需表達：

——講的是什麼？

——它有什麼特點？

——此說法從何而來？

也就是說，內容明白，構成因素明白，依據明白。如此，應該是充分表達了。例如：

──我來介紹一下我方的產品情況（內容要清楚），它的性能符合ISO－9000標準，生產量可以達到貴方訂單要求（構成因素要明白），此種產品和生產量在過去三年中一直保持良好的業績，在我公司的年報中有詳細列舉（依據明白）。

(2) 表明己方的觀點

此時由己方首先闡述觀點，主動說明己方要求的交易條件。該起因的論述包括：

──講什麼？

──是什麼？

──爲什麼？

也就是談什麼條件，該條件的具體內容和爲什麼要這個條件。例如：

──現在，我現在說明我方對該交易的價格條件（點明講什麼？）。我認爲價格包含運費、包裝、服務費，應該要10萬美元，（講明具體內容）。價格不高，因爲在市場上同類產品比我方的開價還要高。由於貴我雙方是老客戶，我方才提供該條件（說清楚爲什麼）。

2. 回應的陳述

在說服性談判回應主動的陳述，是針對談判對手的表述而進行的陳述。這類陳述可能爲了說明、批判或論證某個觀點。

(1) 說明情況

聽到對方說的內容與事實不符時，無論無意還是有意，都應及時做說明。該表述包括：

──明確說什麼？

──是什麼？

——爲什麼？

在談判中的例句爲：

——關於某問題，貴方說的有誤。它應是這樣……，因爲……。
——關於貴方談到的合格率問題（說什麼？），貴方的說法與事實有出入，從整條生產線的平均合格率看，它應達到80%（說明它是什麼）。按生產報表看，一年中最低平均合格率爲75%，但僅爲3個月的生產統計。而最高合格率爲90%，連續保持了6個月。因此，我認爲貴方說低了。

(2) 批駁觀點
這是對對方的條件或觀點表示反對的意見。該表達結構爲：

——批判什麼？
——爲什麼？

典型的例子：

——我不同意貴方的模具價格，它太貴了（批判的對象）。因爲它的壽命只有10萬模，生產的價值也只有30萬美元，而我們卻要付出50萬美元（批判的原因）。

該種結構僅到駁回即止，並不說出自己的具體條件或理由。

(3) 論證觀點
這是針對談判對手的立論、觀點或堅持的條件，進行批評、駁斥，並提出自己認爲合理的觀點或條件。該表達結構由：

——批判什麼？
——爲什麼？
——應該如此！

商業談判：掌握交易與協商優勢

或者說，在批駁的基礎上表明己方觀點或條件。仍以上述例子為例，其中還應加上：

——因此，我方認為貴方價格應該予以調整（說出己方觀點），或者至少不應高於30萬美元（表明了條件）。

　　當然，論證觀點在自我主動的陳述中表明己方觀點時，也可以運用。

二、說服論述的類別

　　與其說是談判論述的類別，不如說是論述的功效差異。不同論述產生不同的作用。從談判實務看，常見的論述類別有：說明性的論述，批駁性的論述，論證性的論述，說服性的論述等四種。

1. 說明性的論述

　　此類論述的重點：說清楚問題。也就是說，既要自己講得明白，更要對方聽得清楚。其表述結構是：

——基本的題目，說的什麼？
——衍生的題目，它是什麼？
——證實的題目，依據是什麼？

　　以上三個環節缺一不可，不然，說清了，但得不到信任，或者，根本就沒說清楚。主要是要求言者要完整表述結構，聽者，要憑結構去判斷對方是否真正說明了問題。

2. 批駁性的論述

　　此類論述的重點：批判、否定對方的觀點或條件要求。它的表述結構是：

——批判什麼？

——爲什麼批判？

　　由於批駁的物件肯定有錯誤，所以，該表述結構需要直接地把批駁目標物件點明，然後加以批判。而不論用什麼手法批判，其主體內容是：爲什麼？說不出爲什麼，就不能進行有效批駁，表達也一定不會成功。

3. 論證性的論述

　　此類論述的重點：是將己方觀點或條件建立起來，也就是無論是批駁對手，還是己方主動提出，均要證實己方的要求條件合理並應該得到對方承認。其表述結構：

—— 批駁物件的理由，立論和立論的依據，或理由的立論。因爲立論物件的複雜程度不同，在確立觀點時，該過程將十分複雜，運用手法可能依論點的分量而定。

4. 說服性的論述

　　此類論述的重點：在於分析事物的利弊，使對方客觀看待形勢並做出抉擇。說服性的論述也充滿理解、善意與哲理。其表述結構：

—— 明確論點。
—— 分析利弊。
—— 推薦方案。

　　說服性的論述的優勢，比批駁、立論性的論述更顯中性、公正；不只爲己方爭是非，而是設身處地爲對方著想，幫助對方認清問題本質，也不強人所難。這種方式在談判中運用，效果很好。該種論述的關鍵在「分析」，分析成功了，方案選擇就容易了；但若分析不好，效果甚至更差，對方會覺得你虛僞。

三、說服論述的原則

　　談判說服性論述的總原則應是追求：說明白和說服力，也就是把想說的話要說得清楚，說話的效果是說服對方接受自己的觀點或條件。爲此，在運用各種表述方法時，應遵循的一般原則：1.兼顧三面的原則；2.手法多變的原則；3.述說適中的原則。

1. 兼顧三面的原則

　　兼顧三面的原則，是指談判者要在論述中同時注意聽者的反應、言者的表現及論述內容的展現，並從這三者產生的共識中追求最佳效果。

(1) 聽者的反應

　　聽者的反應是論述的直接驗證。不論聽者的反應是自然的、製造的或策略的，均應從中剖析出眞正的反應：關注、淡漠、切中要害或無關痛癢。這些反應是調整論述手法的依據，也是調整論述內容的依據。當然，對聽者的反應的評價與言者的目的有關。言必有得時，需要積極的反應；隨意說的話，則不論反應如何均可。

(2) 言者的表現

　　言者的表現是其論述的關鍵。不論講什麼，也不論抱著什麼樣的企圖去講，言者的表現將表現出論述的性質。言者的表現主要指其表情、肢體、手勢和腔調的運用。當所言志在必得時，若表現鬆散，結果是其言失去威信，且使對方誤解爲只不過說說而已。當所言只不過玩笑時，若表現嚴肅，結果其言使人信以爲眞，造成反效果。只有將言語表現完美結合，才會有論述的最佳效果。

(3) 論述內容的展現

　　論述內容的展現，是指與談判的內容相關的立場說明的完整性。一個議題通常可以涉及多個層面，而論述可能涉及某一個層面，也可能同時涉及多個層面。要實現論述內容的展現，就必須確定論述內容有觀點的穩定支撐結構。僅以就事論事的論述方法是不可能說明問題，更不可能擁有說

服力。

2. 手法多變的原則

手法多變的原則，是指談判者在論述中要遵守說與聽結合，論述方法要選擇合理且靈活變換的原則。說聽結合，是指談判者在論述過程中適時地變換角色，從言者變爲聽者，從輸出者變爲輸入者的地位，同時，要把播種與收成相結合。因爲談判中，論述猶如播種，傾聽就是收成。有三種情況：

第一，說多聽少。
第二，聽多說少。
第三，邊說邊聽。

說多聽少，也就是論述中不停地說，不管對方的反應。有兩種型式：一種是怕自己的話說不完，因此，不想花時間去聽對方意見。另一種是面對老練而善辯的對手，怕冷場，怕自己表現不好而不停地講。說多聽少，在談判時並不是好方式。它對塑造談判形象不利，也無太大效果。

聽多說少，也就是在談判中，聽任對方去說，僅在想說時再說話的情況。這裡也有兩種型式：一種是成熟的談判者，先讓對方講，講的越多，漏出破綻的機會也越多，待抓住機會後再出手。或者在對方長篇大論之後，僅做評論或解釋。另一種是言詞跟不上，也就是不大會說話。總之，多聽少說較爲有利，但應當說話時而卻不說話也不行，這樣易失去機會而助長對方氣勢。

邊說邊聽，也就是在談判論述中，既說又聽，講一段，就徵求對方意見的情況。這種情況下，說與聽是相應合一的，也就是將說過的內容與聽取的反應進行對照。至於說的時間與聽的時間是次要的，以說清楚和聽完整爲重點。

變換論述方法合理且靈活變換，是指表述手法選擇準確且在運用過程

中依其效果隨時變換，以調整表述方式，加強成效的做法。該原則要求：

第一，表述的內容明晰，目的得以順利實現。

第二，論述方式的選擇，不是一次性選擇，而是要緊跟談判形勢的變化以及聽者的反應，進行隨機的選擇調整，或採用多種選擇組合，以達到表述的目標。

3. 述說適中的原則

述說適中的原則，是指與說話品質相關的各種因素掌握適宜的原則。說度包括：力度、深度、明度、信度和聽度。

(1) 說話力度

說話力度是指談判者說話的強弱與措詞的選擇。掌握好聲音強弱與措詞的變化，就是掌握了說話力度。

例如，聲強是聲音有力，但不是氣粗嗓門大；而聲弱，是聲輕而有氣。這樣，會將論述內容的情感色彩多樣化。例如措詞犀利：

——實在令人遺憾！
——絕不可能！
——不像貴方的身份！
——這簡直是開玩笑！
——這是不容談判的條件！

又如措詞較弱：

——請考慮。
——別誤會。
——是否可以先擱置一邊。
——這是貴方權利。
——您可以保留。

——請容許我再聲明一次。

措詞選用得當可使表述的意思更加豐富，更加準確。

(2) 說話深度

說話深度是指言及內容的全面性程度。在論述中靈活變化深度可以反映不同的論述目的。例如：

——僅點一點對方。
——反駁對方。
——聲明己方立場。
——說明問題。

表述的深度不同。若千篇一律，談判效果就不好。所以，深度要求不是恆常的要求，而是變數的要求。

(3) 說話明度

說話明度是指表述的內容使聽者清楚的程度。是一語道破呢？還是模稜兩可？其形如霧裡看花，還是一目了然？這不同的變化使說話變得更有魅力，使表述的攻防更具活力。具體表現手法有：

——話講一半，後文先不說。
——本來直述中，突然換個角度，例如，「然而」，「不過」，「可是」
  等就是相對前言轉的彎。肯定的陳述後，再加上些否定，使前面的意
  思由清晰變模糊。

(4) 說話信度

說話信度是指表述顯得真誠、實際，使其有說服力的程度。越真誠、實際，說服力度越大；反之，說服力度就越小。真誠指談判者的表述不論其目的和內容如何，言者的態度充滿了誠懇。這種誠懇與談判成敗有關聯，表現出的情感是友好、體諒、感人。實際指談到論述的內容實在、客

觀，充滿眞實感。因此，眞誠與實際決定了信度，而信度才具說服力。

(5) 說話聽度

說話的聽度是指表述讓聽者可接受的程度。聽者的接受程度取決於易聽和愛聽。易聽指表述讓人聽明白的容易程度。論述中，易聽受表述的句子、段落和時間的影響。一般來說，短句子比長句子易懂，小段落表述比長篇大論易聽清楚，短時間的表述比時間冗長的表述耐聽。

聽度指聽者注意的程度，也就是聽者關注表述的程度。愛聽受順心如意或提心吊膽的影響。表述中注意讓聽者順心的話以及某些靠近其內心的條件，聽者自然愛聽且注意聽。當然，這類表述視不同的談判階段，可以是聽者有興趣的題材，並非什麼重大條件，也可能僅是滿足聽者的虛榮心，而非實質條件。

若表述中摻進危及聽者成敗方面的話語也會引起聽者關注，一種被動的迫不得已的非聽不可。例如，抨擊聽者的話、威脅性的話與極爲苛刻的條件相關的說明，對嚴厲情況中的探詢的表述內容，均會激起聽者的情緒：要聽的慾望。在易聽和愛聽之外，製造令其掛心的話題也可以增加表述的聽度。

在談判中，製造令其掛心的手法多爲提問。提問是言者在表述中，故意把其中的某些問題提出來，但不馬上做答覆，而讓聽者去猜想，從而製造令其掛心的點，吸引聽者的注意力。提問也可以是言者在論述中故意就某些論述內容的相關問題向聽者提出，請其答覆後再繼續依答案而論述的做法，這也可使聽者關注言者論述。例如：

——我聽完了貴方的論述後，感到對談及的問題瞭解得更深了。我是否應該贊同貴方立場，而放棄我方要求呢？

言者在關鍵的結論上提出了問題，形成了令其掛心，自然會把聽者的注意力吸引過來，甚至會促使對方替你作答，其論述的聽度效果很好。又如：

──貴方專家指導費用中的構成，包括了工資、補貼及在我方工作期間的
　住宿、交通費等，我認為有道理，讓人很難反對，不過，貴方在我方
　人員培訓費的結構上是怎麼規劃的呢？

　　此例反映本來言者在聽了對方的技術指導費的解釋後，要對其表態。
聽了言者的表態後，似乎感到雙方沒有多大分歧，達成協定有望，可是就
在該做結論的那句話時，卻有了提問，讓聽者從期待中又陷入緊張的應對
中。這種提問方式無疑很有聽度，否則，聽者將跟不上談判思緒，跟不上
談判的節奏。

談判心聲：有字天書

　　大部份的談判者在合約簽名之前，大概沒什麼人會仔細看文件的
內容，因為，其一，雙方都同意談判的結論，協議書也簽了字，其
二，在看到那些密密麻麻的文字也覺得很無聊。現在歐美有些合約文
件還是沿襲中世紀的用語，大家也懶得修改。

　　以租約為例，在你簽約的時候，可能就會不小心同意房東沒有經
過你的同意可以進入你的房間，就算房東違反合約，房租還是得照
付。其次，房東只要隨便出個難題，你把房子分租給朋友的計畫就要
泡湯了。再者，法律好像總是站在房東那一邊，就算你在房裡受了
傷，通常也要不到錢。

　　到底是什麼使人們在合約之前好像呆子般？簽約並不是極度艱難
的事，合約上那些字也不過就是些條款細節，為什麼你覺得看不懂？
為什麼主動權就輕易讓房東拿走，而你好像連討價還價的能力都沒
有？

　　這就是合約的「正當性」把你迷惑了，迫使你屈服。下次你再被
要求填寫表格、簽合約、遵循規定，或是付錢時，小心！這些不像它
們表面上那麼一絲不苟，其實這其中談判的空間是很大的。

商業談判：掌握交易與協商優勢

03
談判說服的技巧

　　由於各種論述的功效與需要，談判者在談判論述中可以使用很多技巧。有的引自文學作品、有的源自哲學著作，有的是從心理學與企業管理，為談判的表述增加了極大的靈活性和有效性，也大幅度豐富了談判論述的方法。本節的議題包括：一、基本論述技巧；二、進階論述技巧；三、特殊論述技巧；四、談判論述選擇等四個項目。

一、基本論述技巧

　　商業談判中有許多論述技巧，此處僅介紹一些最常用手法。從邏輯角度看，有直述法、類比法和推演法等。

1. 直述法

　　直述法也就是在談判中使用平鋪直述的表述方式。此法不講究語句華麗，而力求用簡單句型把問題說清；此法也不要求過多的表述，而是直接揭示主題，力求使對方一下子明白了所言之物；句型簡單，且觀點明確。例如：

——我想對貴方剛才提到的某問題談點看法。

——我方的建議既考慮了貴方要求，又考慮了我們的客觀情況，因而具有公正性。

——我很想考慮貴方的意見，但很遺憾，我沒有聽明白貴方所說的是什麼意思。

2. 類比法

類比法的談判說法，也就是以同類、類似或近似的物或事進行比較，以說明對照標的的本質屬性。該表述方法直接比對參照標的的相似或相近性，通過這個平台去衡量物件的曲直與比較。類比法是一種相對關連的觀念應用。例如：

—— 貴方去年出售該類設備時價格僅為10萬美元，今年卻要11萬美元，這似乎不近情理。

—— 我在義大利曾詢問和貴公司所提供技術相近的廠商，但他們的開價卻比貴方價格便宜25%。

—— 我方提供的產品壽命比日本公司提供的產品壽命要長，所以，價格也會高一點。

上述句子反映了買方和賣方的類比說法，也反映了從一方的時間或空間的對比，來證明自己立場的正確。

3. 推演法

這也就是運用邏輯的技巧論述，以證明自己所說的事物的本質屬性。此法較為複雜，特別以邏輯思維的推理和辯證的分析手段，將複雜的論述和混亂的觀點進行剖析，以揭露事物的真實內涵。推演法在談判中的運用有二個環節：

第一，與論題相關的因素：各因素的屬性在論題中所佔的地位和具有的影響。

第二，所有因素綜合效果：匯總各相關的利弊而形成的最終結論。

 談判個案

沒有角色就無法推演，演繹各因素的屬性才可以推論出最後論述

的結果。

——貴方的解釋是：由於技術研究進行了5年，每年又平均投入200萬美元，現僅以20%的折舊計算技術轉讓費。我方想與貴方討論該結論的真實性。貴方每年報200萬美元應為貴方利潤，而貴方損益表反映的利潤率卻僅2%，每年累積到不了該水準。這樣投資有問題，那麼借貸投資，但在負債中又沒有這麼大的負債率反映出來，那麼貴方並沒有借這麼多錢。若既無足夠利潤，投入這麼多的研究費，又沒有借貸，那就只有一種可能，也就是投資沒有這麼多，一年200萬美元的投資是虛的，以此計價的技術轉讓費也是虛的。

在此例中，商務關聯因素有投資額、利潤率、借貸、資產負債與損益以及技術轉讓費。各關聯因素依其邏輯關係進行分析利潤率與利潤。投資額的關係為不正常，其本質屬性為虛假，以損益表為證。借貸與投資額的關係：以資產負債表為證，說明其本質亦為虛假。技術轉讓費雖為20%的提撥，但其年投資額來源為虛，其結果已屬虛。至於投資年數是否為5年，是另一個考證數據。可能推演為：決定技術費的另一個因素是年數，這要看貴方技術研究開發的成果。從貴方的報告看，每年的新產品都有23種，那麼5年計10多種產品問世。貴方在5年中同時開發了這麼多相關系列產品，那麼投入的技術研究開發費怎麼分攤呢？總不能由一種產品承擔所有的開發費吧？如果是按每種產品這麼預計投入，那麼每年的開發費會更大。因此，是否5年有這麼多投資就值得商榷。

二、進階論述技巧

進階論述技巧是牽涉到比較複雜概念與邏輯的方法，內容包括：1.情

理並茂法；2.數字論法；3.隱喻暗示法。

1. 情理並茂法

　　情理並茂法也就是將情感融入說理之中，以加強說服對手的表達效果的說明技巧。該表述方式重在情與理的結合，以及情感的適當表達。

　　在談判與溝通中，講情與理結合，是說情要根據理的性質而配合，不可反向配合。「理」的性質是以其功效而定。據此，表述中的理性大致有三類：

　　第一，反駁性。
　　第二，說明性。
　　第三，堅持性。

　　在三大類中，反駁性可分為：堅決反對、婉言拒絕和委屈（傷心）地反對；說明性可分為：平靜說明、真誠說明和委屈（傷心）說明；堅持性可分為：強烈堅持、一般堅持和故作堅持。由於理性的不同力度形成的差異，可以在情感的表現上與其力度配合得當。此外，在三種理性之中也包含了十分合理，合理和不合理的差別。因此，情感的配合上，也要把這些考慮進去。由於情感的運用旨在加強「理」的力量，所以，若「理」強，則情感運用可強可弱；若理弱，則情感運用力度一定要強。否則，說理效果會不夠好。

　　講情感的適當表露，是指情感的表現技巧運用得當，或者說表現情感要恰到好處。談判中，情感的表現可以透過三個管道來完成：

　　第一是表情，也就是透過臉部表情的變化來表現不同的情感。
　　第二是聲調，也就是透過說話語氣的變化來實現不同的情感表現。
　　第三是肢體語言，也就是透過身體姿勢和手勢的變化來表現情感。

　　情理並茂的表述在談判中運用很多，但卻離不開上述分析的情與理性

的不同配合。例如：

——張先生，您的條件讓我很爲難。在您過去的要求中，我方均竭盡全力與貴方配合，此時還要我方做出如此巨大的讓步，真是讓我不能接受。

此爲說明的理性。其情感配合呢？要表現出委屈。表情應爲面有難色，聲調低沉、微顫、肢體僵硬、手掌心朝上。

——彼特先生，我真佩服您，很敢出價。您的賺錢慾望，可以理解，但請留點利潤吧！像貴方如此報價，是否太離譜了？假如您站在我的位置上，會接受嗎？

此爲反駁、拒絕力度較大。其情感配合就要表現出堅決。表情應該嚴峻，聲調應沉穩「乾脆有力」，自信、手掌心朝下。

——田中先生，請稍安勿躁。我聽您的講話，似乎並未聽清對我方剛才的講話，我願意再重申一遍。我相信，在您聽明白了我方的理由後，會贊同我方的觀點。即使仍不贊同，也沒關係，您可以根據我方的理由來闡明您的立場。

此爲說明性的理由，坦蕩而誠懇。情感的配合要表現出誠懇。表情應是善意真誠，聲調要平穩柔和，肢體要放鬆，略顯熱情（給對方信任感）。

2. 數字論法

數字論法，用量化的技巧來表述道理或立場。此法較直觀，易於理解，說服力強。它重在將想要講的理與觀點的依據數字化。該表述也是論述中常用的技巧之一，尤其有理工專業背景的談判者運用此法更是得心應手。

常用的數字論法。例如：

──貴方的價格不是一點點的差距，而是「等比級數」差。讓我方怎麼還
　價呢？它不具備還價基礎。

──貴方的價格是故意提高，準備讓我方來砍嗎？我告訴貴方，我方是講
　理的。價太貴，我方不會要；價太低，我方也不一定成交。還是實事
　求是的好。

──貴我雙方已走到最後一步了。我相信，誰也不會在這裡還談不下去。
　所以，我建議雙方共同想好這最後一步。

──在上半天的談判中，我方已連續做了「五次讓步」，而貴方一次也沒
　有。從現在開始，我方想聽到貴方的讓步建議，否則，談判將無法繼
　續。

　　上述不同情況下的數位化表述中，均以數字論法說明道理。

3.隱喻暗示法

　　隱喻暗示法是一種啟發性的表述方式。它不直說自己對某件事或立場
的看法，而是用隱喻引導對方理解自己的真實想法。這種表述方式有較大
的靈活性，對對方也是一種尊重。重點是要求言者會隱喻，善於引導，而
聽者善解人意。所以，它經常使用在不用明講就很清楚的事物的表述上，
以確保不「誤解」。下面舉幾個談判中常用的心理暗示例子：

──貴方有沒有想過，該問題已討論了這麼長的時間仍未解決，問題到底
　出在什麼地方呢？是貴方不講理，還是我方不講理？還是該問題本身
　就是問題？

　　該例暗示討論的問題是有問題，應重審議題本身，因為雙方若不講
理，不會討論這麼長時間。時間證明雙方解決問題的認真態度。

──貴方若可能考慮我方昨天提出的建議，那麼，我方可以考慮提供貴方

其他方法，絕不會讓貴方吃虧的。

該例暗示對方若按己方建議談判，己方仍會有所讓步。此處隱喻條件為其他方法。

——貴方認為我方所言是否合理？若合理您為什麼不表態？您有什麼難處，我方很想知道，請您講出來。假如您需要時間，我仍可以等待。但您不能都不講，這對談判沒有意義。

此例引導對方尋找解決其難題（己方合理要求，對方不表態）的辦法：請示上司。暗示的另一層含義是對方無理，應予以糾正。

暗示的例子還很多，如暗示：

——條件已很接近了，再作些努力就可以接受。

——小心，還有競爭對手！

三、特殊論述技巧

在談判說服溝通中，特殊論述技巧是指：在特殊情況（前面技巧不適用）下採取的方法。通常以下列兩種為主：錯位法，詭辯法。

1.錯位法

錯位法也就是換位思考後的表述。說的話是站在對方立場上，推論的理由為對方所想，僅在分析時為論證關鍵，並在此時逐步否定對方的觀點。此法重在把握對方所想，並把對方的想法全部說出，然後再仔細地剖析，在剖析中逐漸否定它。這種表述的優點是心理功效，所以，特別要求搭配表情。主題表情為誠懇與體諒，應保持到完成否定的結論之後。例如：

——貴方是發展中國家，外匯存底有限。拿有限的外匯儘量做更多的事，

我方十分贊同，也極為理解。可是，我方是企業、是各股東的錢，不可能作為政府間援助，免費給貴方。我們可以少賺些，但不能虧本。貴方有多少錢就買多少東西吧！貴方可否告訴我方有多少預算，準備達到什麼效果，我方可以試著找出適當的貨物及合宜的價格。

此例反映了換位思考的過程：站在買方角度想：少花錢多辦事，完全正確。但請對方也站在賣方角度想一想：股東的錢而非政府的援助，進而以：

—— 有多少錢辦多少事。
—— 可以少賺錢。
—— 可以專門針對預算做方案。

應用上列事由，否定買方低價的要求，是否有效？值得談判者一試。

2. 詭辯法

詭辯法也是常用的招術，是進行談判特定目的的方法。例如：

第一，平行論證法。
第二，以相對為絕對論證法。
第三，以現象代替本質論證法。
第四，攻其一點，不及其餘。

詭辯乃貶義詞，用在談判中亦屬偏位手段，但它的基礎也是「講理」，只不過該理有大小之分，有真假之別。

上述四種招術無一不是將小理放大，以虛理代替實際論述，從而達到否定對手，維護自己的目的。例如：

①平行論證

也就是不論對方講什麼，自己僅抓住有理的問題談，形成兩個並行的論點。這種方式迴避了對手有理的攻擊，另外開闢了一個論點，而該論點

則是有理的。

②以相對為絕對

也就是在論述某一問題時，在其分量上做文章，擴大其性質影響，如以有點錯，說為大錯、特錯；以有點貴，說成很貴。透過擴大事態的描述，形塑其本質已改變，為否定的立場做基礎。

③以現象代替本質

也就是以表面的說詞掩蓋內含的實質，或以虛偽掩蓋真實本意。例如在商業談判中，有的人表面聲稱多麼友好、公正，但在實際談判上卻一點也不含糊；或在說明中大量宣揚表面微不足道的問題，而不涉及本質條件，或只說了表面問題，不解決實質問題。

④攻其一點，不及其餘。

也就是抓住對手某一個缺陷，在進行批駁的過程中連其他的方面一起批判。不過，這種形式錯不在於連帶其他問題，而在以「一點錯誤」否定「其他的對」，換言之，也就是以一點不合理否定其他合理之處。抓住一點，儘量誇大解釋來否定對手，形成談判桌上的一種態勢或談判優勢。例如：

——貴方在這麼一點小問題上都做手腳，那麼，可以斷言在其他問題上也一定存在問題。

——貴方現場這麼亂，人員管理一定有問題，技術也一定不夠精明。我方設備安裝不合格，責任均在貴方。

四、談判論述選擇

以上的談判論證技巧，包括：

第一，基本論述的：直述法、類比法、推演法。

第二，進階論述的：情理並茂法、數字論法、隱喻暗示法。

第三，特殊論述的：錯位法、詭辯法。

這些是典型的談判論述方法，以其爲基礎，還可以演變出更多相關聯的、性質類似的論述方法。這些基礎論述方法的運用有其特定條件。運用得當，則效果佳；相反地，則效果差。因此，如何選擇運用應予考慮。從實務看，選擇的依據有：論述目的、論述對象和論述時的處境。

1.論述目的

論述目的是指以此番講話想達到的效果。是力爭說服對方，還是只要擋住對方就可以而選擇的論述方式。若志在必得，那麼就可選用各種進取性極強的表述技巧，諸如論證、說服、推演等技巧。若此談判並非關鍵，不回應又不行，抵擋一下即可的表述有：輕言、聽甲回乙、大題小做等方法。

2.論述對象

論述對象是指以論述內容的複雜程度而選擇論述方式。當論述內容簡單時，可用類比法、反證法、數字法來表述。當論述內容複雜時，可用論證法、推演法，甚至多種論述方法結合運用，使論述的內容能呈現全貌。

3.論述時的處境

論述時的處境，是指以論述者在表達時所處的談判態勢：主動、被動、有理還是無理的狀態，以及當時的談判氣氛爲依據來選擇表述方法。主動時、有理時，以進攻性的表述技巧爲主，例如直述法、運用情緒、情理並茂、推演法、小題大做、以攻爲守等。被動時、無理時，以運用防守性的表述技巧爲主，例如避重就輕、以守爲攻、詭辯法、大題小做、心理暗示法等。

在談判氣氛平和時，直述法、錯位法、反證法等用得較多，此時選擇較爲機動。談判氣氛緊張時，論述方式要求較高，因爲不應也不必增加緊張情況，此時多運用直述法、以守爲攻、數字法、心理暗示法等，還可較

為嚴謹地推理、演繹以說服對方或消除緊張，還可用類比法來減緩緊張氣氛。

談判心聲：兵不厭詐

放風向球是企業高層常用的。一個想要進行改革的CEO，總是先透過他的幕僚放出風聲說，有一套新制度要出爐了，然後再看看各界的反應。如果反應溫和，當然就不客氣了；如果激起反彈，那新制就暫時擱置起來或是改頭換面再推出。風向球給CEO一個機會：「下水前，先試水溫。」

降價是買賣雙方都常用的手段。買家價格是告訴（通常是誤導）賣家在這次買賣上他只打算花多少錢。賣家則在競價時被迫降價，通常他們等到所有對手都已報價之後，才說自己的價錢也差不多。他們所等待的是在無形中降價，好確定下一步該怎麼走。

許多有經驗的談判者採用過放風向球的方法，透過降價外加散佈謠言來對付一個在談判桌上的對手。採用散佈謠言的方法，在談判過程中引進新的議題，其實是不錯的辦法。就算別人忽略或拒絕這個議題，也沒什麼不好或是損失任何談判籌碼。在你跟談判對手說你上級的想法原本如何、你的權限是什麼，或是你不可能妥協時，就是造謠的最佳時機。可以利用這種非正式的管道提出新的條件和可能的解決方式，以動搖對手的立場。謠言是一種奇怪的東西，聽到它的次數很多，大家就會相信，最後就變成真假難辨。

善用「兵不厭詐」的原則可以得到理想的成交價。風向球和謠言能夠測出氣氛，以便施展各種戰術，如奇襲、延遲下單、靜候競爭以及坐等對手削價成交等。還可以利用謠言，造成事實的假象，看是否會衍生新的問題，再決定要不要重擬談判策略。所以好的談判人員應隨時提防對方來這一招。以下的安全措施可資參考：

第一，主管底下的人往往是代替主管發言。

第二，大膽假設消息都當是謠言或風向球，小心求證。

第三，太容易得到的資訊要當心。

第四，放風向球可能暗示對方的策劃沒有到位，他們可能在求
　　　救。

第五，風向球和謠言通常用來迷惑對手、制弱對手意志，或造成
　　　對手團隊互相猜忌。

　　如果能夠仔細盤算，在談判中運用放風向球、降價、散佈謠言等
方法也未嘗不可。不過在已經獲得協議結果的場合，則毫無用處。

 **談判加油站**

勵志：火車站前的生意人

　　一位人力資源教育機構負責人曾經指出：談判工作領域不是沒有好人才，而是留不住好人才……企業老闆只重視談判成果，難得用心栽培人才，用心發現談判員工的優點，激發團隊的向心力與熱情。

　　有一個人經過熱鬧的火車站前，看到一位雙腿殘障者擺設文具小攤，他漫不經心的丟下了100元，當做施捨。但是走了不久，這人又回來了，他抱歉的對這殘障者說：「不好意思，你是一個生意人，我竟然把你當成一個乞丐。」

　　過了一段時間，他再次經過火車站，一個店家的老闆在門口微笑喊住他：「我一直期待您的出現！」那個殘障者又說：「您是第一個把我當成生意人看待的人，您看，我現在是一個真正的生意人了。」

書訊：黑手黨大哥的談判秘訣

書名：*I'll Make You an Offer You Can't Refuse: Insider Business Tips from a Former Mob Boss*

作者：Michael Franzese (2009)

　　作者是北美「五十大黑手黨大哥」之一。本書指出：為了在競爭中獲勝，企業經營者與黑道大哥在方法論上驚人的一致，成功的企業CEO或談判者身上隱藏的黑道性格。作者用縱橫黑道20年的經驗，告訴你無論黑道還是白道，在爭取權利、金錢、財貨的動機和行為邏輯。

本書在國內圖書館未有藏書。可向www.amazon.con 或www.bn.com網購。

內容：

商業談判：掌握交易與協商優勢

加油：思考能力

思考或稱思維，是人腦對客觀事物概括的和間接的反應，是認識的高級形式，揭露事物的本質特徵和內部聯繫。思考主要表現在談判工作者解決問題的活動中，思考敏捷性是最重要品質。敏捷的思考能力是能夠順利、高效率而有創造性地學習知識和解決問題的重要保障。思考敏捷的人具有以下三項特點：

第一，思考過程靈敏、迅速、連貫、暢通、範圍廣闊，反應敏捷，較短時間能構成較多的設想。

第二，思考能隨機變化，舉一反三，觸類旁通，能夠針對環境的不同情況，做出不尋常的構思。

第三，思考能夠創新，不落窠臼。敏捷的思考能力並非先天注定的，而是在後天學習和工作中漸漸培養起來的。

談判工作者怎樣培養自己思考的敏捷性呢？可以從以下四個方面做起。

第一，敏捷的思考要建立在深厚的文化知識基礎上。思考是在對已有知識之間進行聯繫，或對已有知識進行重組而獲得新知識，或解決問題的心理操作過程。優良的思考品質正是在學習過程中形成的。

第二，敏捷的思考需要有科學的思考方法。思考方法的科學性是提高思考敏捷性的又一重要條件，有的人雖然有知識基礎，思考卻混亂、思路狹窄、速度較慢和缺乏敏捷性。而掌握了科學的思考方法的人則相反，思路清晰、靈活、新穎，思考速度較快。

第三，學會觀察，累積豐富的感性材料。觀察是人類獲得知識的一種特殊形式，同時也是發展思考能力的基礎。一個善於觀察的人，能從周圍的事物中獲得豐富的、有典型意義的感性材料，在此基礎上形成正確的概括，逐步產生思考能力。

第四，鍛鍊想像，活躍思考。想像可以活躍思考，促進思考敏捷性的

發展。想像是人們按照目的、任務，在頭腦中獨特地創造出某一事物的形象的過程。只有加強想像的能力，才能開闊思路，找到獨特的、富有創造性的解決談判問題的方法。只有展開豐富的想像，才能思考靈活，激發靈感，從而使思考敏捷性得以改善與創新。

第七章

不同形式的談判

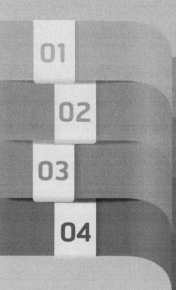

01

企業內部的談判

　　現今許多企業組織內，談判日益成為有效合作和決策的有用且必要的手段，因此，除了在不同企業或公司之間的買賣交易談判之外，也要討論企業內部不同部門之間的協商談判。

　　過去企業的決策都由高層發佈，並希望由屬下來執行決策。但如今，社會環境發生了很大變化，員工擁有參與管理的權利，例如，全面品質管理（total quality management）和授權制度（empowerment），可以使各級員工廣泛參與各類活動。而在這些活動中，談判是達成任務的必要手段。在這些場合，多屬於單純的人際關係談判，所以常用的規則可能毫無用處，因為這些規則不能處理團體內錯綜複雜的問題。當一個大型企業的內部矛盾，雙方或者多方需要就一些難以調和的問題和利益達成一致時，這種複雜性尤為明顯。

　　在這一節裡，我們討論在企業內部的協商談判會議，簡稱內部會議，其中影響團體內談判的動力和結果的三項必要過程：一、組織內部會議；二、有效組織溝通；三、尋求解決辦法。

一、組織內部會議

　　如果為了一個問題可以召開多次會議協商，那麼，這些會議最終肯定是比問題本身更重要，因此，內部會議組成的優劣，以及是否能過有效解決問題，是一個重要的關鍵。

　　研究顯示，管理者用於開會的時間佔30%，高級管理者更高達50%。

這些數字說明了掌握「會議管理」(meeting management)理論與技巧的重要性。既然管理者用這麼多時間來開會、談判與協商，他們事業成功與否，是由內部會議管理的有效性與如何避免內部會議中犯錯誤所決定。

1. 內部會議有效性

如何使企業內部的談判會議有效率？威頓（Whetton）和喀麥隆（Cameron）曾在1991年提出以下建議，提供想要提高內部會議協調效率的參考：

(1) 明確會議的目的

在安排一次內部會議前，問一下自己：「內部會議是最恰當的溝通方式嗎？」有時，用其他方式進行溝通可能更實際、有效。例如，當資訊可以透過電話、傳真或網路傳遞時，或當某些關鍵人物不能出席時，不要召集內部會議。但當遇到下列情況時，一定要召集內部會議：

——當遇到複雜問題，有大量的資訊需要傳達和討論。
——你需要就擬定的行動方針在團體內取得共識。
——需要選擇特定的一群人，讓他們同時得到大量相同訊息。

(2) 邀請適當者與會

邀請具有同樣背景知識和目標的人與會。一個有效率的團體通常包括兩種人，一是任務取向型的（task oriented），一是過程取向型的（process oriented）。如果內部會議由前者主導，大家必然講究效率，但失去了團體凝聚力（group cohesion）和個人貢獻；相反，如果內部會議由後者主導，必然造成人人參與現象（儘管其中有些人與此無關）。因此，讓兩種人都留在一個團體內可以取得平衡，這是一個好現象。

(3) 規模與任務相當

確保團體協商規模與任務相適應。準備內部會議時，一個常犯的錯誤是參加人數過多，理由是人多主意多。但結果可能造成對問題太廣泛的討

論，不能集中討論關鍵問題。再者，如果團體過於龐大，有些人就不願盡力。

(4) 會議過程管理

內部會議過程管理。為避免沒有效率的討論，浪費寶貴的時間，請記住：

——一定要宣佈內部會議目的、持續時間和議程，如有必要，讓大家做一下自我介紹，使彼此之間產生融洽的感覺。

——制訂內部會議過程的基本規則，例如，如何做出決定，一個問題要討論多長時間才能做決策，如何處理未決議的問題。

——讓肩負特定任務的人儘早提交書面報告，這樣有利於強化責任，使與會者對發言人有所認識。貫徹平等參與原則，避免某些人或某種觀點壟斷內部會議。

——結束內部會議前，對達成的協定進行小結論。如有必要，確定下次內部會議的任務和時間。

關於改進內部會議品質和提高內部會議效率的更多建議，可參考筆者另一本書《管理心理學》的相關部份。

2. 避免犯錯誤

如何避免內部會議中常犯的錯誤？有下列四個常見的關鍵錯誤：

第一，當討論一些重要方案時，避免「團體思維」（group think）。方法是，在集思廣益階段不要提太偏離主題的觀點。

第二，避免由團體來做出冒險性決定，讓團體內每個成員都對團體的最終決定負責，以防「責任分散」。

第三，討論開始後，人們容易採取比會前更為極端的立場。為減少這種「極端化」，會前請團體裡的每個成員都好好研究需要討論的重大議題。

第四，不要轉移話題。如果管理不當，人們很容易將討論從共同關心的問題，轉到個人興趣上。結果，內部會議成了辯論的舞臺，持異議者就會試圖擴大個人在團體中的地位，以增加盟友，卻讓問題無法解決。

二、有效組織溝通

在談判時，溝通效果不僅取決於我們如何說，還取決於我們的話是否被人理解。在團體談判中，最令人沮喪的事是被人誤解。當這種情況發生時，很容易引起內部衝突，雙方都不聽對方說什麼，使會議變成吵架。

1. 溝通的問題

溝通在什麼時候會出差錯？為什麼會出錯？在團體談判中，如果一方（或多方）作出「過激」反應，溝通過程就容易被中斷。這些反應包括：

——命令對方做什麼，或停止做某件重要的事。
——威脅或暗示使用武力。
——對對方下評論、提出批評或做出消極評價。
——直呼其名，懷有成見，令對方感到不自在。
——下評論，對團體內某人的言行進行解釋。
——轉移話題，忽視對方的問題。

在內部談判出現過度反應時，會有什麼情況？一般說來，至少會出現以下七種情況：

第一，對方會將你的反應視為耍花招，意在破壞談判，傷害他們的自尊心，不讓他們討論實質問題，或剝奪他們在團體中的責任。這些反應還會引起不滿或對抗情緒，進而引發衝突。

第二，保留面子的心理。在討論初期，雙方只是儘量使自己表現得好一些，不太關心對方的表現。但隨著衝突的升級，這種「個人主義」傾向

被競爭所代替。這時，你表現好意味著你要超過對方，如果你受到了損失，你要確保對方不會比你更好。

第三，隨著衝突的升級，那些勸說他人的溫和策略（勸說性觀點、允諾等）被更激烈的行為代替，如威脅、人身攻擊等。團體的氣氛從平和變為緊張和對抗。

第四，團體成員開始只看自己的優點和對方的缺點。言語尖酸刻薄，站在討價還價的立場上評論對方，內容偏離事實。

第五，小的、具體的問題讓位於大的、更一般的問題，與會者之間的溝通效果變差。大家傾向於只聽好聽的話。不看共識，只看差異。

第六，對整個團體的忠誠降低，團體內形成不同派別。講求溫和策略或圓滑的人很可能會被迫改變觀點。

第七，領導風格發生變化。更加專制、由主持人一個人說了算，沒有團體決策。

2. 如何避免過度反應

如何使溝通更有效？要想使你的溝通更有效，應當遵循一些最基本的規則。以下有五項避免過度反應的規則非常重要：

第一，溝通是一個雙向過程。人和人之間需要互相溝通。所以在你開始與人溝通前，花點時間想一想，什麼能夠喚起對方的感情？什麼能夠引起對方的興趣？什麼可以造成對方冷淡和無所謂？什麼會使對方煩躁和惱怒？對方的盲點（blind spots）是什麼？

第二，知道自己想說什麼。注意對方對你的目標可能做出的解釋和反應。記住對方心中始終有兩個問題：這個談判對我有什麼影響？我的利益是什麼？

第三，要提醒自己，說話的方式常常比要說的內容更重要。如果對方不接受你的說話方式，他們可能也不會接受你說話的內容。所以必須注意

你與人溝通時的用詞、體態、臉部表情和聲調。

第四，說話時要看著對方。儘量擺脫緊張及任何其他可能分散對方聽話注意力的行為。

第五，談話內容的組織對談話效果有重要影響。

處理過度反應之後，在談判時有以下五項建議，會使你的內部談判溝通更有效：

第一，先提出正反兩個方面的觀點，然後再表達你的觀點。在大部份場合，說出你的結論對你非常有幫助。但如果你面臨的是一群很聰明的人，你可以提出有說服力的論證，最好讓他們自己得出結論。

第二，用與對方同樣的「語言」（包括用詞和表達方式）顯示你的觀點。避免使用煽動性形容詞，例如，

——好。
——糟糕。
——不合理。
——荒唐。
——不公正。

這些詞含義不確切，容易引起不必要的爭論（如什麼是公正的？什麼是合理的？等等）。同時也要避免使用概括性語言，例如：

——總是。
——從不。
——經常。

這些詞含有價值色彩，會暗示你說的話沒有例外。

第三，讓你的論證符合聽眾的特點。求助於宗教價值對有些人來說可能很有說服力，但對不具有強烈宗教信仰的人來說毫無效果。言語應簡潔

明快，絕不囉嗦。在多數情況下，將論證去掉一半的效果可能會更好。信心十足地直接針對主題，論證不要分散，少而有力的論證一定勝過多而無力的論證。同樣，不要用無關的論證和細節問題沖淡最有力的論證。

第四，如果你想讓對方信服你的觀點，或引起他們的興趣，把你最有力的論點擺在前面。如果在發言中間提出你的觀點，對方不容易記住。

第五，詢問未知問題（例如，什麼？在哪裡？什麼時候？）和假設性問題（例如，如果……。）利用這些問題可以發現對方的想法和感情。記住，感情和情緒語言通常比聰明的論證更具有說服力。讓你的論點和問題具有邏輯性，前後連貫。問題應當按照邏輯順序安排好，一次只問一個問題。儘量讓別人重複你的觀點和結論，並鼓勵積極參與。

三、尋求解決辦法

在內部談判碰到障礙時，勢必要尋求解決辦法。

1. 解決問題的優點

集體解決問題建立在信任和善意基礎上，它有許多優點，其中包括：

第一，與個人相比，能夠產生更多的想法。

第二，團體成員敢於「冒犯尊嚴」，發表不同的意見，挑戰舊的觀念。

第三，當一個人有平等的機會參與解決問題時，他通常會更致力於尋求解決辦法，並意識到問題後面的所有潛在因素。

2. 解決問題的缺點

儘管集體在解決問題和發現有創意性的解決辦法方面很有效，但它也存在一些缺點，包括：

第一，集體達成的解決方案常被有影響的人物視為次優方案。相比之

下，一些其他形式的組織（如工作組、委員會）名氣比較大，它們可以達成一些難度高的方案。

第二，團體成員經常會發現，看似公正、民主的程序實際上不過是表象，那些有權勢的人早已做出了決定，集體解決問題形式不過是為了安撫執行決策的人。

第三，出於各種不同的原因（如政治原因），總有一些人被安插到團體中（或自願進入）。

第四，許多人缺乏訓練，不善於創造性解決問題，不知如何發揮團體成員的作用，結果士氣很快就陷入混亂。

第五，如果管理不善，團體在創造性解決問題會浪費大量時間、金錢和精力。

3. 改進解決問題效率

如何改進集體解決問題的效率？我們提出四個重要的方法作為操作參考：

(1) 防止集體思維

集體決策的一個常見缺點是，達成協定的壓力對重要見解形成干擾。社會學家艾爾文·詹尼斯（Irving Janis）1982年對這現象做了許多研究，認為失敗原因多產生於團體的下列行為：

——戰無不勝的錯覺。堅信過去的成功會繼續下去。

——先入為主。不接受未經證實的資訊，不相信來源的可靠性（例如：認為律師過於保守）。

——掩飾。對達不成協議的危險視而不見。

——道德錯覺。團體成員認為，作為有道德的人，他們不可能做出不道德的決定。

——自我抑制。對疑惑默不做聲，並試圖將他們的疑惑降到最低限度。

——直接施壓。對提出不同觀點的成員施加壓力。

——思想戒嚴。不允許團體的思想出現混亂。

——全體一致錯覺。認爲已經達成了共識，理由是那些主要發言者已經取得共識。

爲避免上述問題，應採取以下預防措施：

——向每個成員講清楚最有價值的是創造性，而不是一致性。

——在討論多種可選擇方案時，內部會議主持人或團體的負責人應避免發表個人意見。

——利用休息時間，分成幾個小組討論同樣的問題。

——儘量邀請外面的專家參與，以瞭解外界的反應，並請他們提供意見。

(2) 解決問題的程序

合理安排解決問題的程序。集體決策的另一個常見錯誤是，只接受第一個滿意方案，不考慮其他可能的方案。鑒於這種傾向，需要用合理的決策方式，以尋求有創意性的解決方案。可以採用以下方式：

第一，瞭解是否存在利益衝突。成員之間存在明顯的利益衝突可能只是一個錯覺。如果確實存在利益衝突，詢問爲什麼他們認爲這個問題很重要。要記住，利益可以分成不同的層次，基本利益決定表面利益。

第二，確認並接受可以評價衝突解決辦法的標準。這個步驟常常被忽視，因爲雙方的焦點往往集中在問題的內容上。如果所有的方案都不被接受怎麼辦？例如，由誰來做最後決定。提出所有可能的方案，集思廣益和澄清概念是必要的。

第三，根據標準評價已提出的方案，來選擇最佳方案，或將幾個方案結合起來。檢查已選定的方案，以確保滿足雙方的需要。具體決定由誰來做什麼，什麼時候做。確立個人在執行決策的責任。

(3) 產生新思維

在團體中產生新思想的特殊方法。多數人在創造性地解決問題時會遇到困難。由於觀念障礙或模式固定，使人們不能發現新的解決辦法。由於這些障礙沒有被人們充分認識到，所以，改進創造性解決問題的唯一方式，就是找到能夠克服這些障礙的技巧和方法。

(4) 增強創造力

如何增強談判者在集體解決問題中的創造力，可以試用下列五種方法：

①讓團體成員用類推法討論問題

也就是讓他們考慮這個衝突和其他衝突的相似性。如果兩種衝突在某些方面類似，那麼在其他方面也可能具有類似之處，而此時採用類推法可能會提供新的視角。

②請團體成員交換角色

這樣可以促使團體成員從他人的角度來思考問題。透過從另外一個角度論證問題，談判者可能會得到新的見解，放棄原來不切實際的立場。

③利用「名義團體法」（nominal group technique）

該方法包括兩個階段。首先，團體成員獨立提出選擇方案，或決定最佳方案。然後，大家在一起評價第一階段提出的各種計畫、觀點或判斷。

④利用「迴圈法」（round robin technique）

在3張卡片上寫上你的問題，然後在每張卡片上再寫出一個可能的答案。大概5分鐘後，每人都將卡片傳給另一個人，由他們在3張卡片上再寫出3個新答案。待每個人都回答了所有的問題後，將卡片提交整個團體討論，看一下贊成與反對的各種觀點，然後決定採取哪種方案。

⑤制訂「唯一談判範本」

該方法的要點是，準備一份討論稿，擬定出可能的協議範圍。然後進行一系列討論，各方都拿出修改稿。透過不斷的修訂，該文稿逐漸成為最終協議的唯一草案。該練習的目的是不斷改善文本。然後，將文本提交團

體。團體可以接受，也可以不接受，或者繼續解決剩下的分歧點。

增強談判者在團體解決問題中的創造力，此方法至少有下列三項優點：

第一，避免要求各方澄清和強化立場的壓力。在不要求任何一方讓步的情況下，將談判向前推進。

第二，鼓勵對他人的觀點進行評論，而不是批評。使談判者的思想能夠集中在問題上。

第三，在多邊談判中，例如國際貿易協定談判中，為了避免混亂，幾乎都採用這種方法。必要時，利用其他決策方法，例如：投票表決。

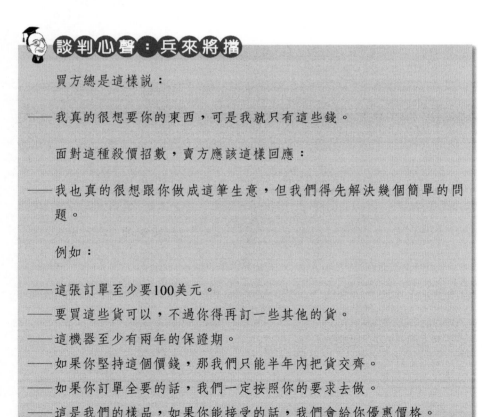

談判心聲：兵來將擋

買方總是這樣說：

——我真的很想要你的東西，可是我就只有這些錢。

面對這種殺價招數，賣方應該這樣回應：

——我也真的很想跟你做成這筆生意，但我們得先解決幾個簡單的問題。

例如：

——這張訂單至少要100美元。
——要買這些貨可以，不過你得再訂一些其他的貨。
——這機器至少有兩年的保證期。
——如果你堅持這個價錢，那我們只能半年內把貨交齊。
——如果你訂單全要的話，我們一定按照你的要求去做。
——這是我們的樣品，如果你能接受的話，我們會給你優惠價格。

——我們可以做到，不過你要先調整一下設計，以配合我們的生產線。

——如果你先付給我們1萬美元的訂金，就成交。

第七章
不同形式的談判

　　大團體之間的談判，有別於前一節所討論的內部談判，它是指在一個大範圍內團體組織之間的談判協商，包括國際大企業與大組織之間，國家政黨之間，中央政府組織之間等等的談判，簡稱為團體談判。總之，團體間談判與個人間的談判在過程與模式上是相似。就各方應如何準備、如何開始、如何討論和如何結束等方面來看，團體間談判和個人間談判的考慮也是類似的。但相較之下，團體間談判更容易失敗，這是因為各方都認為自己具有可以影響對方的實力。

　　如何透過談判成功地解決團體間實力之爭的衝突？如何才能獲得團體間談判的雙贏方案，而又不造成團體間競爭和衝突升級等破壞性副作用呢？本節重點討論團體間談判成功的三個要素：一、協作與整合；二、組成聯合陣線；三、達成通盤協定。

一、協作與整合

　　協作與整合是指在組織內部，為了達到某種目標而進行談判操作，其主要的目的是經過商議而取得共識。討論的內容包括：協商與分配，談判管理的要點。

1. 協商與分配

　　很多重要的團體間談判都由談判小組出面進行。例如，在國際談判中，由於通常涉及很多複雜的問題，一般由高級專員及其助手出面商談原

則性問題，或總體框架，由雙方談判部門組成的小型專門委員會負責商談更細節的問題。

(1) 有效協作

如何在團體談判做有效協作？要使談判有效，談判小組必須協調組員的活動。每個小組都應當作為一個整體來運轉，都應追求一個目標，組員對談判內容，例如：

——提什麼樣的建議？

談判方式，例如：

——如何談？
——何時提出建議？
——是否應當使用威脅手段？

這些可以有不同的意見。例如，有些人不願看到衝突和協議失敗，認為這樣做有害無益；有些人則可能會把討價還價看成是「意志和力量的較量」，而不願妥協或採納對方的建議。作為與對方進行有效談判的前提條件，組員之間的這些分歧必須事先解決。如不能在小組內達成共識並找到凝聚的手段，並協調好目標和立場，在談判桌上就會出現嚴重的溝通問題。

(2) 扮演什麼角色

在團體談判需要什麼樣的角色？為保證談判小組有效協作，建議給組員分派不同的角色。這些角色包括：

——一個主談者。
——一個替補者。
——一個或一個以上的觀察員。

主談者（spokes person）：一般應是小組中最有經驗的談判者，其作

用是負責與對方進行溝通與協商。

替補者（back-up）：替補者是主談的助手，其任務主要是：當主談一時回答不了對方問題時，為其爭取時間宣佈休會；對會談內容進行小結論。經驗顯示，談判中僅有一個人說、想、聽和理解是非常困難的。替補的作用就是幫助主談應付這些問題。

觀察員（observer）：觀察員的作用包括：認真觀察對方，發現能夠揭示對方想法的口頭或非口頭信號；記錄，會談中或會談後向主談彙報；休會期間提供專家諮詢。

(3) 其他參與者

除了上列三人之外，還可以邀請誰？有時可以邀請專家參加談判。但靠增加人數與對方抗衡不是聰明的做法。一個有效的談判小組不一定非要在人數上和對方保持平衡。正如蓋文‧甘迺迪（Gavin Kennedy）1993年說：「人多不是成功的保證，只會增加費用。」

2. 談判管理的要點

談判管理的要點主要包括兩大項目：

第一，擬定管理談判小組準則。

第二，避免犯錯。

(1) 談判小組準則

擬定管理談判小組的準則，通常包括下列八個項目：

第一，研究小組的實力和弱點。注意發現每個成員的能力能發揮，使其達到互補。

第二，合理安排小組的討論和辯論程式，以加深對目標的理解。

第三，明確地劃分權限。事先決定由誰來做主談，誰做替補，誰做觀察員。有些人喜歡在組內安排一個「白臉」及一個「黑臉」。但這需要認真籌劃和協調，以免相互矛盾。

第四，在談判中，小組成員應在口頭和非口頭上相互支援。但主談應能控制談判過程，並掌握其他人發言的功能。

第五，在一般情況下，不需要每個小組成員都一直留在談判現場。隨著談判的進展，不同的專家可以輪流上場。例如，在開始階段，可由法律專家參加，討價還價階段這些人可以離場，在結束階段重新入場。

第六，決定談判過程中小組內如何溝通。

第七，協作情況進行總結，制訂改進措施，使小組有效地工作。

第八，當你和你的小組達不到理想目標時，要面對現實。在談判後總結經驗與教訓。

(2) 避免犯錯

談判管理的要點除了擬定管理談判小組準則之外，還要預防避免犯錯，這一點通常會被忽略。避免犯錯包括下列四點：

第一，談判過程緊張的壓力下，主談者能夠當機立斷，談判前和談判中事必躬親。

第二，每當出錯或遇到困難時要忍耐，避免責怪他人，影響團隊向心力。

第三，在談判中專注被討論的問題。

第四，在進入談判前，避免沒有就談判目標和談判策略達成一致。

二、組成聯合陣線

隨著網路應用盛行，以及越來越多公司參與大型或國際性談判、多邊談判，涉及兩個或兩個以上個人或組織參與談判越來越普遍。多方參加談判使談判的過程變得複雜，在這種情況下，可能出現由兩個或兩個以上談判方組成的聯合陣線（coalitions）。本文主要討論策略性聯盟。有些聯合陣線可能會在整個談判過程中持續，但更多的是隨著問題的變化而變更。

1. 聯合陣線作用

指聯合陣線在談判中的作用，有人認為聯合陣線具有以下兩項作用：

第一，與一對一的談判相比，更容易達成協議。在多方參與的情況下，例如在世界貿易組織（WTO）談判中，在聯合陣線之間達成協定所需要的時間，通常少於達成雙邊協定所需要的時間。

第二，讓決策和方案更容易被成員接受和落實。 、

在另一方面，研究也顯示，聯合陣線的特徵：

—— 由於需要在聯合陣線內達成一致，談判協議常常不盡如人意。

—— 與最優秀的單獨談判者能達成的協議相比，聯合陣線達成的協議更平庸，但通常更容易被接受，更可行。

—— 不夠靈活，對創新和創造力有內在的限制。因此，有時會出現成員為貪圖利益而犧牲整體利益的現象。

2. 維持聯合陣線

聯合陣線的談判規模與陣容都比較大，特別是國際性或大型的談判中的各成員都有一定的功能，維持聯合陣線的完整顯得非常重要。聯合陣線一旦形成，如何維持就成了一門藝術。維持聯合陣線存在的障礙，主要表現在：

—— 某個成員控制聯合陣線，導致成員間相互猜忌。

—— 在目標、議程和戰略互相衝突。

—— 聯合陣線變得過於形式化。

—— 內部會議太多，分配給每個成員的任務不能完成。

3. 發揮作用

如何讓聯合陣線有效發揮作用？下面是讓聯合陣線有效發揮作用的建

議：

(1) 明確問題和戰略

聯合陣線混亂的原因常常在於對談判目標有爭議。如一方偏向柔和方式（鴿派），另一方偏向強硬路線（鷹派）。

(2) 將任務在聯合陣線內分解

確定所需要的資源和預算，並滿足這些需求。

(3) 從聯合陣線內選擇領導人

必須有一個能發號施令的人，選擇忠於聯合陣線並能全力投入的人。

(4) 制訂一項內部的溝通計畫

透過會議、簡報、備忘錄或電話等形式，讓所有的聯合陣線成員都有知道的權利和參與權。

三、達成通盤協定

通盤協議（integrative agreement）是調和談判各方利益的結果，與妥協、比較其他方式相比，通盤協定更能令談判者滿意。

談判個案

有一天，兩姐妹為一顆柳丁發生爭吵，兩人達成了一項妥協，將柳丁分成兩半，每人各得一半，姐姐將自己的那半擠成橙汁，妹妹用自己那半的皮裝飾蛋糕。顯然，如果她們能達成一項通盤協定，將所有的橙汁都給姐姐，所有的皮都給妹妹，兩人都會更加受益，但由於她們追求妥協，沒有考慮這一點。

1. 達成通盤協定

如何達成通盤協定？通盤協定有的是根據已知方案制訂或是制訂新方

案。因此，達成通盤協定需要有豐富的創造力和想像力。當然，並非所有的談判都有達成通盤協議的潛力。例如，當雙方都想要得到所有的資源或者都只想為自己爭利益，而不考慮對方的行為時，達成通盤協定的機會就很小。

2. 利益調和

如何從針鋒相對到利益調和的途徑？普瑞特（Pruitt）和魯賓（Rubin）於1986年提出利益調和五種途徑，它們分別可以達成五種類型的通盤協定。

 談判個案

這裡用丈夫和妻子討論去哪兒渡假的例子來說明這個問題。丈夫想去山區，妻子想去海邊。他們曾考慮達成一項妥協方案，也就是在每個地方逗留一週，但他們還希望能有更好的方案，他們應採取哪條途徑呢？

以下提供五種解決爭端的談判策略做為操作的參考。

(1) 把餅做大（expanding the pie）

透過增加資源，使雙方各得所需，可以達成通盤協定。例如，夫妻雙方可以各自向老闆多請幾天假，這樣可以在山區和海邊各逗留一段時間。

(2) 滾木法（log rolling）

雙方在不同的問題上交換讓步，各方都在對自己不重要但對對方重要的問題上讓步。例如，在去哪兒渡假問題上，如果妻子願意住一流旅館，而丈夫想要露營，也就是住宿對妻子最重要，地點對丈夫最重要，那麼他們的通盤協議就是去有一流旅館的山區。

(3) 交易法（trade-offs）

有時，雙方可以通過「非特定補償」（non-specific compensation）來達成交易。一方得到他想要得到的東西，但同時在另一方給予補償。例如，如果丈夫願意花錢給妻子買一輛新車，妻子可能會同意跟丈夫去山區。

(4) 減輕代價法（cost cutting）

也就是由某人（談判一方或第三方）來找出一方或多方立場後面的關切點，然後找到滿足這些關切點的方法。有時，只需找到一方的關切點就可以了，因為只要能滿足他（她）的關切點，他就會接受另一方的要求。例如，假設在我們的例子中，丈夫不願去海邊的原因是不喜歡那裡的噪雜和擁擠，但如果能找到一個僻靜的旅館讓他享受獨處的快樂，而讓他的妻子到人群中去，這樣就會減輕他付出的代價，他就會同意去海邊。

(5) 搭橋法（bridging）

這種辦法根據雙方的關切點制訂。與前面例子中姐妹二人爭奪一顆柳丁一樣，這對夫婦也可以找到一種能滿足各自最重要利益的新方法。例如，假設丈夫對釣魚感興趣，妻子對游泳有興趣，那麼雙方就可以選擇去有沙灘的港灣，這樣就可以使雙方的利益連結起來了。

談判者可以將這些達成通盤協議的不同方法列成一份清單，加速找到解決衝突的具有創意性的方法。使用每種方法，會產生一組「重新聚焦」（refocusing）的問題，可以幫你找到雙贏方案。

3. 關鍵性問題

設計談判通盤解決方案的關鍵性問題，我們再一次引用普瑞特（Pruitt）和魯賓（Rubin）提出利益調和五種途徑：

(1) 把餅做大

關鍵性問題在於：雙方如何各取所需？資源是否短缺？如何擴大關鍵

性資源？

(2) 滾木法

關鍵性問題在於：本身重要和次要問題是什麼？對方的重要和次要問題是什麼？自己重要問題在對方是次要問題嗎？對方的重要問題對我而言是次要問題嗎？雙方是否都把可以分開的問題弄在一起？

(3) 非特定補償法

關鍵性問題在於：對方的目的和價值觀是什麼？我如何才能滿足對方的目的和價值觀？

(4) 減輕代價法

關鍵性問題在於：我的建議給對方造成哪些風險和代價？如何降低風險，減輕成本？

(5) 搭橋法

關鍵性問題在於：對方的建議是要解決哪些關切點？我的建議要解決哪些關切點？在這些關切點中，雙方的優先選擇是什麼？怎樣才能滿足雙方的優先選擇？

在以上方法中，哪種方法最有效？在把餅做大法裡，達成這種協定只需考慮自己的需要，而不必考慮對方的要求。滾木法有時也是這樣，因為你自己的優先選擇是最重要的，如果心中已有答案，有時可以透過有系統的讓步行動來達成滾木法協定。所以一開始要將目標訂得高一些，並提出有利於這些目標實現的所有綜合方案。

如果這些綜合方案都不為對方接受，你可以放棄原來較低的目標，然後重新提出所有可能的綜合方案，直到對方接受你的建議。這是達成滾木法協定的可能途徑，但如果知道了對方的優先選擇，通常可以更有效地達成滾木法協定。其他可以達成通盤協定的途徑要求對對方有一定的瞭解。搭橋法要求對對方最關心的問題和這些問題中的優先選擇有詳細和深入的瞭解。

4. 達成通盤協議

透過原則性談判達成通盤協議。費舍（Fisher）和烏利（Ury）在1981年出版的暢銷書《達成一致》(*Getting to Yes*) 中，提出了最佳談判方法。他們認為以下策略有助於達成通盤協定：

(1) 確立最高目標

為創造合作氣氛，雙方應把注意力放在共同關心的問題上。可以先提出「什麼樣的共同目標可以解決我們的分歧？」例如，在商業談判中，雙方關心的是如何提高生產率、改進品質和增強士氣等。

(2) 將人和問題分開

如果雙方都能將人和問題分開，通盤協定更容易達成。將對方看成是一個持不同觀點的人，而不是一個敵人。講求原則的談判者從不利用人身攻擊來羞辱對方。

(3) 關注興趣，而不是立場

立場是指談判者提出的要求和建議，興趣是指提出這些要求和建議的基本理由。協議應建立在調和雙方興趣的基礎上，而不是一開始就提出極端化要求，然後再尋求妥協。

(4) 尋找雙方都能獲益的方案

透過關注興趣，講求原則的談判者可以找到百分之百滿足雙方需要的方案。所以談判者要具有創造力、能發現真正的興趣所在，最重要的是要有耐心。

(5) 確立目標標準

通盤協議並不反應雙方力量的平衡或讓步的意願，而是根據不同的場合，將方案建立在公正和可行的基礎上。所以談判者在態度和行為上要轉變，也就是從「得到我能得到的東西」轉為「找到對雙方都是公正和合理的方案。」顯然，這種方法並非對所有人都具有吸引力，例如有些人就傾向於選擇更具有對抗性的策略。此外，當一方或多方缺乏經驗或相互之間不能坦誠布公、缺乏信任時，談判不可能按原則進行。但是好的總體目標

策略是，在產生通盤協議問題上，採用「講求原則的談判」，要優於傳統的「講求立場的談判」。

談判心聲：坦白爭取好感

坦白不僅有益身心，而且對談判者也有好處。坦白的人毫無保留地吐露自己所知道的一切，甚至包括自己的動機和假設。這個策略風險很高，但收穫也可能很大。坦白是爭取同情的好方法。一般的人對心胸坦蕩的人，都會存有好感、產生同情，相反地，如果你凡事隱瞞、躲躲閃閃，就會給人惡劣的印象。

幾年前，在一項討論地方稅率的公聽會，其中負責交通運輸方面派人前來說明問題。此人一五一十地把抽取地方稅的來龍去脈說得一清二楚，並告訴委員會，只要大家慷慨給幾塊錢的地方稅，我們就可以有盈利。此言一出，全場鴉雀無聲。稍頓片刻，委員會主席突然說出一句話：「這樣吧，給你們二塊錢，怎麼樣？」

03
國際談判策略分析

現在國際間非常流行商業談判。由於篇幅的關係，只選擇比較常見的區域，包括：一、美國式談判；二、日本式談判；三、歐洲式談判；四、阿拉伯式談判。

一、美國式談判

美國式談判術是屬於強硬型談判，常用包括威脅、警告、壓力等等方式。經常超越其他國家人的理解範圍。英國評論家湯普生曾經這麼批評美式談判：「美國總統的幕僚們極具危險性，他們擁有核彈似的爆炸性精神，卻完全缺乏對方的相關知識，總是匆匆瀏覽一兩頁備忘錄，便積極地往返於各地的會議之間。」

正如湯普生所言，美國人不但崇拜力量，並且深信美國式的思考理論可以通用於世界各地。他們的觀念就像西部片中典型的牛仔，認為只有自己的決定才是正確的，沒有心情去聆聽對方的意見。人們常常由於生性怯懦，總是以「是的」兩個字來解決一切。而美國人恰好相反，是「不」字的愛好者。凡遇到猶豫不決之事，必定先說聲「不」，這是典型的美國式作風。萬一對方說的話不合己意，也如西部電影中常見的情景：動不動就掏槍解決。這種蠻幹的處事方法讓許多外國人見了為之皺眉。

1. 個人主義

美國人具有強烈的個人主義。美國社會呈現出強烈的個人主義，以自

我中心，不擇手段地利用他人以實現自己的理想。旁人的想法無關輕重，為了提高成績，必須拼命地表現自己。同事之間也是競爭勝於一切，唯有如此，方能往上攀登，而失敗者怪不了誰，只能怨恨自己比不上別人。當然，失敗者的能力或技術不見得輸給勝利者，但是問題在於他能否調整自己，適應周圍的環境。總之，物競天擇或叢林法則的道理在美國商業社會發揮得淋漓盡致。

嚴格地說，在美國的個人主義中，人只分兩種：一種是明確的敵人，另一種是潛在的敵人。除此之外，別無第三者。

2. 強硬手段

美國人在談判時最常運用的三種方式分別是：威脅、虛張聲勢和強硬手段。縱觀所有美國討論談判方法的書籍，我們不難發現，它們的共同主張總是離不開虛張聲勢。萬一這些方式失靈，就採取拒絕交易、抵制或訴訟等等強硬手段。但是，這種做法實在是很愚昧，因為我們都知道：「皮球拍得愈重，反彈得愈高」，沒有一位談判者會默默忍受對方的欺凌壓迫，否則便不能稱之為「談判」。一旦起了反感，談判自然會陷於困擾，你威脅我，我也還以顏色，結果只會造成兩敗俱傷。

美國人素來擅長在談判中表現出強硬手段，一面猛捶桌子，一面大吼大叫，在文件上要些小伎倆、告上法院、通知談判破裂以及發出最後通牒等手段，每一件都足以觸怒對方，若是幸運地碰上膽小的對手，或許真會被逮住而認輸妥協。但經驗豐富的談判者遇到這種場合，只會抱著「怎麼用這種方式」的心情泰然處之，不為所動。

3. 美式談判特點

美式談判反應了美國人的性格特點。他們性格爽朗，能直接地向對方表露真誠、熱烈的情感，他們充滿了自信，隨時能與別人滔滔不絕地談天說地。他們總是十分自信地坐上談判桌，持續地發表意見。美國人的這些特點，很多都和他們擁有的經濟成就有密切的關係。他們有一種特立獨行

的傳統，並把實際物質利益上的獲得做爲勝利的標誌。

他們總是興致勃勃地開始談判，並以這種態度謀求經濟利益。在磋商階段，他們精力充沛，能迅速把談判引導至實質階段。他們十分讚賞那些精於討價還價、爲取得經濟利益而施展手法的人。他們自己就精於使用策略去謀得利益。同時也希望別人具有這種才能。美國人談判中的特點，可歸納爲以下三個方面：

第一，熱情奔放。

第二，很會討價還價。

第三，對一系列交易感興趣。

這些特點，可以從美國歷史上找到原因。在美國歷史上，開拓者曾經冒極大的危險，爲了擴大生活領域，迅速開疆闢土並建立新的國家與新的生活方式。

4. 美式談判的缺點

美式談判容易造成誤解、偏見、心結的後遺症。我們可以用心分析，找出其破綻，在適當的時機與情況下介入，就容易獲得談判的勝利。

談判個案

美國的電子機械製造商（假設是華格納公司），向台灣的中小企業（假設是三友公司）提議雙方共同研究半導體。雖然三友公司規模不大，僅有兩百名員工，但是它在這項專業領域中卻開發出世界上最先進的技術。華格納公司極欲得到這項技術，便以典型的美式談判方式向三友公司提出技術合作的要求。

華格納公司的高級主管向三友公司的董事長遊說這項研究的發展前景。三友公司董事長考慮周詳，歸納出兩項問題：

──擔心技術合作會消減自己技術開發的獨立精神，而造成依賴華格納公司的局面。

──憂慮將來若是達到生產的階段，勢必得由資金雄厚的華格納公司來主導。

　　除此以外，三友公司董事長也慎重考慮到是否有技術合作的必要性。雙方談判了將近十個月，彼此互訪對方的總公司，但是三友公司董事長仍然猶豫不決，因為華格納公司在此時犯下致命性錯誤。

　　華格納公司的副總裁是出自哥倫比亞大學的優秀人才，對於談判遲遲未獲進展感到焦躁不滿。事實上，「本公司擁有足夠買下三友公司的雄厚財力」。他在談判時說出這句帶威脅性質的話，實在不夠高明。因為三友公司董事長一手創建這家公司，發明了數百種產品，不但自豪更具有一份濃厚的感情，他聽到這句話之後便不再遲疑的回應：「很遺憾，我決定不與貴公司技術合作。」

　　以金錢利誘不遂，便企圖採用威脅手段，卻招致反效果。實際上，三友公司董事長若是能夠對美國式談判法多瞭解一點，或許會產生不同的想法，他對於美國式作風多少有些誤解和偏見。但是我們也不能否認，華格納公司的作法的確容易讓三友公司董事長感到不舒坦。這正是美式強硬談判法的嚴重缺陷；換句話說，採用強硬談判法若不成功的話，必然會造成誤解、偏見、心結的後遺症。

　　在談判時，經常說「不！」，即使成功了，也會留下心結。力量薄弱的一方雖然不得不屈服於對方的脅迫，但是心中自然是難以平復，甚而伺機報復，對於長期性的合作關係而言，實是一大隱憂。勝利的一方縱然能夠得到眼前的小利益，卻因而失去更重要的穩定性和安全感。

二、日本式談判

實際上，說話就是一種談判，不受時間或場合的限制。遺憾的是，傳統日本人說話受限於階級文化、缺乏開放精神以及廣泛的社交性。由於日本社會屬於集團主義，任何事情均以團體行動為主，因此，即使缺乏個人魅力，只需多和團體配合，也能坐上高位。換句話說，人們並不覺得有追求自我卓越的重要性，當然也就無意培養與此相關的技巧，難怪大家會一致公認日本人言語雖然優美，內容卻乏善可陳。

著名的音樂家林昭亮亦曾提到，在世界各地表演的過程中，以日本的觀眾最沉默，連鼓掌都是井然有序。日本人一向以團結著稱，其團體行動一致，又極具效率，可是一旦碰上一對一的個人攤牌，卻變得束手無策、一籌莫展。追根究底，最大的毛病不是語言問題，而在於他們根本缺乏個人的「交際」觀念。

1. 雙重標準

日本人在談判時，經常會採用內外有別的雙重標準，也就是根據自己人與他人的區別，採取不同的策略。

談判個案

多年前，東京舉行一場國際柔道大賽，這個比賽的目的之一是向外國人士展現日本的裁判方式，但與預期相反的是，大家對於日本裁判的評價很差。他們認為日本裁判有時過於嚴格，有時又過於寬鬆，標準不一。某位法國記者以冠軍選手山下和加拿大的選手巴格之戰為例，巴格從一開始便採取逃避姿態，根據規則，這種情況若持續20～30秒，應給予「指導」或「警告」，兩分鐘以上則處以「犯規」，判定失敗。但是日本裁判只對巴格提出「注意」，而未再加以更重的處罰。換句話說，他對於巴格選手執行過於寬鬆，對於山下選手卻未免

嚴厲。

這位記者迷惑地訪問有關人士。對方回答：或者裁判認為，山下若真是一位偉大的冠軍，就應該憑自己的實力，而非靠對方犯規來獲勝！

這種答覆令外國人無法理解。比賽的規則應該是不分強弱，一律平等看待，怎能因期望山下選手光榮獲勝，便故意不判對方犯規呢？這豈不是失去了規則的公平意義嗎？結果這次煞費苦心安排的國際大賽反而加深了國際觀眾對日本的不信任。

2. 日本接待方式

日本人的接待令西方人士難以認同。一般人多認為日本人很善於接待客人。其實不然，對外國人而言，日本人有三大缺點：

第一，接待過度。
第二，缺乏幽默。
第三，送禮不當。

一位英國人到日本採購機器，以下是他的獨白：

吃完個人式火鍋之後，原以為疲憊的一天終於可以告一段落，沒想到又被邀往銀座的俱樂部，日本人和他們熟識的女侍嬉笑作樂，而外國人卻只能坐在一旁乾瞪眼。

日本人似乎完全不知道我們的感受，接下來又拼命邀請我去卡拉OK，太太還在旅館等著！雖然很想回去休息，若是拒絕，恐怕會影響到明天的談判，在身不由己的情況下，只好勉強隨他們前往卡拉OK。天哪！這種震耳欲聾的噪音！真不瞭解那顫抖的歌聲有什麼好聽！但是「入境隨俗」，儘管心裡很不愉快，表面上仍跟著大家打拍子。不過這下子問

題又來了，日本人以為你也玩得很高興，就會請你上台露一手。雖然一再地婉拒，日本人卻糾纏不休，為什麼總是無視對方的意願，還一直邀約呢？

可是再怎麼不悅，心裡終究惦記著明天的談判，只好勉為其難地高歌一曲。

——太棒了？！唱得真好！

這些稱讚虛偽得讓人起雞皮疙瘩。對方的總經理不斷吹噓他的歌藝，一副自鳴得意的樣子。這種日本發明的玩意兒，大概只有他們自己會樂在其中，卻不知外國人一提到唱卡拉OK，總是皺著眉頭表示反感。經過三天的談判，雙方總算是談妥條件，結束這次出差。拍攝紀念照片的時候，總經理送了一份包裝精美的東西，說是給太太的禮物，打開一看，是一件名牌雨衣，顏色還不錯，至少不是太太討厭的顏色，可是尺碼太小了，日本人的M尺寸相當於西方人的S尺寸，太太根本穿不下。怎麼辦呢？坦白告訴對方，要求換一件嗎？這種話在日本大概是很失禮的吧？正在猶豫時，總經理開口了：

——這件外套是日本最高級的名牌，質料非常好，一定很適合你太太。
——他根本不認識我太太，怎麼可以說出這種話呢？

心理雖然不高興，臉上還是得裝出笑容：

——非常謝謝你送給我這麼好的禮物。

總經理聽了這句話，顯得很得意，他大概做夢也沒有想到這份禮物非但沒有讓我高興，反而造成了反效果。

3. 日式談判缺點

談判的場所不僅限於會議桌，尤其是遇到棘手的談判，更需要製造良

好的整體氣氛。例如初次見面、晚餐宴會或談判中途的休息時間等等，各有不同的特色，它們不但可以彌補會議桌上的不足，甚至影響到談判的成敗，可惜日本人往往忽略了這些最基本的狀況。

處於上述的情況時，正是向對方展露自我魅力的最佳時機，儘管是再難纏的對手，可是實際上卻另有迷人的性格。若能給予對方這種印象，無形中會化解不少談判中可能面臨的障礙。那麼如何掌握那些氣氛呢？

首先必須具備的當然是談話技巧。例如，儘量保持輕鬆的態度，經常穿插一些幽默的談吐，不著痕跡地表現自己的修養和專業知識等等。只要處理得當，都可使它成為極為有效的談判輔助利器。

三、歐洲式談判

在談判中，歐洲人比美國人顯得平靜得多。在談判開始的階段，常常呈現出沉默寡言，他們從不激動，講話慢條斯理。所以在談判初期階段，容易被對方征服。他們在開場陳述時十分坦率，願意向對方顯示有關立場的一切情況。他們很擅長提出建設性意見，並做出積極的決定。

1. 北歐式談判

芬蘭人和挪威人都有這種特點，瑞典人也這樣行事，但他們受美國人的影響很深，並具有瑞典人特有的官僚作風。丹麥人如果來自沿海地區，則按斯堪的納維亞人的風格談判，如果來自尼德蘭半島，則具有德國人的風格。斯堪的納維亞人的特點，不難看出其文化淵源，他們嚴守基督教的道德規範，保持政治上的穩定，直到目前，他們還保存著農業經濟和漁業經濟。

歐洲人的長處在於他們在最終階段仍很坦誠和直率，在談判中他們能提出富有建設性的意見。他們不像美國人那樣，在出價階段談的很出色，也不像美國人那樣善於討價還價。他們是比較固執的。與北歐人談判時，應該對他們坦誠相待，採取靈活和積極的態度。

2. 德國式談判

德國人與美國人的談判方式完全不同，德國人的談判特點是準備工作做得完美無缺。德國人喜歡明確表示他希望做成的交易，完全確定交易的形式，詳細規定談判中的議題，然後準備一份涉及所有議題的計劃表。他們不太喜歡採取讓步的方式，如果經驗豐富的談判人員運用這種方式的話，它的威力是很強大的，例如說，在商場上，一旦由德國人提出了報價，這個報價就顯得不可更改，討價還價幾乎不可能。

與德國人打交道的方法，一般來說，最好在德國人報價之前就進行試探，並做出自己的開場陳述，這樣可以顯示自己的立場。但所有這些行動，必須要快速完成。因為德國人已經做了充分的準備，他們會非常自然、迅速地把談判引導入最終階段。

四、阿拉伯式談判

來自中東地區的談判人員，具有沙漠民族的傳統風格。他們喜歡結成緊密和穩定的部落。沙漠人主要特點是：

——好客。
——沒有時間觀念。

在他們眼裡名譽最為重要，來訪者必須首先贏得他們的信任。由此可知，他們特別重視談判的開始階段。往往會在交際階段，也就是製造氣氛和寒暄階段，花費很多時間。經過長時間廣泛地增進了彼此的敬意，也許會出現雙方共同接受的成交可能性。有時候很容易在一般的社交場合中，生意就做成了。

與中東地區的人做生意，要防止對方拖延時間和中斷談判。談判的門總是開著的，甚至當談判進入到最後關鍵時刻，突然有第三者進來找他們討論與談判無關的問題時，他們也仍要按阿拉伯的傳統熱情招待。缺乏經驗的歐洲人很可能為喪失成交的寶貴機會而感到懊惱，他們應該瞭解這種

情況，習慣漫長談判的方式，同時也應學會在洽談的時候把討論重新引入正軌，製造新的成交機會。

與中東地區的人談判，必須把重點放在營造談判氣氛和試探階段的工作上。傳統阿拉伯式談判的最大長處，是可以大幅縮短討價還價和交涉階段，盡快達成協議。但是，由於石油革命，他們的傳統文化習慣受到了挑戰，因為日益增多的阿拉伯人到美國接受教育，他們已開始學習美國人的討價還價的談判方法了。

談判心聲：門戶開放策略

賣方到底在談判時該提供買方多少資訊？有的公司採取的是坦白政策，換言之，他們認為買方有權知道他們想知道的一切。當然，這樣豁達的想法並非賣方自願的善行，而是礙於政府規定或同行壓力而不得已罷了。

坦白政策對買方來說，是個好事，因為知道的細節越多，越有助於判斷。相反，賣方若是能儘量地保留，勝算自然會增多。我的建議是，除非法律規定非說不可，否則像成本分析、詳細的勞工比例、產品記錄或盈餘數字等最好不要對外公佈。至於買方，儘管很幸運地能夠接觸到各種各樣的資訊，但仍要小心辨別資訊的意義和真偽，包括賣方的回答亦如此。也許從他們口中得到的事實，只是全部事實的一部份。

坦白策略的原則也可以好好應用。假若買方懂得怎樣去解讀資料的話，就算手上只有10%的資料可用，也還是足夠談判所需，假如買方花了很大力氣，取得了90%的資料，但一經分析發現毫無價值的話，那不管對方多坦白，也無濟於事。

商業談判：掌握交易與協商優勢

談判加油站

勵志：在田野裡種上莊稼

　　談判工作者是否曾經想過，你的談判專業是一片廣大田野，除了讓你好好耕耘之外，還要清除這片田野上雜草，例如，知識、能力與動機不足，失敗的挫折……。最好的辦法就是在田野裡種上新莊稼。田野之所以會雜草叢生，有時並非雜草本身，而是這片田野實在荒蕪太久了。換言之，談判者的失敗，往往不是對手太強，而是自己不長進！

　　先哲休謨（David Hume, 1711-1776）的弟子們，個個學問都很好。一天，他意識到自己將不久於人世，但對弟子們放心不下，於是就決定露天講授最後一堂課。

　　「你們看，田野裡長著些什麼？」休謨問。
　　「雜草」。弟子們異口同聲地回答道。
　　「告訴我，你們該怎麼除掉這些雜草？」

　　眾弟子不禁有點愕然，心裡說，這個問題也太簡單了。大弟子首先開口道，「只要給我一把鋤頭就足夠了」。二弟子馬上說，「還不如用火燒來得俐落」。三弟子反駁說：「要想斬草除根，只有深挖才行」。

　　等弟子們全都講完後，休謨微微一笑，站起來說：「這堂課就到此為止。你們回去後按照自己的方法去清除一片雜草，一年之後再來這裡相聚。」一年時間轉眼間就過去了，當弟子們再次相聚時，他們都很苦惱，因為無論他們採取什麼方法，都沒有明顯的效果，有的反而更多了。因此，眾弟子都急等著要向老師請教。然而先哲休謨（65歲）已經與世長辭

了，死後只留給弟子們一本書。書中有這麼一段話：

　　「你們的辦法是不能把雜草徹底清除淨的，因為雜草的生命力很強。要想除掉田野裡的雜草，最好的辦法就是在田野裡種上莊稼。是否想過，你們的心靈也是一片田野」。

書訊：談判者的腦筋和心思
書名：*The Mind and Heart of the Negotiator (5th Edition)*
作者：Leigh L.Thompson, (2011)
原書國內圖書館有舊版本藏書。中文有翻譯本《談判學：心靈與智慧》，張善智譯，新陸書局出版，1999。
內容：

商業談判：掌握交易與協商優勢

加油：記憶能力

在談判工作上，我們思考各種問題，進行各種活動，當這些事物過後，具體印象很大一部份在頭腦中保留下來，以後在一定的條件下，它們還會在頭腦中重現。這種人腦對其經歷過的事物的反應，就是記憶。記憶是智慧的倉庫，一個人的覺悟、知識、能力、成就等都與記憶能力密切相關。記憶是學習新知識的準備，我們正是依靠記憶，把學習過的知識累積在自己的頭腦裡，然後才有可能不斷地去學習新的知識。

第一，找出適合於自己特點的記憶方法。有的人在早晨把昨天學過的內容複習一遍，就能很好地記住；有的人喜歡邊聽邊寫，就很容易記住；有的人與其在一個非常安靜的地方讀書，倒不如邊聽音樂邊讀書，反而能很好地記住……，你要從這些因人而異的方式中，找出適合於自己的方式，靈活運用，具體實踐。

第二，目的任務越明確，識記的效果越好。熟記是在初步識記的基礎上，發展起來的，其特點在於對知識的保持比較精確、牢固。明確熟記的目的，就能對識記材料進行選擇和定向，識記目的越具體效果越好。如果目的是要背誦課文、定義、公式，那就要運用複習；如果目的是要求複述教材，那就要建立意義聯繫，理解定義、公式。識記任務是實現熟記目的的一系列具體要求，如識記的時間、內容、步驟等，與目的相關的具體要求越明確，識記效果就越好。

第三，運用記憶規律，提高識記保持率。每次記憶資料的數量與識記保持率成反比；就是每次記得多，忘得快。每次記憶資料的數量與識記次數成正比，也就是資料多，平均用來識記的時間或誦讀的次數也就多。所以每次應少記，總起來多記，積少成多。複習是強化知識防止遺忘，實現知識保持的基本途徑，可以溫故而知新。對學習、工作與生活有重要意義的資料，使我們感到興趣並符合需要的資料，識記保持率就高；資料難度大的保持率低，資料難度小的保持率高。因此，複習時應科學分配時間和精力。資料的首尾部份容易記住，不易遺忘，而中間部份則易忘記。

第八章

特別類型的談判

01　　　　　　勞資關係談判

02　　　　　　法律訴訟談判

03　　　　　　企業併購談判

04　　　　　　談判加油站

01

勞資關係談判

　　勞資關係在台灣，由於結構性與政治性的不對等，是最容易被忽視的一種談判，因此本書把它列入三類特殊談判之一，與法律訴訟及企業併購談判並列。勞資關係談判因為有兩項原因而被忽視：勞方被壓抑，因為問題發生頻率不高；被定位為地方個案，新聞性不高而未被輿論重視。由於最近社會運動對弱勢勞方的支持，導致個案問題的質變與量變，有可能被轉化為社會革命因素之一，其重要性值得重視。本節在勞資關係的談判上提供五項建議：一、創造性前提；二、有效的溝通；三、關係階層轉移；四、關係的發展；五、協定的締結。

　　一位敏銳的觀察家曾經指出：

——愛因斯坦的天才，是因為他對於極平凡的事，也不輕易放過。

　　大禹治水，展示了很容易被大家疏忽的簡單原理，他巧妙地利用疏導的方法，根治了為時已久的水患。可見最簡單的方法，往往是最有效的方法。反觀今日政壇的治標而不治本現象，值得省思。在談判時擬定具有創造性的預設方案，讓它潛藏在巧妙的過程裡，使大家都知道的簡單原理能夠發揚光大。

 談判個案

　　很久以前，美國新墨西哥州原住民地區的勞動工會，觀察了員工

的態度後，決定利用這種態度和尚未組織工會的A公司，對其員工進行支持特定地方選舉特定人選的遊說，並且，向員工保證可以在地方競選中獲得勝利。

選舉之前，區域工會利用咒語向勞動者做最徹底的宣傳活動，請巫師對每個員工提出警告，如果不投票支持某人的話，他的親人必定會受到懲罰，為了證實這個咒語確實靈驗，就告訴大家，投票那一天會下雨。果然，投票前的數小時，一直不停地下著雨（其實幾天前區域工會已經從國家氣象局得知）。結果，工會當然獲得了大多數的選票。吃了敗仗的A公司（資方支持另一位候選人），認為選舉涉及不公平，向州勞動關係委員會提出抗議，由區域全美勞動關係委員會的調查，關鍵問題在於工會認為該項選舉活動過程並不違法，資方無法反駁，使整個糾紛獲得解決。可見在談判上，資訊取得優勢以及會員的向心力所扮演的重要角色。

一、創造性前提

有效的勞資談判，要能夠提出富有創造性的預設方案。以上面的個案為例，充分利用具有創造性的預設方案，例如，資訊優勢；以及大家所熟悉的方法，例如，向心力，相互組合，把談判過程變成能夠改變事態的建設性準則。下面列舉幾項具有創造性的預設方案議題提供參考。

1. 重要的前提

新構想具有創造性的預設方案，這個議題有下列四項重要的前提值得注意：

第一，不斷地公開討論，千萬不可中斷。讓雙方都獲得充分的資訊。它可以避免很多不必要的危險。

第二，把整個談判委員會劃分成許多小委員會，把危機也加以細分。

發生意見無法協調，遇有需要討論的情況時，要先各自組成小委員會。

第三，當感覺到危機來臨的時候，在談判初期就要準備危機的調停工作，以便使談判前後都能發生效用。

第四，善用聯合談判的方法。這方法在美國舊金山的報業罷工曾發生效用，這是一舉成功的新方法，使得出版社和全部工會同時協商，讓勞資雙方採用個別討論的方法使事情獲得妥善的解決。

但是，資方及總工會必須出席每個談判場合，這樣一來，各工會的自治權照舊，經營者只要在一個時間裡應付一個工會就可以了。結果，經營者這方面所決定的事情，很自然的就會滲透到工會的每個角落。

2. 談判注意事項

有下列五項談判注意事項值得注意：

第一，在涉及薪資與福利協定的討論會上，與經濟無關的諸因素需要個別談判的，如果無法解決，應該採取強制性的調停。

第二，如果希望提早完成協商的話，勞資雙方需要共同妥協的事最好不要溯及既往，如此才能有助於及早裁決，縱使會把最後批准的時間延遲了，但是協定仍然可實行到批准為止，所以能夠提早裁決。

第三，要維持公平的態度。例如，紐約的旅館業者與工會所締結的協定期限是三年至四年、在薪水及勞動時間的問題，只佔了這個長期協定的一小部份，而這一小部份是再談判的主要內容，但是，這種再談判必須在毫無偏見的議長主持下，才可以舉行。儘管薪資和勞動時間的問題，被列入再考慮的範圍，但是那些可能會構成企業問題的論點，並不在討論之列，這種情況對有時間性的企業非常不利。所謂有時間性的企業商品，包括了客機、劇場的座位、旅館的房間等等，如果客機未載滿旅客就起飛，劇場裡尚有許多空位就開演，大飯店有空房間卻沒有提供給旅客過夜，這些情形不就等於浪費了，凡是從事有時間性企業的業者，不論勞資都必須

認清這一點。

第四，爲了提早促成協定的締結，經常使用先行活動的手段。勞資雙方所爭執的焦點獲得妥協而達成協定，而使協定發生效用足以批准的當時開始，這種協定常比其他事項優先。

第五，談判適當選擇地點舉行。例如地方工會決議，或者是總決議不受拘束的時候，多個工會可以個別選擇。有人認爲這種方法會促成自我決斷，事實上這種做法能夠使從業者產生責任感。

3. 創造性談判

創造性談判是一種突破或超越傳統談判模式的創意性的方式。我們以下列個案來說明。

 談判個案

有名的美國奇異（GE）公司是運用「採取」（Yes）或「拋棄」（No）二選一的方法，這種方法來自布魯威爾談判法，奇異公司一方面採用布魯威爾談判法，一方面企圖阻斷工會內部整合工作。因此，不斷和個別成員直接聯絡。這種談判政策非常單純，在談判初期，就把在決策中所要強調的全部要素提出來公開討論，而不涉及其他事件。當然，在談判中可能會受到些微的修正，但是絕不能在（Yes）或（No）二者有進一步的討論與讓步或妥協空間。在1960年度的重要勞資談判中，由於奇異公司很誠意的展開談判，全美勞動關係委員會於是在1964年特別把它提出來討論，但是奇異公司仍然反覆使用一貫的手段，最後終於在1967－1970年的罷工風潮中，受到十三個工會的聯合抵抗。

布魯威爾談判法是奇異公司前勞工事務負責人雷米.R.布魯威爾所設計的，所以就以他的名字為代稱。這種方法的主要內容是資本

家應該把一切事務正當地評價後，提出一個適當的方案，而這個方案必須被對從業人員、股東、及公司三方都絕對公平才可以，可惜卻對勞方權益的公平性未被列入。因此布魯威爾談判法在美國聯邦最高法院進行訴訟，同時也受到各工會的駁斥。但是，這些事情都不是問題所在，最主要的問題是，如果奇異公司在談判中反覆使用同樣手段的話，一定無法產生富有創意的預設方案，也不能使雙方滿意，同時也得不到談判結果所應獲得的成果。

二、有效的溝通

有效的勞資談判，需要有效的溝通。資方為了預防與勞方之溝通不良或決裂，必須和各單位的主管，以及基層管理員密切聯絡，因為他們和從業人員之間有直接的接觸，經營者可以透過他們和從業人員聯繫，當然，最好的方法是使從業人員感覺到對公司業務的參與感。通常，從業人員根本不在乎經營者為他們設置的各項福利，雖然這些健康醫療、退休辦法及勞工保險等福利基金，有些是由工會及政府負責，但是大部份的財源是來自經營者，然而，大多數的勞動者似乎無法瞭解。

由於這個問題，因此產生了一種專業性管理公司，他們的工作是代替經營者與從業人員個別接觸，然後利用電腦幫助從業人員瞭解構成薪資與福利的財務結構。這種公司擁有互助基金、財產設計、健康保險及人壽保險等方面的專家，他們的主要責任是讓委託公司的從業人員樹立財產設計規劃的觀念。這種做法可以使他們瞭解到底是誰使他們獲得工作中的各種福利，如果從業人員能夠進一步站在客觀立場考慮自己的經濟問題，自然會對自己的工作感到滿足，絕不會想更換職業。

此外，還有一種完全不同類型的談判法，這種方法主要是用在勞資談判中，也就是為罷工做事先的預防性準備。公司方面反制工會罷工的明顯舉動是，讓不屬於工會會員的從業人員及有管理職權的人員繼續工作，並

且把存貨做成目錄，然後做生產轉移的準備，同時確保財務足以應付罷工期間的虧損。工會方面則一面準備示威遊行的標語牌，一面故意將目前的狀況透露給報社以壯聲勢。此外，要聯絡全國總工會以及協助罷工資金的機構，請他們不斷支援罷工期間的資金來源。這種舉動雖具有破壞性的功能，但是從正面看，勞資雙方都重視這個問題，並積極處理，值得肯定。

三、關係階層轉移

有效的勞資談判，帶動勞資關係中的階層轉移。在勞資談判中，不同階層在觀念上，根據同理心原理，實現階層轉移。最高階層的主管級人士，可能對談判原則和金錢很關心，中階層管理人員的談判注意力，往往集中在公司的方針和潛力上，而低層管理員的談判注意力，可能傾向於工作的方便性，以及工作場所的管理等方面。至於工會的立場究竟如何呢？低階層會員所關心的，無非是希望獲得更高的薪水，他們並不在乎是否能夠成為工會的領導階層。同時，他們對於雇用原則、服務原則、獎懲辦法等方面也很介意。中階層的工會領導者所關心的焦點，是希望在不同領域的不同場所中的成員一律平等，同時也關心到組織的風格、方針、大眾的期望和工會的規範等方面。至於全國性工會的領導者，則對全國性的薪資標準有興趣。因此，能夠將上述的各方面認清後再去談判，就可以把各階層概念整合轉移，然後在最適當的地方施加壓力，讓彼此溝通。

同樣的，在罷工的時候，各個階層的興趣也各不相同。如果罷工失敗的話，各種責難將會集中在工會的最高幹部身上，所以他們絕不會以孤注一擲的態度發動罷工，而那些需要對罷工付出代價的人，也想迴避罷工。情報是有階級性的，因此指揮罷工風潮的人，只是將得到的情報用自己的經驗來解釋，以估計事態的變化而已。現在舉個例子來說明勞資關係的階層轉移。

談判個案

　　美國有一個工會並不採取罷工的方式來爭取權利，有下列三種方法：

　　第一，只是在午餐之前全部集聚在餐廳中，聲明要喝咖啡，然後坐著不動，這就是他們所採用的戰術：等待資方出面處理。

　　第二，把問題提到勞資力量無法影響的地方，他們不罷工，只是將問題直接交給全美勞動關係委員會或法院處理。

　　第三，工會的會員輪流向一份報紙投訴，而使管理者動搖立場。

　　上述方法的目的都會帶動觀念的轉移，主客易位，邁向正面關係的發展。

四、關係的發展

　　讓有效的勞資談判關係朝向正面發展。經營者一向不喜歡讓工會參與經營管理事務，以及企業的報酬分配工作，因為經營者認為他已經為勞動者設想周到，而勞工卻明顯地和自己站在對立的立場，儘管經營者確實掌握了有關的證據，可是仍然無法接受這個事實。有些經營者只會做一些最低限度的動作而已。換句話說，他們只會坐在談判桌上，仔細傾聽工會領導者的論點，然後立即下了獨斷專橫的決議，強制工會務必要確實執行。

　　談判展開的階段裡，工會方面的反應也是非常幼稚的，他們經常發動各種工會活動，以造成企業方面的最大損害。雖然他們知道這樣做並不能給會員或工會本身任何利益，但是為了與經營者對立，仍然樂此不疲，在這個階段裡，可以將意見的不協調加以分類，因為每個人都希望找出問題的癥結所在，一旦到了這個階段，勞資雙方在心理上必須有準備——必須和對方談判。

協調結果將變成非常重要的文件。經營者會設法強化此文件的潛力，為了牽制工會，他們會從事多樣性的言論活動；而工會則希望將談判時所必要的權力範圍擴大，總之，雙方都為了限制對方的行動而明爭暗鬥。

很多人會認為，解決這個階段的勞資問題關鍵在於如何爭取利益，而忽略了雙方的關係。如果在這個階段中發生了有關雙方的權利問題時，一般人認為文字上的言詞，遠比雙方的存續關係更有分量。本來能夠支配雙方的應該是協定的精神，可是一旦建立起能滿足雙方要求的關係時，協定的內容就變成附帶性的文字了。那些公文式的協定只是為了防止美好回憶的破滅，或防止產生混亂而存在的。通常，有二十個工作場所中有這種附帶性的協定文字，其中十九個企業經營者能和這個協定共存，只有一個經營者每天都為了協定之解釋所帶來的問題而煩惱不安。勞資雙方應該如何利用構成因素和相互關係來產生效果呢？

這是本階段談判中非常重要的一點，雖然並沒有什麼特殊的意義，卻可以使我們瞭解到雙方關係中的一般性質，這時不用再試探對方，而進入互相和解、互相協力前的認識階段。他們把雙方的關係放在意念中，設法採取各種決定要素的平衡，同時每一個人都希望在能力所及的範圍內，完成影響對方的行為。

最後階段中，仍然殘留著其他階段的痕跡，如果能清楚地理解各階段的關係，就不難建立適宜的策略。例如，經營者所表現出來的反應往往有好幾種不同的姿態：

——充滿敵意的反應，這種反應是造成爭執的主要因素。

——有知性的反應，這種反應會讓對方食髓知味。

——反應是斷然的、公正的，為了以團體談判的方式來滿足從業人員的要求，所以必須先認清工會所關心的事項及經營者的意願。

過去談及勞資問題總會引起爭執，根本沒有一點和諧氣氛，如果希望今後雙方的關係不止於此，應該衝破隔閡及障礙，通力合作，針對雙方所

期待的目標，盡最大的努力。

五、協定的締結

讓有效的勞資談判開花結果——協定的締結。勞資協定的締結方法，勞資雙方不應以協定的簽名當作正式的結論，而應該設法使談判繼續進行。那麼到底要怎樣做才是正確的呢？

第一，工會方面的律師在勞動爭議和協定之中，雖然極力排解糾紛，但是勞資雙方不可拘限於表面上的文字說明，必須深入地解釋，使談判能夠繼續進行。有時候在協定的結尾會有曖昧的文字出現，以便正式簽署協定以後，可以繼續討論問題。

第二，當協定的用語並沒有曖昧的文字，而雙方的行動卻變成曖昧不明時，仲裁者及顧問必須全面檢討協定文字以外的全部問題。當談判者瞭解了勞資談判時，就不難瞭解各式各樣的曖昧情況（這與語言的使用是脫離不了關係的），在簽署協定的時候，這些情況將會給談判者帶來意想不到的結果。如果雙方對某一小節有不同的解釋時，應該先取得雙方的同意，各自把這一節大聲唸出來，因為從聲音的抑揚頓挫中，可以聽出各自所期待的解釋之不同點。

談判心聲：逆境求生

談判者若遇上「反拍賣」的談判手法，確實很難應付，因為在買家手上掌握了好幾張王牌，但這並不代表賣家就沒有險中求勝的機會：

——研究本身的弱點，在談判中對方一定會挑你的不是。

——不急不躁。

——推銷自己的優勢。

──找出真正能拿主意的人。

──假設可能會碰到的情況。

──談到談判底線之後，就不要再讓步。

──帶著專家一起去。一定需要一個能信賴的人。

──派最能幹、經驗豐富的人去跟對方周旋。

　　當對方用這招對付你時，你需要知道對方真正在意的是什麼？這種談判波折很多，會讓對方無暇顧及他們的日常事務，所以極可能使他們組織混亂與不安。他們不知道該聽誰的，或是該做什麼。只要能拖到這個程度，對方就會想儘快結束談判。如果賣家能知道對方真正的需要，使買家相信自己的信用，並且能協助賣家做出合理的判斷，自然能在競爭中脫穎而出。在談判中要選擇談判高手，並且要給他們充裕的時間思考。如果有可能的話，盡可能地安排自己最後直接與買主面談。

第八章
特別類型的談判

02

法律訴訟談判

當商業談判結果發生難以解決的糾紛時，法律訴訟是最後的手段。因此，在法律訴訟過程中，依然有談判的空間與機會。

——由法官提出庭外和解的談判。

——由一方提議和解的談判。

——由善意第三者，例如，主管機構、社區領袖提議和解的談判。

法律訴訟談判可能在上述背景下，被動產生。請記住：實際上，法律訴訟談判是要促成繼續進行交易的手段，而非目的。本節討論的議題包括下列五個項目：一、法律訴訟談判背景；二、法律訴訟談判定位；三、談判情況的移轉；四、談判的相對見解；五、追求談判的答案。

一、法律訴訟談判背景

通常有兩個原因造成法律訴訟談判，因而必須走向法律訴訟談判：

第一，談判合約不夠完整，例如，缺少仲裁條款。

第二，談判突發狀況，例如，戰爭、經濟衰退或者行業蕭條。

在法律訴訟前，談判者需要認清談判的背景，包括，所牽涉到法律問題的背景，以及個案情況的背景。前者，指的是這項法律訴訟涉及哪一種法律；後者，指的是該法律訴訟個案所涉及的情況。換言之，該訴訟談判個案背景必須予以瞭解，然後才能採取正確的行動。

1. 談判的適法性

訴訟談判的適法性是指，這項法律訴訟涉及哪一種法律，例如：

—— 國際性法律。

—— 國家中央法律。

—— 地方性的政府法令。

以國際性法律為例，在聯合國有「國際貨物買賣合約公約」與「國際貨物買賣統一法」，在世界貿易組織（WTO），以及其他區域性的國際組織都有相關的法律規範，可以作為訴訟談判的依據。在每一國家也有中央法律與地方政府法令的訴訟談判依據。

2. 談判個案情況

訴訟談判的個案情況是指該法律訴訟個案所涉及的情況，例如：

—— 適法性是否明確？

—— 所涉及法令的嚴重性程度如何？

這項議題上一定要諮詢法律專家。值得注意的是，法律專家所使用的訴訟手段與商業談判策略不同，一般人千萬不要輕易使用，最好先將對方引導到談判階段，在不得已的情況下，才訴諸法庭。

實際上，訴訟之前的階段中，仍然有進行談判的機會，也就是說，在即將提出控訴的時候，準備訴訟及審判資料的時候、訴訟的當時，都可以隨時談判協調，挽回局面。婚姻問題的訴訟，經常是審判結束，法官宣佈判決後，雙方才答應談判。遇到這種情形時，必須注意不可故意刺激對方的感情，而使之產生反感，因為感情的行動很容易誘發感情性的報復反應。

訴訟之前，往往有很多機會可以用談判的方式來解決問題，假若被告的律師、被告的保險公司是著名的談判能手，我方的律師可以故意放棄談

判的機會，假若利用手段使對方知道我們的訴訟意念是堅定不移的，這樣一來，對方就會著手調查我方律師處理訴訟案件的能力、分析判斷的能力、以及社會對他的評價等，而原告的律師也會對被告本人、被告律師及雙方的證人做一番調查。如果你希望在談判中得到結果，最好的方法就是準備一份和訴訟時同樣的資料，換句話說，談判時也需要一份周密的資料。

二、法律訴訟談判定位

在瞭解法律訴訟談判背景之後，談判者還要確定法律訴訟談判的定位。這是指在展開法律訴訟談判之前，應該確定它的：

——法律訴訟談判行動在過程中的位置。
——法律訴訟談判行動在重要性的位階。

其實，訴訟只是談判行動的一個階段性策略而已，而非談判目標。如果談判者瞭解了訴訟只是行動的階段性策略而已，自然就能牢牢地記住附帶的許多事項。根據這個大前提，我們要思考以下三項事實：

第一，商業性法律訴訟談判不會有絕對或唯一的答案。換句話說，隨著時光消逝，萬物是變化無窮的，因此，需要經常嘗試新的評價、追求新情報，對問題重新研究。對於一個問題的解釋，與這個問題有關的全體人員都有他們的主觀理論。

 談判個案

A先生是為了佣金而提出訴訟的仲介者，在法庭上為自己辯論，他說那宗交易是在雙方的同意下成立的，理所當然應該付給他佣金，但是，跟他交易的人並不這樣認為。這名仲介於是把握有利的條件，用

選擇性的眼光去證實交易成功的論點，同時，他認為先入為主的觀念是使交易走向成功的重要因素，因此，將一切與這種觀點不能相容的事項一概除去，由此可見，訴訟只是行動的一部份而已，任何事物都蘊藏著不同的層面。

第二，法律訴訟談判所追求的意義和價值並不是絕對的。訴訟的意義和價值是極其廣泛的，律師的價值觀也因人而異，同樣的談判，某個人的想法如此，而另一個人並不認為如此，某件事對原告是無比重大的，對被告根本不重要。任何人都具有自己的價值觀念和假定原則，遇到問題時，一定要有意識地說出自己的假定。

開始訴訟時，有以下四個問題提供談判者思考：

──你是否假定對方付不出訴訟費？

──如果審判公開化，你是否覺得對自己不利？

──你是否因這些假定對自己不利才提出訴訟？

──自己所設的假定是否合乎現實呢？

第三，法律訴訟談判的假定可以善用，在必要的時候，我們應該抱持和科學家一樣的務實態度，改變自己的假定以配合新的情況發展。

當你要回答這些問題的時候，必須先對照現實的事件檢討自己所設的假定，確認自己所知覺的東西。換句話說，談判者要問自己：

──究竟你所看到的、所聞到的、所嚐到的、所摸到的、所學到的東西，在你的假定中具有何種程度的一致性？

──這些假定真的靠得住嗎？如果靠不住，只好按照自己的經驗再做一番審查。

──我們的假定和科學家所做的假定，是否有共通之處？是否有違背事實的？

三、談判情況的移轉

在瞭解法律訴訟談判背景與談判者確定法律訴訟談判的定位之後，要進行談判情況的移轉。談判情況的移轉是指：

——隨著法律訴訟談判的情況變化。
——雙方的價值觀與角色的變換與轉移。

每個人都有將自己分成好幾個階層的傾向。當改變了階層，雖問題未變，印象卻會不同，這是一種心理反應。當談判者從某一個階層看這個問題時，會產生可靠的感覺，但是當階層一改變，例如，從主動變為被動，從優勢變為劣勢時，立即會有不可靠的感覺。律師們和法官遇到這種轉變，也無可奈何，但是把問題轉移到更專業的談判對手裡時，由於對方見識與經驗更廣闊，談判技巧純熟，可以在最短的時間解決問題，這是由於法律談判問題的階層已經從一般性轉移到特殊性的緣故。

在這個時候，有些訴訟會使問題陷入僵局，使談判者覺得完全沒有談判的餘地。談判者應該把訴訟的位置改變到完全不同的階層，重新著手談判。

談判個案

某大公司的一位人士發表聲明，宣佈公司此刻無意實施契約上的法律涵義，換句話說，如果公司和顧客之間發生問題，將不理會法律上的許可權與責任。有位關係人的律師接到這項聲明後，就控告該公司，理由是原料有問題而使他蒙受重大損失，但是，進行訴訟時，他把問題從損失的法律關係轉移到和顧客交易談判上，這樣一來，問題的意義就完全不同了，一旦變成了買賣的問題後，很快就獲得解決。

四、談判的相對見解

在瞭解法律訴訟談判背景，法律訴訟談判的定位，以及談判情況的移轉後，接著要處理談判的相對見解，是指：

── 要避免陷入認為自己的見解是絕對的。
── 由於認為自己的見解是絕對，而可能發生的問題。

要處理談判的相對見解問題，它牽涉到下列兩個關鍵問題，請談判者深思：

第一，有些時候，問題不能得到解決的原因，是談判者不想馬上解決問題，如果談判者有心分析問題，檢查各種因素的話，一定能解決重要的問題，而那些解決不了的問題，就是不重要的問題。

到律師事務所商量事務的人，大都認為自己的見解是絕對正確，並且很容易堅持這種絕對性的立場。他們認為，如果能讓律師瞭解自己的立場，就能在訴訟中得到勝利，於是滔滔不絕地說給律師聽，平白浪費了許多寶貴的時間。這種人，總是希望把自己「有限的見解」附合在「一切事務」上，這種狹窄的見解是人性的自然表現，若能夠提高思考境界，擴大生活範圍，認為自己只具備解釋有限的事務能力，就能達成所期待的。

這種一方面區別「感情是感情，生意是生意。」這句話，來使自己的言行正常化，另一方面，又把早已準備的東西給予對方的人，就是用自己的預期來解決事情的人，也就是避免以偏概全來看世界。

第二，應用調查的工具。調查就是收集資料，它是應付訴訟的重要條件。究竟可以在調查的過程中獲得什麼樣的情報呢？這些情報最好與經驗有密切的關係，應該是當事人實際看過、聽過、經歷過的事物，而非隨意採取別人的意見和看法。假若找一個和事實無關係的人來做證人，常會因不符規定，而無法傳訊。

調查的時候，必須追根究底，並且，盡可能接近實際經驗，不可只是

依照旁人所說。有關證人的訴訟，必須直接和證人洽談，同時，也不要僅依賴現場的圖樣或照片，務必親臨現場調查。每個人都要瞭解解決問題時，究竟需要多少情報？有些事實，只展示了片段而已，這種情形往往可透過自己的假定及經驗的過濾而表現出來，當談判者弄清楚這些界限後，就能廣泛而輕鬆地擺脫精神約束，更理解整個調查事件。

在某些人的概念中，問題經常有一定的形態和構造，當換個角度，使用完全不同的解釋，這對解決問題有很大的幫助。例如，當化學性的問題被迫追究到方程式的地步時，可能會產生許多不同的解決方法，如果是生物性的問題，就可以用數學用語來代替，而產生另一個公式。由此可見，把問題用完全不同的程序表現時，也許在談判時能獲得新的結果。

五、追求談判的答案

最後，在法律訴訟談判追求談判的最終目的是找到「答案」，而這項答案將為交易談判提供助力。訴訟就人生經驗而言，其關鍵點在於——無論任何訴訟，都與其他事物爭議有別，當談判者瞭解了這點後，就可以知道談判訴訟並非絕對必要，它不過是解決爭端的手段之一而已，當任何狀況都和法律有關聯，應該針對這點做詳細地調查。

請談判者仔細想想：

——自己到底在追求什麼？

——在追求法律上的問題和解決嗎？

——只是追求一種解決嗎？

關於這些問題的挑戰與答案，可能有好幾種，必須經過深思熟慮，逐一找出答案。或許談判者現在認為這是最理想的解決方式，可是過一段時間，卻發現那完全無濟於事；相反地，過去被談判者忽略的方法，實際上是最適當的。

談判心聲：既成事實

「既成事實」在外交上用得很廣泛，但在商場上也經常使用。「既成事實」的原則卻很簡單，意即談判一方採取驚人之舉，一下子讓自己佔到有利的談判位置。

有一個人曾經為一個塑膠製品製造商工作。他從華盛頓的律師知道「價格控制」很快就要立法施行，於是他立即以電話通知所有的客戶，所有產品價格要上調30%。不久，「價格控制」果然公佈實施，他有條不紊地和每位客戶聯繫交涉，大多數客戶比較樂意地以漲幅低於30%的價格，與他再度做生意。由此來看，他這「既成事實」的談判招數是用得非常成功。採取行動是改變的一種方法，而「既成事實」有力之處就在於，一旦行動達成，便很難忽略它，於是，談判強者常常揚言：「做都做了，要談就談吧！」以下提示乃是買賣雙方採取「既成事實」談判策略的一些用法：

（買賣雙方的談判策略的一般用法，請慎重選用，其中有介乎法律與道德灰色地帶者）

——在議價之前，先挑好策略。

——先做變動，再行協商。

——給賣方一張「全款付清」帳單，但金額較現在議價低的帳單。

——晚送那些有瑕疵的貨品給買方，讓他們礙於時效，只能勉強使用。

——等賣方開始做部份接訂單的準備工作後，再打退堂鼓。

——先向法院起訴，然後再談判。

——停工，然後協商新價錢。

——違反專利權後，再上法院善後。

——先同意買賣某件商品，但之後卻寄上另一件商品的訂單或回函。

——對方機器已經裝箱寄出，才通知拒收，並要求信用貸款。

第八章

特別類型的談判

263

——違法後才進行談判。

——賣的是A級品卻寄運B級品。

——買進B級品後，卻設定了一套只有B$^+$級品才能通過的品質測試系統。

——發行一份調查報告，並公開宣傳，之後才討論報告的內容。

——採取不正常管理。

——交易談妥了，你告訴他們沒事了。

——我被逮到了，快想辦法掩飾吧！

——違反遊戲規則，然後才進行交涉。

——那些材料全用掉了，因此我沒有辦法還給你，而且，我也付不起這樣一筆錢。

——我把錢花到別的地方去了，所以我需要更多的錢，才能再開工。

——我絕不搬出去，看你能拿我怎麼樣！

——計畫書我早就寫好了，恐怕是不能改了。

——支票的事我很抱歉，不過我也沒有辦法。

——是我做的，你看怎麼辦？

——我已經破產了，你願意拿回十分之一就好嗎？

俗話說得好：「先佔先贏！」事實上，既成事實也就是這麼回事。當對方採取這種策略時，不妨考慮運用下面的方法對付他：

——事先在合約加上很重的罰則。

——向主管部門提出抗議。

——向法院申告。

——採取激烈的報復手段，然後一走了之。

——爭取獲得輿論的支持。

——爭取大筆訂金。

——在沒有保證的情況下，千萬別在工作完成之前付款。

商業談判：掌握交易與協商優勢

03

企業併購談判

　　競爭劇烈的商場上，在叢林法則之下，企業的併購談判是必然的，也是必要的操作。由於這是一種非經常性的商業行動，本書把它與勞資關係談判及法律訴訟談判，歸類於特殊的商業談判。

　　此外，併購談判涉及龐大的交易金額、經營管理的轉移，以及勞資關係的重建。談判耗時，過程頗為複雜，因而需要具有法律、會計與管理專業訓練經驗者參與。在此，根據併購實務經驗，提供以下五項議題作為操作參考：一、確認意願與誠意；二、釐清價格與價值；三、避免涉及侵佔；四、避免孤注一擲；五、取得成功或成就。

一、確認意願與誠意

　　一位經驗豐富從事買賣企業的專家談起他併購談判成功的心得。他說：「我的原則是，絕對不問對方出售的原因，因為我怕自己會完全相信他的說詞。」

　　的確如此，每個人都想輕鬆獲得資訊，假如完全相信某一個人的言詞時，就不想再去探究這件事情的真相。在企業的合併或併購的共同研究會中，參加者所提出的兩個疑問是：

──如何知道買方有合併或併購的意圖？
──如何知道賣方有意答應買方合併或併購的意圖？

　　如果有人說：「我打算併購一家公司。」這代表兩種可能性，一個是

相信他的話，一個是不相信。如果他無心併購，我們現在就來研究一下，他說這句話的用意，或許他想探聽商業界的秘密，或許他打算設立一個與業者競爭的公司，或許在他的公司中有反對派系曾提出很多改革方案，經營者為了安撫反對派的要求，故意對外宣佈有意併購另一企業，以滿足他們的要求。

此外，買者也要研究賣方是否誠心要賣，也許賣方的董事長只是想瞭解自己的企業在市場上的價值如何，或者只是想要嘗試合併談判的滋味。如果公司中有不滿分子存在時，情形和買方是一樣的，因而董事長為了防止公司的經營方針受到阻礙，故意放出風聲，希望有人併購他的公司，要不然，賣方就要提防外面集團的「霸佔」。

1. 判斷對方的誠意

如何判斷對方是否有誠意？不管是買方或賣方，當他們要判斷對方是否有誠意時，最簡單的方法，就是請求對方提供更詳細的資料。由於這個請求需要動用大量的人力和經費，勢必會增加許多工作量，因此，對方如果沒有誠意的話，一定會趁機脫身。

 談判個案

　　在談判桌上，首先，要求對方邀請對方的律師、會計師，或反對派的股東及宣傳部門的人士，參加討論會，如果對方不喜歡這種做法的話，就表示他們沒有誠意。

　　其次，在討論會中，首先要向對方展示我方的未來計畫，並觀察其反應，以便瞭解雙方的想法是否一致？所強調的方針是否相同？我方是否願意投資新的研究開發方向？對方對這樣的投資是否會猶豫不決？

　　能將這些重點提出來研究討論，可以找出不容易發現的問題，並

且加以處理。這些問題如果處理得太慢的話，將來必會浪費許多時間和精力。對這些問題必須選擇適當的時間，把一些需要做最後決定的問題公開出來。例如：

——將來打算如何處理房地產所有權的問題？
——誰的薪水要保持不變呢？
——公司的人員應該如何任用？
——合併或併購工作完成後，和職工之間是否會產生感情上的問題？

　　雖然討論這些問題時，需要非常大的耐性和專注力，但是仍然有討論的必要和價值。

2. 從員工群中找答案

　　除了在談判中確認意願與誠意之外，我們也可以從員工群中找答案。有時候，在談判中有一些微妙的問題，雙方都不願意討論，然而越是曖昧不清的問題，越要設法探查時，絕不可以用抽象的語詞，或是毫無根據的資訊來搪塞，這種問題必須直接和有關的人士討論，例如：對方研究開發部門、業務部門、人事部門的人、工廠內的技術人員及主任級的幹部等等有關人士。

　　還有，就是要親自到工廠訪問，並且和相關人士討論有關的問題。不能以資產負債表上的數字為滿足，數字只是表示目前的狀態。有些人往往只看了財務上的數字和解說，就立刻把生意決定下來，完全沒有向有關人士求證。所以，被併購的這方不必覺得羞恥，也不要感到沮喪，應該要訪問併購的公司，會見有關人士，詢問他們對新加入的成員是否滿意。賣方在買方提出要求以前，老早就該詳細研究手邊的重要資料，檢查統計數字，與公司的幹部商議實際的狀況。如果認為不能挽回時，就要想出一些辦法以求變化，並提高公司的價值。

有些人想要制定一個基準來測定賣方公司職員在經濟上的價值，也就是要想出一種公司員工的評定方法，以及考察職員對公司應有的價值測定法，然後以合併或併購後的公司角度去看，到底有沒有足夠的能力容納這些員工。

　　買方和賣方公司的職員直接面談時，必須仔細考慮下面兩點：

——他們對公司是否忠實？
——他們的目標是否和公司一致？

　　假使能夠做到這兩點的話，不但對即將談判的買賣有利，同時也能瞭解被併購的公司，其職員是因經濟上，還是感情上的原因而要離開公司。瞭解了這些實際情況後，可當做職員去留的參考資料。

二、釐清價格與價值

　　由於價格與價值經常在觀念上被困擾，因此，在併購談判之前要先釐清。商品的價格，是指該商品在是市場正常流通的價碼；價值則是指，購買者對該商品的定價，例如：

——紀念金幣。
——紀念郵票。

　　雖然它有票面價格，但是其價值則相對較高。

 談判個案

　　以某次紐約拍賣會為例，收藏家已經擁有世界上僅有的兩張古董郵票之一，以天價購得另一張古董郵票，然後當眾燒毀它，結果他所擁有的唯一郵票馬上從「天價」轉變為「無價」的珍寶了。

商業談判：掌握交易與協商優勢

1. 決定價格

在談判上，或許有人認為：價格應由買方提出，事實卻未必如此。有意出售公司的人，也往往被迫開出價格及併購的方法，這種情況若進行得很順利，就可以把收入和利益加倍。儘管開價的不一定是賣方，但是在談判時，如果由賣方開價的話，買方不可以當場討價還價，必須等賣方把話全部說完再做決定；因為賣方所提出的價格往往出乎我們的意料之外，而這些條件是買方在談判初期時所料想不到的。

除了非常明顯的經濟要素外，這個價格中更包括賣方從成立到現在的事蹟或業績。要是現在的董事長是公司的創始人，這種情形就很特別而明顯了，往往連他的自我和尊嚴都非常密切地交織在企業裡面。由於該公司是他一生工作與成就的象徵，所以千萬不要當面和他討價還價，當賣方說出了價格，買方只要這樣說就可以了：

──請你為我闡釋一下開出這種價格的根據和各種因素，以及營運方面的處理方法。例如市場佔有率，或者是存貨方面的處置方案？

這種說法，不但可以避免直接反駁賣方所提出的價格，同時也能使賣方的立場逐漸居於下風。

2. 釐清價值

在談判的時候，自己的預料很可能猜對，也可能猜錯。同樣地，有關價格和併購或合併方面的事，可能會被猜中，但是也有猜不中的時候，最常見的失策例子是：買方無意中的言語舉止，會使對方覺得開出的價格或許太便宜了。

再者，如果買方很乾脆地接受賣方的開價時，賣方也會有這種感覺，而這種結果很容易造成損失的事實。這樣一來，賣方覺得不好意思再提高價錢，會後悔把價錢開得太便宜了，而故意破壞談判，並另外再找買主，或者在所開出的價錢之外，找些小細節來提高價格。

如此，買方必須為賣方付出一些精神和努力，才能獲得自己所開出來的價格；也就是說，當雙方熱烈地討論後，讓賣方在適當的範圍內試著去說服買方。通常，進行談判時，第一次的開價，都會暫時保留繼續討論。因為不久就會產生使賣方不得不降低價錢的各種問題，例如，已收款及未收款的保證，或者是賣方的資產、雇用協議事項，以及降低估價等等問題。

三、避免涉及侵佔

談到合併和併購結果的時候，絕對不可以忽略防止侵佔的情形。不論你是多麼優異的經營者，千萬不可缺乏阻止併購中帶有侵佔的措施。下面舉出一些事項，供各位參考：

—— 公司不可以引起對方的侵佔慾望。因此，不要把自己公司的潛力完全表現出來。

—— 不可以由於你加強了適當的宣傳活動，而使市場佔有率受到太少的評價。

—— 你的股票價值必須反映出你在同業間的真實價格。

—— 必須確立早期的警告制度。

—— 要和新聞界、與投資有關的金融界，及其他的消息靈通人士，保持密切聯繫，並且從中獲取情報。

—— 受到預告時，就立刻採取反擊的步驟，這是非常重要的。

—— 必須預立應變措施，以便採取迅速的行動，因此務必要具有周詳的策略才可以。

—— 其他有關侵佔者的財政狀態，以及送給股東的備忘錄和電子郵件，都必須預先考慮。

因為疏忽了早期的危險訊號，或者沒有採取適當的預防方法，而把一生辛苦建立起來的事業毀滅，豈不是太可惜了嗎？

四、避免孤注一擲

收買公司不可孤注一擲。合併或併購一個公司，可能會給買方帶來充滿希望，但是絕不可以把整個公司當做賭注。如果合併或併購的條件對自己的公司非常有利，而且在目前的情勢逼迫下，務必要做適當的處置時，最好將公司分成若干部份作為小賭注，但絕不可以整個公司去冒險。

一個企業經營者處理某件事情時，假如他只會使用一種原則的話，無疑的，他必定是一個失敗的經營者。他必須考慮自己的責任和業務，與股東、高級幹部、一般職員、他們的家屬，以及社會上一般人士，息息相關，所以必須有宏觀的視野。關於這一點，達文西有一句箴言：

──你絕不可以做不成功就會帶來痛苦的傻事。

亞古諾斯亞論的金玉良言也要記住：

──無論什麼事，進入參與總比抽身退出容易。

當你打算著手參與一樁買賣時，必須先和幕僚們討論，一旦開始交易後，將來如果要退出時，可能發生什麼情況，才是明智之舉。在著手做生意時，最好認清自己不一定會做得比目前的經營者好。因為，現在的經營陣容是和公司同時成長起步的，他們在開拓的過程中，經歷過許多頭痛的問題，而且都一一加以解決。即使自己代替對方來經營，諒必不相上下；若不是自己手裡握有一些賣方所不知道的資料，即使代替對方來經營，也不可能比目前的經營者更高明。

請牢記上面所述幾點後，如果你仍然覺得合併或併購對你有利的話，就可以繼續談判，如果情況並非如此，最好及早收手。

五、取得成功或成就

一次談判「成功」可能會毀滅你的前途，「成就」則是支持邁向成功

的力量。你可曾想過成功可能會毀滅你的前途？

 **談判個案**

　　美國某律師事務所，有一次接受英國某公司的委託，而這家公司擁有新發明自動點火香菸的專利權，同時美國市場也正熱烈期待此種香菸出現。這是一種不必用火柴的菸，只要把香菸前端的紅點在盒子的底部摩擦就可以點火了，該法律事務所認為這是非常有潛力的商品，一旦在市場公開後，必定會受到大眾的歡迎，但是經過調查後，卻發現該商品在英國市場推廣時遇到阻礙。

　　事情是這樣的，自動點火香菸的製造公司在英國銷售宣傳時，曾經將一切可能會發生的問題加以討論、研究，但是卻忽略了銷售成功以後所帶來的問題。香菸製造公司選出總經銷後，將一切的銷售責任全都託付給他們，總經銷於是依照慣例，透過電視及其他媒體，展開了全面性的宣傳，宣傳的目標是要掌握全英國市場，同時希望在一天之中，就達到宣傳的最高點。這個宣傳戰術成功了，經過全面性的熱烈宣傳後，果然在一天內就把所有的存貨銷售一空，各個經銷商都希望要擁有更多的貨。雖然製造公司確認這種獨創的香菸會受到熱烈的歡迎，但是他們萬萬沒有想到銷路竟然會好到這種程度。

　　產品在最短的期間內就被搶購一空了，可是這只能滿足需要量的百分之幾而已，儘管所有的工廠都連夜加班生產，仍然無濟於事，因為需要量實在太大了，顧客不斷到零售店購買，所得到的答案都是一個月後才有貨。經過一個月後，這種需要量就急速降低，因為剛出售時，人們對這種新產品抱有強烈的好奇心，希望能夠試用看看，但是當他們買不到新產品的時候，很自然地就重新使用以前的牌子，而把新產品完全忘了；況且總經銷已把廣告費完全用在第一波推廣中，根本沒有經費再度宣傳。

商業談判：掌握交易與協商優勢

當初總經銷應該在英國國內選出一個小地區，在這個小地區適當地推展新產品，同時千萬不可斷貨，小地區銷售成功後，再普遍推展到其他地區，這種手段才是正確的。當我們踏進一個不熟悉的領域，千萬不可以忘記獲取成功的可能性。

談判心聲：蠶食與鯨吞

　　法國人認為只有在原則一致的情況才能達成協議。美國人則比較傾向一件一件地談，之後獲得最終解決。兩種方法各有所長。請注意：你怎麼開始會導致你如何收場。

　　蠶食談判的基礎是逐步確立雙方的利益，培養大家對整個事件的共識，瞭解對方的需求和優先順序，這樣一步一步地進行，細心發現雙方都想迴避的危險區域。如果資料準備得很周全，雙方的差距不是很大的時候，用這種談判策略極易收效。

　　所謂原則一致，是指先建立邏輯架構，涉及具體事項的衝突，可依據整體結構逐步解決或是用利益交換。所以談判的關鍵是整體結構的建立而不是一小部份的得失。

　　談判者比較喜歡運用兩種談判手段的策略。就是先建立原則架構，以便整理思路，再確認雙方共同重視的課題。另一種策略，並不大欣賞整體框架結構，寧願把時間花在澄清雙方觀點上。就這一點來說，談判者傾向支持以蠶食策略為基礎的談判，理由有：

──人們比較喜歡逐漸獲得滿足、最後大功告成的程序。

──蠶食政策可以暴露個人的性格以及不同需求的主次關係。

──在傾聽對方陳述的過程中，可以發現對方權力範圍的弱點。

──在逐項討論之中，可以允許一個人以高姿態從容撤退；同時，也能滿足上級對他的期望。

在正式的協議未簽之前什麼都不算數。即使是原則同意也不代表細節會過關，反之亦然。有的人在大原則已無分歧時就以為談判已經成功了，事實上只要有一個細節沒注意到，說不定就會空歡喜一場。在談判中，各環節的相加並不等於整體，在最終敲定之前，仍有功虧一簣的可能性。

談判加油站

勵志：最值錢的鸚鵡

真正的談判領導人，不一定自己談判能力有多強，只要懂信任，懂授權，懂珍惜，就能擁有比自己更強的力量，從而提升團隊的績效與自己的身價。相反的，許多能力非常強的談判工作者，卻因為過於自信，缺乏合作精神，事必親躬，認為什麼人都不如自己，最後只能做最好的小企業談判人員，成不了大企業的優秀談判領導人。

一個人去買鸚鵡，看到一隻鸚鵡的標示：此鸚鵡會兩種語言，售價二千元。另一隻鸚鵡則標示：此鸚鵡會四種語言，售價四千元。該買哪隻呢？兩隻都毛色光鮮，非常靈活可愛。這人拿不定主意。結果突然發現一隻老掉了牙的鸚鵡，毛色暗淡，標價六千。這人趕緊請問老闆：「這隻鸚鵡是不是會說六種語言？」店主說：「不」。這人感到奇怪了，問：「那為什麼又老又醜，又沒有語言能力，會值這個價錢呢？」店主回答：「牠聽懂我的話，幫我把兩隻鸚鵡帶大。」

書訊：無償取得談判協議

書名：*Getting to Yes: Negotiating Agreement Without Giving In.*

作者：Roger Fisher, William L. Ury and Bruce Patton (2011)

原書國內圖書館有藏書。中文有兩個翻譯版本：《原則式談判法：哈佛談判術》，胡家華譯，中華企業管理發展中心，1985；《哈佛這樣教談判力》，劉慧玉譯，遠流，2013。

內容：

加油：意志能力

　　在工作的道路上充滿著形形色色的艱難險阻，談判工作更是如此。有位偉人曾說：「科學上沒有平坦的大路可走，只有沿著崎嶇的小路，不畏勞苦、不論是工作還是學習，我們只有以堅忍不拔、百折不撓的精神去面對各種各樣的困難，才可能有所收獲、有所成就。」這種自覺地確定活動目的，根據目的支配和調節活動，克服種種困難實現預定目的的過程就是意志過程。人的意志品質從性質上可以分為積極的與消極的兩種。消極的意志品質有盲目性、衝動性、受暗示性、獨斷性、脆弱性以及頑固性等等，積極的意志品質主要有下面三種。

　　第一，意志的自覺性。意志自覺性是人對自己行動的目的和意義有正確的認識，並且能夠主動支配自己的行動以達到預定的目的，這種品質反應了人的堅定的立場和信念。一個具有自覺性意志品質的人能根據自己的認識和想法獨立地採取行動，自覺地排除各種干擾和誘惑，不屈服於輿論的壓力，不隨波逐流。在學習中，能獨立思考，有自己的見解；在工作中，不避重就輕，不推卸責任，主動積極地承擔任務，盡職盡責。

　　第二，意志的堅韌性。意志堅韌性是指以堅韌的毅力、頑強的精神為

實現目的而努力奮鬥，不達目的誓不罷休。具有意志堅韌性的人在困難面前不退縮，在壓力面前不屈服，在誘惑面前不動搖。他們具有明確的奮鬥方向，即使遭遇失敗也絕不洩氣。堅韌性特別表現在艱巨、困難、枯燥乏味的工作當中，只有在這樣的工作中才會顯示出堅韌性的意志品質。任何領域中的豐碩成果都是長期努力以赴的結果。

第三，意志的自制力。 是指善於控制自己的情緒、約束自己的言語，有意識地支配和調節自己的行動。這種品質表現在意志行動的過程中。在採取決定階段，自制力強的人能夠冷靜分析，全面考慮，做出合理決策；而在執行決定時，則善於排除各種干擾，堅持決定貫徹到底。自制力有三大功能。第一，遇到困難與挫折時，能夠控制自己的情緒使之穩定，克服灰心、氣餒、疲憊、依賴和任性等不利心理因素；第二，取得成功時，又不被勝利沖昏頭腦，不驕傲自大、盲目樂觀，而是謹慎勤勉，繼續擴大成果。第三，在工作中運用一切積極的心理因素，如注意力集中、專心致志、情緒飽滿、思維活躍，促進與保證工作的順利進行。

第九章

合約簽署的談判

01   合約條款的談判

02   簽約階段的談判

03   簽約後的談判

04   談判加油站

01
合約條款的談判

　　前面介紹了價格條款的談判。在談判中，除了價格條款的談判之外，還包括一系列爲了達成價格條款談判、其他條款的談判以及技術附件的談判。只有這些方面充分結合在一起，才構成完整的合約談判。這節內容包括：基本合約條款、保護性的條款以及特殊性的條款。

一、基本合約條款

　　基本合約條款是達成談判結論後的首要工作。在簽訂基本合約條款時，有下列三個項目必須包括在內：主要合約條款，價格條款，履約條款。

1. 主要合約條款

　　主要合約條款的談判，是根據合約條款的基礎列出的。從合約條款標的表面看，不是談判出了問題，而是許多案例告誡談判者，它雖屬陳述交易內容，但是，「貨真價實」的標準要明確。因而，標的條款一定要擬得明確、完整。總之，該條款詳細描述交易的內容，應包括：

——完整的、通用的行業術語與名稱。
——數量與品質、產地與出廠時間。

　　可以引用合約附件已有的內容，以避免重複，並且不能漏項。條款中，數量的描寫應區別「單位」，例如，貨幣、重量或者距離的概念。

2. 價格條款

關於價格高低水準的問題，已在前面介紹過，這裡只分析價格條款談判與草擬。價格條文的談判與草擬要準確描繪價格的全貌，可以分層次規定，對契約各方均有利。

——將價格實事求是詳列開支性質，便於執行現行的稅法，避免在徵稅時過重或遺漏。

——應按雙方承認的國際貿易術語或一致的描述明確價格性質。不應過於簡單，例如以FOB、C&F某港口價，一句話不能講清價格全貌。除非雙方是老的客戶關係，已有貿易習慣，才可以簡單陳述（但仍以詳細列出報價規格為優先），否則易於誤會。

3. 履約條款

履約條款主要是指商品買賣交割的執行。內容包括：

——履約的期限。
——履約的地點。
——履約的方式。

貨物買賣合約的交貨期限對雙方都有利害關係。履約進度在技術附件的談判中將作論述。在合約部份談判時，應注意用詞與條件應和技術附件一致，且使合約能將技術條件中的規定更明確、更法律化。

無論什麼時間，均要訂明確。例如：

——×年×月×日交付或竣工。
——×月×日至×月×日之間。
——×月（上，中，下）旬。
——自簽約起或自生效起×個月或×天以內。

履約的交付或竣工的寫法均應明確。只是「之間」、「以內」的範圍盡量小些，以便於控制。應避免使用「×月以前」或「×日以後」等無法控制的時間概念。交接貨的地點應便於運輸，且距買賣雙方的距離最短。運輸方式將決定運輸費用、保險費、包裝費。例如：船運與空運，其包裝與運費就不同，費用差好幾倍。應視貨物量大小、運輸的安全程度、對時間緩急要求來選擇交付方法。

二、保護性條款

保護性條款是預防性的談判條款，是必要的項目，備而不用，以防萬一。保護性條款主要包括三項：違約責任條款，產權條款，責任歸屬條款。

1. 違約責任條款

違約責任對買方要考慮：不按時按數履行支付義務，應有利息的賠償，更嚴格的規定是「實物扣押權」，或其他附加損失，例如利潤損失。買方對所獲技術、資料有保密的責任，不向第三者洩露或轉讓的義務。

違約則要賠償賣方損失。計算方法可參照向買方出售這些技術和資料的價格。因為這種「洩露和轉讓」可視為「又一次出售」。還可以規定買方在違約時，退回所獲技術資料，禁止使用所獲技術的責任。

對賣方的不按時交貨，要規定其交付罰款的責任。若拖延時間太長，買方有撤銷合約的權力。對交貨不符數量和品質的違約，要規定賣方免費補充、更換或修理，甚至降價賠償的責任，以及買方退貨撤銷合約的權力，和賣方退款還息的義務。當然對其品質的判定應明確檢驗的方法。如果在技術附件中已有描述，合約條文則應明訂應用這些規定的原則。

2. 產權條款

產權從法律的角度來講，只能就擁有合法產權的物品進行交易，否則合約就是不合法的、不成立的合約。在目前合約的產權條款中，包含了兩

種含義：

——所有權。

——工業產權。

　　產權是指對所有未經登記註冊的知識或所有買賣物品擁有的支配權，和經過合法登記註冊手續的本企業的商標以及專利。該條款要求賣方聲明其對標的所有權或工業產權的合法性，就是聲明不是偽造別人的產品，沒有侵權的行為，同時，保證對自己的聲明負經濟和法律責任。買方對該條只承擔在第三者對賣方起訴時保持中立的義務。此條款，主要由賣方予以保證。

　　不管賣方提出什麼條件，此條的基本精神不能變。例如有的賣方要求「買方不能在第三國使用賣方的技術或銷售其產品，否則第三方起訴時，賣方概不負責任」。這條是利用其保證討價還價的作法，限制買方的銷售權，減少對自己市場的危害，也可減少第三方的起訴機會，而買方不同意時，賣方就不做絕對承諾。按情理講，賣方這麼做道理是不足夠的，買方可以不接受。在談判中，從妥協的角度看，也有可能這麼寫。

3. 責任歸屬條款

　　責任歸屬條款的功能是「免責權」。在國際貿易日漸頻繁的交往中，違約糾紛也隨之增加。為了排除這些消極的問題，人們花去了大量人力物力，這無疑是一種毫無意義的糾紛。法律界、業務部門人員對違約進行人為的分類：

——有責。

——免責。

　　除了可免責的違約原因外，其他均要追究責任。對於免責，「聯合國國際貨物買賣合約公約」第21條和「國際貨物買賣統一法」第73條作了如

下規定：

──如一方證明不履約是由意志之外的阻礙造成，並且他有理由能證明對此既不能預測，又未在簽約時採取對策，所以，在這種不能預防或克服的事件造成後果的情況下，他也可對其任何義務均不負責任。

目前大陸法系和英美法系的國家分別提出了「不可抗力」和「缺乏預見」的法律概念作爲免責承認的唯一範疇。爲了不使人們在業務中濫用免責條款，進而對「不可抗力」和「缺乏預見」定義作出規定。

以法國法律爲代表的大陸法系法律規定，包括三個特性：不可抗拒性，不可預測性和外在性。

──作爲一個事件本身或所有後果具有不可避免、不可克服、高於個人意志之上、個人也無力阻止的性質。

美國統一商法典規定：

──缺乏預先假定的條件時，則不負責任。
──如果服務出現偶然事件，而變得不能執行。
──或服務因忠實地遵守本國或外國政府的規章制度、命令而變得不能執行時，不管以後是否證實它合不合規則，均不構成它對買賣合約規定的義務的違約。

英國法的規定與美國法相近，但是，術語改用：

──契約落空（FRUSTATION）。

按英國法解釋：

──完全不同的形勢在簽約雙方毫無戒備的情況下突然發生了。
──並且這個形勢要足夠嚴重，而對此事件所產生的規模、事態的嚴重完全在契約雙方考慮之外。

此法突顯出「合約的受挫」及「落空」的概念。

三、特殊性條款

在國際貿易談判中，特別是政府對政府的交易，特殊性條款是必要的。主要內容包括下列三個項目：捍衛條款，財政結算與破產，仲裁條款。

1. 捍衛條款

捍衛條款主要目的是在解決「艱難情勢」下交易問題的處理規範，因此又名為「艱難情勢條款」。英美法系所衍生出的條款，叫「捍衛條款」，其規定為：

——一旦某一方在合約訂立後，發現經濟形勢出現極為困難的局面，致使該方有公正的理由來考慮不履行義務的基本部份時，各方可以延期履行他們的義務。同時還賦予「合約雙方應誠心誠意重新談判，以使合約再次調整適應新的經濟情況」的義務。

典型的艱難情勢條款為：在發生雙方預料之外或不可預料的事件，並因此而推翻本協議的經濟基礎，給某一方帶來損失時，雙方同意將以簽訂本契約同樣的精神，對此情況作出必要安排。更明確的寫法有：

——……雙方同意以簽訂本契約的同樣精神，對價格進行調整，使雙方再次處於本合約簽訂時相類似的平衡狀態。

不過在談判中，可以規定簽約與履約的經濟背景的參考因素，否則無法衡量。此外應有公正手段使這些參考資料有法律效果。同時可考慮上調時的界線。例如經濟形勢變差時，差多大百分比時才可考慮此條款。形勢變好時，亦要考慮該條款；一個是為賣方，一個是為買方，應平等運用該條款。

為了簡便起見，還可規定某變化的百分比內不啓動該條款，財政結算與破產也不計算填補差額。像「調價計算公式」一樣亦可固定最大增補或減價量，使雙方的費用有可預見的範圍。

2. 財政結算與破產

　　財政結算與破產條款，主要是處理財政結算和財產清理的規範，它是企業經營不善或因天災人禍、市場、政局急劇變化，使企業無法繼續按原來目標或方式經營下去而出現的兩個法律現象。也是整頓企業、改善經營活動和重建經濟結構的最基本措施。財政結算，是指凍結企業被診斷無力經營時所擁有的一切製品、倉存、財務往來，例如，債權債務的清理及資金的流動、人員的流動，並在停止企業活動的同時進行財務方面的結算，以核算出企業的最終盈虧狀況，尋求整頓的好方法。

　　財政清理後的結果有兩種可能：

　　(1) 可以拯救

　　其措施有，**轉變產品市場**，吸收新的股東，增加企業資金，爭取政府援助，調整人員，繼而引發機構的變化、改組或與別的企業合併、被別的企業收購，例如，股份被買走或別的企業入股。

　　(2) 宣佈破產

　　即企業無論從其產品、市場、財力、經營能力還是該企業的信譽角度看，均無拯救的可能，只有宣佈「死亡」。接著就是財產清理：對處於封存的一切有形或無形資產登記註冊，以對其債務進行清理。

　　根據以上的敘述，反映到合約條款中就要寫下相應規範。尤其對實力單薄、產品競爭激烈、信譽不太高的企業或中小型企業，簽定合約時更要注意有這種保護條款。可把這兩種現象寫成一個條款，主要明確債權債務的處理原則及程序。

3. 仲裁條款

　　商業談判中合約的仲裁條款不是可有可無，而是十分重要。它是仲裁庭受理契約雙方糾紛的依據，是雙方處理糾紛的明確協議。否則，在無仲

裁條款的情況下，雙方需要重新談判處理糾紛的方式。例如需要通過仲裁解決，則要擬訂出「仲裁協議」，仲裁庭方能受理等，若是到出了糾紛再討論就不太容易了，因爲雙方感情已破裂，條件亦會更嚴苛，故在合約條款中應一併考慮。

仲裁條款應表明雙方不訴諸司法部門，而通過仲裁方式解決爭端的意願。至於採用已有的仲裁庭還是臨時組成仲裁庭以及仲裁程序的法律的選擇，仲裁地點選擇被訴方還是第三國，仲裁費用由敗訴方付或由仲裁庭判定，還是雙方平擔，仲裁結果是否爲終局性效力等，均要明確予以規定。選擇的原則：平等、公正、簡單、快速、費用低以及自己熟悉。

一般來說，固有的仲裁庭費用高，但是，有固定的程序。組成新的臨時仲裁庭費用低，但是，人選、程序要臨時決定，比較困難。採用的法律既不能是買方所在國的，也不能是賣方所在國的，雙方都怕吃虧，選仲裁地法律或選裁決執行地的法律，雖有可能是買賣某一方國家的法律，但是，從概念上來說，一個是便於仲裁，一個是便於裁決的履行，對當事各方是平等的，所以也算公正。

仲裁地應中立，這要視其所屬政府的態度、民俗及政府與其所屬政府歷史交往來確定。假如國與國有仲裁協議，則直接引用該仲裁協議即可。至於費用，多由敗訴方承擔，但是，並不是所有爭議的仲裁能明顯判出勝訴方，此時無「敗訴」可言，故有可能讓仲裁庭判定。「雙方平均分擔」的做法可以保證不輸，但是，也不太公平，制約性差，故不常採用。

仲裁結果絕對要求「終局」。因爲「司法訴訟」在一開始雙方均已拒絕，那麼仲裁結果均應服從，因不服從而要求司法解決就會拖延浪費時間。不過在書寫時，有的業務人員不太注意用詞，標題是「仲裁」，文中用詞常常出現司法字眼，應特別注意其字詞含意。指仲裁庭的司法管轄權是一回事，指爭議的司法訴訟又是另一回事，且與標題——仲裁完全變了性質。故應注意在仲裁條款裡的用詞。

此外，要注意長期供應備用零件——作爲賣方不能提此條件，按照

《羅馬公約》第85條規定的精神，此條件是賣方對買方的限制性條件。但是，作為買方可以提。因此不少買方出於自己生產穩定的需要，希望賣方承擔長期供應備用零件的義務，尤其鑒於不少商人想要利用備用零件賺大錢，買方作為預防性措施，在作主機或生產線購買的同時提出此要求，應該說對雙方均有利。

談判心聲：霸王硬上弓

　　大公司實力雄厚，做起生意來容易霸氣十足，目中無人。例如，有一家大公司要採購一批貨，於是他們就把賣方全部約來，請他們在大會議室裡等候，直截了當地說，去年的採購情況如何如何，今年當然要比去年更上一層樓。舉例說，去年B級產品就能交貨，今年低於B+級產品不收。去年總價不打折扣，今年則要求降價5%。所以請賣方針對每一項計畫提出他們的看法。

　　在會議進行中，買方不斷重申，今年的訂單數額多麼龐大，他們希望能從眾多賣方中挑選出配合度最高的廠商，共同合作。賣方代表們一邊走出會議室，一邊想：「競爭對手一定會全力配合爭取訂單吧！」

　　之後開始競標。賣方們人人有信心，但是個個沒把握，他們一方面擔心自己不符合買家的要求，一方面又害怕自己過於符合買家所開的條件，而使自己公司蒙受損失；在擔心接下這個訂單又賺不了錢的同時，又害怕這個訂單落入競爭對手。但他們卻如何也沒想到，自己早已陷入買方精心設計的圈套裡了。

　　尤其是在買方市場中，這種逼迫賣方「互相殘殺」的策略，特別有效。要反制這種策略，最好讓你的業務人員前去參與時，不要許下任何承諾，然後以平常心競標。當然，要有「獨立判斷」的能耐並不容易，所以，有的賣家乾脆不派人參加這種「會無好會」，以免影響公司的決策。

商業談判：掌握交易與協商優勢

02

簽約階段的談判

簽約階段的談判是整個商業談判過程的核心。在簽約階段的談判這一節裡，我們將對談判簽約階段的問題進行詳細分析，它們包括談判結果的明確以及明確的形式，其他問題的最後磋商，簽訂交易合約，並對整個談判過程進行系統的總結。內容分為下列四個項目：一、談判結果的確認；二、簽訂書面的合約；三、合約的最後簽字；四、確認談判的總結。

一、談判結果的確認

談判結果的確認，其主要工作是將談判結果與談判目標之間的差異分析，然後予以確認。談判結果，就是透過雙方磋商最後形成的有關交易條件的一致意見。從廣義上看，即使談判破裂，雙方之間沒有達成任何協議，也應屬於談判結果的一種。為了易於分析，我們通常把談判結果限定為雙方談判成功而達成的交易條件，因為談判破裂本身是一種簡單的行為，並且都是交易雙方所不希望發生的。

談判結果和談判目標的關係表現為：

——一方面，兩者是一體的，談判目標是談判結果產生的基礎，或者說指導談判結果的形成；反過來，談判目標的實現又依賴談判結果的產生並最終反應在談判結果上。從大多數情況來看，它們在內容上是一致的，所反應的談判者的經濟利益應該是相應的。

——另一方面，它們又是矛盾的，因為談判結果很難與談判目標完全吻

合。談判目標是事先估計所制訂的，帶有較大的主觀性，而談判結果卻是帶有較大的客觀性，兩者之間常常會存在一些差異，尤其是談判過程中突然發生的種種變化，會使談判者難於控制談判結果，能夠按照主觀意願去發展。

從談判結果和談判目標的關係來看，要全面正確地看待即將明確的談判結果，既不可抓住固定的目標不放來評估談判結果、論談判之成敗；又不可脫離談判目標，隨談判結果的自行發展來予以接受或拒絕。因而有必要分析談判結果和談判目標的差異，只要這種差異在合理的範圍內，便能謀求兩者的一致。

1. 這種差異的合理範圍是可以確定的

由於兩者關係的統一性，除非某些特別因素的影響，談判結果和目標的差異將不會太大。在制定談判目標時，根據彈性原則規定了談判目標的合理餘地，並對談判目標進行了分級，只要達到了基本的談判目標，達到了談判目標所規定的最低界限，談判結果顯然是令談判者滿意的。當然，達到更高的談判目標是談判者最希望的事，但是，並不是必須達到的目標。

2. 接受的性質及技巧

經過雙方反覆地討價還價，克服許多障礙，大多數交易條件已經明確，談判雙方開始意識到談判成功的時刻即將到來，與以前各階段的談判相比，談判各方都將較多地反應自己的真實想法，直到發出接受的信號。

談判一方明確地發出接受的信號，是整個談判過程的重要行為，又是談判結束的唯一標準。代表談判一方對整個談判最終所持的態度，敦促對方表明最終的態度，加速談判的進展或結束。談判中的接受總是表現為一種讓步行為，並且表示是我方的最後讓步。

3. 接受者的心態分析

對於願接受的交易條件，無論客觀上談判成敗與否，談判者在不同的場合下都可表現出三種不同的心態：

第一，面對談判對手時，他所表示的態度是成交條件我方願意接受。但是，無利可圖或者我方獲利甚微而對方卻得到極大的滿足，為了發展雙方關係，我方最終還是不得已接受了這些條件，裝出一副作了重大犧牲的樣子。

第二，面對對手的管理部門或上司，將表示出如下態度：我只得接受這些成交條件，這正是談判目標，而且在某些方面比預計要好得多，我方的條件不能太苛刻了。

第三，面對自己，則將表示出一種辯證的、模糊的態度。我同意這些交易條件，因為這是最可能爭取到的優惠，而且對方從該項交易中所獲並不多。但是，對方有可能在談判中欺騙了我，如果我發現並證實這樣，以後他就別想從我這裡佔到任何便宜！

4. 談判中非原則性問題的磋商

非原則性問題包括實質性談判中沒有被重視或未確定的、與雙方利益關係不大的交易條件，以及結束談判過程前後的一些程序等形式上的問題。

二、簽訂書面的合約

在談判有結論的時候，必須將其文字化與書面化，這是所謂談判結果的繼承性，然後按照一定的形式讓雙方共同簽署，完成合約談判的最終任務。

1. 談判結果的繼承性

書面合約對談判結果的繼承性。按照一般法律規定，合約成立取決於

一方的要求和另一方對要求接受的程度，簽訂書面合約不是合約有效成立的必備條件。《聯合國國際貨物銷售合約公約》第十一條規定：銷售合約無須以書面訂立或書面證明，在形式方面也不受任何其他條件的限制，銷售合約可以用包括人證在內的任何方法證明。

但是在實踐中，當事人雙方經過磋商一致，達成交易以後，一般均須另行簽署書面合約，透過書面合約約束雙方履行談判中所確定的交易條件。

(1) 書面合約可作為合約成立的依據

根據法律要求，凡是合約必須能得到證明，提供證據，包括人證和物證。在用信件、電子郵件或傳真磋商時，書面證明已不成問題。但是，透過口頭磋商達成的合約，假如不用一定的書面形式加以明確，將會由於不能被證明而得不到法律的保障，甚至在法律上無效。經濟合約法有明確規定：經濟合約，除即時結清者外，應當採用書面形式。

(2) 書面合約有時是合約生效的唯一條件

書面合約雖不拘泥於某種特定名稱和格式，但是，假如在買賣雙方磋商中，一方明示以簽訂書面合約為準時，即使雙方已對合約條件全部協商一致，在書面合約簽訂以前，合約亦不能生效，在這種情況下，簽訂書面合約就成為合約成立的唯一條件。

(3) 書面合約是雙方履行義務的依據

一項交易合約涉及到企業內外眾多部門和單位，尤其是國際間的商務活動，其過程更加複雜。口頭合約，假如不用書面合約來確認，幾乎無法履行，即使通過信件、電子郵件或傳真等達成的交易，假如不將分散於多份函電中的雙方協商一致的條件集中歸納到書面合約上來，也不能得到準確完整的履行。

此刻，不論通過口頭或書面形式磋商達成的交易，均須把協商一致的條件綜合起來，全面清楚地列明在一份有一定格式的書面合約上，這樣做可以為進一步明確談判的結果、規定雙方權利義務，以及為合約的準確履

行提供了更好的依據，具有重要意義。

2. 書面合約的形式

在商務活動中，書面合約的名稱和形式無特定的限制。經常使用的形式有合約、確認書、協議書和備忘錄。在國內經濟組織間的交易活動中主要使用合約形式，外貿業務中主要使用合約和確認書兩種形式。

另外，有關部門大多有一定標準格式的書面合約書，以備使用。合約的內容比較全面詳細，以貨物貿易合約為例，除了包括交易的主要條款，例如品種、規格、數量、包裝、價格、交貨和支付外，還包括保險、商品檢驗、索賠、仲裁以及不可抗力等條款。賣方草擬提出的合約稱為「銷售合約」；買方草擬提出的合約稱為「購貨合約」，使用的文字是第三人稱口氣。

確認書是合約的簡化形式，雙方透過口頭磋商多次對交易條件進行修改、結果最後被接受時，為避免產生誤會，請接受方予以認定的書面憑證，在「接受」後，補以確認書。可補充口頭或電文中尚未詳細列出的一切交易條件，並防止電報傳真模糊或有誤。由賣方出具的確認書稱為「售貨確認書」；買方出具的確認書稱為「購貨確認書」，使用的文字是第一人稱的口氣。

三、合約的最後簽字

談判結束後，會有不少的文字工作，而往往文字工作中又會產生新的談判。凡是大原則均達成一致的，文字表達易於一致。凡是以條件交換而達成一致的，撰寫合約時，不少律師或商人總欲透過文字再多要回點利益。所以，合約簽字也應該謹慎核對。

1. 簽字前的審核

在合約文件撰寫好後，簽字前，應做到：核對合約文本（兩種文字時）的一致性；文本與談判協定條件的一致性；核對各種附件，例如：專

案附件、許可證、設備分交文件、用匯證明、訂貨卡片、交易內容和文件是否相符，以及合約內容與附件內容是否一致，例如出口計畫、出口配額等。

有的人認為成交了，談判就結束了，其實不然。兩種文本或是同一文本與所談條件不一致的情況屢屢發生，有時是故意，也有的是無意。審查文本應做到一章、一節、一頁不漏，有時問題就出在未審核的那一頁。審查列印好的文本，務必對照「原稿」。有的人憑自己記憶「閱讀式」審核，雖然是自己親自擬稿，實際上，這麼做雖然省事，但是，查不出漏洞，當整理稿子的人掉字、縮短文句而又使文章仍保持通順時，就可能被忽略。審查文本最好兩人進行，互相互補檢驗結果。

有的主管急於做成某項交易，總是催外貿部門對外談判，手續卻未辦完，雖然答應邊談邊辦，且常對外報告進度很好，但是，到底如何？在簽約前必須檢查全部附件，否則不可簽約，這樣做對交易各方都有好處。沒有許可證，貨物進出不得。沒有用匯附件，合約無法支付。合約內容與附件內容不符，政府會予以干預。簽約後再辦手續容易出問題，影響信譽。當審核中發現問題時，應及時互相通告，並調整簽約時間，使雙方互相諒解，不因此而造成誤會。

對於文本中的問題，一般指出即可解決。有的複雜問題需經過雙方再談判，對此，心理上要有所準備。不過，態度要注意，如果是已談過的項目而故意歪曲，自然應明確指正，以信譽提醒對方，不可退卻；否則，對方會得寸進尺，全面反撲，爭取更多條件。過去未明確的問題，或提過但是未認真討論，或討論未得出一致結論的問題，可耐心再談。

2. 必要的注意事項

簽字前的審核，有下列幾項要注意：

第一，不能談成又非原則的問題可刪去。

第二，主談人不一定是合約的簽字人。那麼，誰來簽字較合適？商業

合約一般應由企業法人代表簽字，政府部門代表一般不簽。

第三，當商業合約需由企業所在國政府承諾時，可與商業合約同時擬一「協定」或「議定書」、「備忘錄」，由雙方所屬政府部門代表簽字。

第四，附件文件是商業合約不可分割的一部份。

在目前的國際貿易業務中，簽字人有四種情況：

第一，金額與內容一般成交額百萬美元以內，貨物普通的合約由業務員或部門經理簽字。

第二，金額較大，內容一般成交額百萬美元以上的合約由部門經理簽字。

第三，成交額在五百萬美元以上多由公司主管簽字。

第四，金額在千萬美以上，內容是高技術領域的合約，多由公司主管簽字，與合約相關的協議由政府代表和企業代表共同簽字。

簽字人的選擇主要出自對合約履行的保證。複雜的合約涉及面廣，如有上級、有關政府部門瞭解、參與後，執行中若產生問題容易處理，對合約的順利執行有所保證。有的地區、國家的廠商習慣在簽約前，讓簽約人出示授權書。授權書由其所屬企業最高主管簽發，若簽字人就是公司或企業的最高主管，可不具「授權書」，但是，要以某種形式證實其身份。

3. 簽字儀式

為了表示合約的不同分量和影響，簽約的儀式也不同。一般合約的簽訂，主談人與對方簽字即可，地點在談判室或在宴會的飯店。簽字儀式簡單，與會者可站到簽字人身後，也可不站，視對方要求或是否想攝影留念而定。大合約的簽字，由主管出面簽時，儀式稍為隆重，要安排簽字儀式：備專門簽字的桌子、場所（有時在談判間設置簽字桌，有時在宴會的飯店設簽字桌），宴會要排桌次，席間敬酒。

重大合約，尤其是涉及政府參與的合約簽字儀式，需選擇較高級的飯

店作簽字儀式舉辦地點。簽字在一個廳，宴會在另一廳。安排高級主管、部級或國家主管，會見對方代表團成員。簽字時，專設簽字桌，安排高級主管及雙方貴賓和新聞界人士光臨，宴會前，雙方代表致詞，席間敬酒，宴會桌次、座次嚴格按來賓身份排列。

儀式繁簡有時也取決於雙方態度。有時按禮賓規格，不必安排政府主管或部長會見。但是，由於外商要求或雙方為老朋友，也會安排會見。此外，出於經濟限制，儀式也可從簡，有時雙方為了擴大影響，以利其公司股票上市或別的競爭事項，寧願出錢辦得隆重些。

當簽約另一方提出要求時，也應盡力配合，不應為簽字儀式產生誤會或不愉快。重點是要注意禮賓程序，不可擅自作主，要向上級及主管部門及時彙報。大型活動時，要注意安全，入場的憑證、交通的調度、安全警衛都要特別注意，新聞稿的發佈要注意審稿。如簽約雙方均想在各自國家的報刊上發稿，最好事先徵詢對方同意或發表共同聲明內容。

商務合約的簽字活動，假如有領事館的代表參加，或有政府主管出面，聯繫工作最好由外事部門承辦。若自己與有關使館人員很熟，可以直接聯繫，但是，亦應向外交部彙報，請求指導。這麼做主要為不失禮，也便於讓簽約順利完成。

四、確認談判的總結

由於確認談判的總結是談判過程的結尾，經常會被忽略，甚至草率以待。其實不然，有效率的談判團隊，應該有始有終。關於確認談判的總結之內容包括：確認談判內容，談判記錄與歸檔。

1.確認談判內容

在談判過程完全結束之後，有一個重點是對整個談判進行全面的總結，包括經驗和失誤，以有利於今後的工作。其內容包括：

(1) 我方策略

選擇談判對手，確定談判目標，選擇談判人員等方面的得失。

(2) 我方談判方案的實施情況

談判準備工作，對談判程序的安排，以及對程序的有效控制。

(3) 我方談判組織的情況

談判組織內職權與職責的規定，談判氣氛的形成，訓練狀況，工作風格，通訊聯絡，互相配合情況。

(4) 談判對方的情況

包括其工作風格，小組整體的工作效率，談判人員的素質，以及對方在談判中最為關心的問題。

對一個談判過程進行全面性總結是必要並有意義的事。因為總結可以把談判前後主觀估計預測的情況與實際發生的客觀結果進行比較分析，清楚看到兩者間的差異所在，並進一步找到形成差異的原因，進而改善我方對整個談判計畫工作的技巧，並加強談判過程中的技巧。

2. 談判記錄與歸檔

最後要讓談判記錄歸檔。談判進行到每一個階段，甚至是每天結束後，必須做詳細的談判記錄。談判是一個漫長而複雜的過程，從實際情況來看，談判雙方很難憑大腦記住全部的談判內容，因而極容易引起達成協議時的爭執再度發生。過分相信自己的直覺和記憶而不重視記錄是一個危險的談判習慣。

根據談判的性質，有許多記錄內容的方法。無論什麼方法，都有一個共同點，就是在雙方離開談判地點之前，要用書面記錄，並由雙方草簽，幾種常見的記錄方法如下：

朗讀談判記錄或條款，以代表雙方在各點上或每日的談判記錄，由一方在當時整理就緒，並在第二天作為議事日程的第一個議程，宣讀後經雙方通過。只有這個記錄通過之後，雙方才能接著繼續談判，這樣做雖然較

為費時費力，但是，對於必須進行較長時間的談判來說是值得的。

如果只進行兩三天或更短時間的談判，則可由一方整理談判記錄，在談判結束後，書面合約簽訂前宣讀通過。如果是多次記錄的談判，在整個談判快結束時，須對談判記錄進行匯總，形成一個完整的記錄：

——**協定備忘錄**，是雙方談判觀點的具體化、明確化，並作為簽訂正式合約和協定的基本文件。如無正式合約和協定，協定備忘錄將直接成為約束交易雙方履行義務的有法律效力的文件。協定備忘錄必須經雙方同意並簽字後才有效。

每次的記錄和記錄的匯總文件。談判雙方都必須要妥善保管，並作為企業的業務檔案歸檔，一方面作為雙方簽訂合約和履行義務的原始參考依據，另一方面作為企業與其他經濟組織曾發生過業務往來的歷史檔案，為以後進一步發展關係準備參考性文件。記錄文件銷毀的最早時間必須在確認雙方完整履行該項交易中的義務之後。

談判心聲；心靈的走廊

在談判中，雙方爭的是利益，但是，解決共同問題的關鍵是透過「心靈的走廊」，它可以使買賣雙方都投入對方的情境之中，可惜的是大部份的人在談判之後才想到好問題。沒關係，提問的能力是可以提高的，只要能掌握以下這些「要」與「不要」的關鍵。

「不要」的部份，這些「不要」存在共同的缺點：它們會阻斷資訊的流動。

——不要提刺激對方的問題，除非你想打架。

——不要質問對方誠不誠實。他們不會因此比較誠實。

——不要打斷別人的話。即使是很想提問，也別這麼做，先把問題記

下來。

——不要以為自己是法官。談判不是問案。

——不要隨意提問，要掌握時機。

——不要為賣弄小聰明去提問題。

——不要在你的同事尖銳提問的空檔，插進自己的問題。

「要」的部份：

——要在事前草擬問題。大部份的人很難即席想出好問題。

——要把平時的接觸作為搜集事實的機會。結果在談判之前可能就已
　經浮現。

——要召集參與談判的人集思廣益，一定可以想出許多好問題。

——要有問他人私事的勇氣。

——要有膽量問那些聽起來很笨的問題。

——要問那些很蠢的問題，這通常會產生連貫性的問題。

——要向買家的秘書或是製造商、工程師提問。

——要有勇氣諮詢題外話，常常可以得到意料之外的資訊。

——要利用休息時間想新的問題。

——要在提問後保持沉默。

——要在對方企圖躲避問題或是含混了事的時候，緊追不捨。

——要問那些知道答案的問題，它們可幫你評估對方的可信程度。

在談判桌上，「問」可視為一種企求，「答」當視為一種退讓。
發問得宜，答得機巧，談判自然順順利利。

第九章
合約簽署的談判

03
簽約後的談判

　　簽約後仍然需要談判，它是指買賣雙方在簽署合約、同意書或備忘錄之後的後續談判。由於買賣雙方有合約約束，談判的氣氛和策略與簽約前不同，形成簽約後談判自身的特性和規律性。簽約後的談判分兩種情況：合約生效前的談判與合約生效後的談判，也包括兩者之間的監督合約執行談判。

一、合約生效前的談判

　　簽約至合約生效，由於可能因為許可證的審核、經濟背景以及技術背景的變化造成合約生效延遲。需要談判問題的內容包括三個：許可證核准問題，部份合約項目問題，第三方干預問題。

1. 許可證核准問題

　　許可證核准的變化常常造成整個合約、部份合約的合約延遲。賣方因出口許可證不能及時答覆買方，可使合約在等待中拖延數月乃至一年，使合約無法執行。這種後果是嚴重的，若無有力的交涉，會造成更大的損失。

　　談判合約的延遲，首先應檢查合約規定：買賣雙方是否已寫下「合約以取得許可證為生效的前提」。在數個月內合約許可證不能獲取時，雙方應採取措施。若有這項條款，那麼賣方沒有法律上的責任，買方應密切注意賣方，以充分利用生效前允許辦理各種手續的限期。若沒有明示，那麼

責任在賣方，買方應更加緊催促賣方，即使合約沒有規定延遲生效的賠償，買方也可以要求重新談判合約條件或撤銷合約，馬上轉向另外的賣方。

例如，德國某公司要出售半導體生產技術和設備給買主，由於許可證審核不下來，使合約拖了近8個月，買方的建設工期受到嚴重影響，於是買方要求修改合約：改善經濟條件、改換個別許可證沒有通過審核的設備或更換供應廠商，而價格條件、技術內容不變。對此要求賣方可能提出時間拖延對賣方也不利，不願承擔經濟上的義務。買方可以要求其「賠償」，而不是退讓。否則部份貨物改由買方自己採購以節省開支，但是，賣方要予以協助並保證技術，或者撤銷合約，追究賣方責任。結果賣方接受了買方的條件，沒有撤銷合約。在以後的執行中賣方又作了一些補償的動作，多派了一些人幫助買方安裝調測設備，為買方補救原先浪費的時間，彌補雙方的矛盾。

2. 部份合約項目問題

假如設備許可證有了，培訓許可證沒有；一條生產線的許可證有了，但是，某幾台設備和儀器的許可證沒有，可能合約已生效了，但是，有些實際內容沒有生效。處理時，也有「事先明示與無明示」之別，前者是事先約定措施。尤其是個別賣方事先明知其許可證核准困難，但是，誇口自己有能力，引誘買方購買，事實上不然，造成設備無法運轉。

針對這個問題，買方可堅持「許可證不屬不可抗力的免責條款」，因為是「人為的因素」，且「事先知道」，並非「不可預測」，應追究延誤罰款。實際上，買方這種索賠的力量很小，法律上雖有依據，但是，無法對賣方形成過大的壓力，因為大部份貨款已支付，合約扣留金額很少，賣方不擔心後果。由此提醒我們在合約中應訂入「許可證」條款，詳細規定幾種措施，以促使合約義務的履行。

3. 第三方干預問題

合約生效前的談判，最後要注意：由於第三方干預，導致合約消失。買方或賣方的進口或出口許可證申請不到，雙方或某一方可能又不同意改變合約原貨物品質，而使原合約無法生效，時間終究作出了結論：合約自然消失。所謂「自然」，即當事各方誰也不主動說撤銷合約，以避免外交、法律經濟責任，但是，事實上合約卻已消失。

例如，某國交通部與甲國某工業部就一項高技術的轉讓達成協議，合約簽字前，兩國政府主管人員均關注並干預過此事。簽約後，法、美、日等國媒體上都發表了此項消息。合約審核期間，該國有關部門聲稱遇到巴黎統籌委員會（COCOM）的限制，他們要做些配合工作，合約延遲生效。甲國方面派人去該國交涉，因為是核准中的問題，其外交部出面接待談判，而不是合約簽字者。對方政府官員主要反對交涉結果是更改合約原技術水準，而買方不同意降低技術水準。

二、監督合約執行談判

監督合約執行的談判具有兩項功能：針對合約生效前談判的追蹤以及為合約生效後的談判鋪路。監督合約執行談判通常包括：基本狀況，特殊狀況。

1. 基本狀況

由於經濟背景變化，單項採購合約簽字後，就生效執行，從談判到生效時間相差不遠，經濟背景無明顯變化。而對於成套項目合約，或在合約生效條款中明確核准期在60或90天的合約，就有可能遇到經濟發生重大變化的可能。

　　日本甲公司與台灣某工廠的合約在報價期間遇到美元暴跌、日元升值，使合約原價顯著上升，日本富士電機、東芝、松下以及美國西歐的個別公司與買方的合約也同樣遇到甲公司的困難，所以要決定是維護合約還是撤銷合約的談判。從具體情況看，買賣雙方均願維護合約，即使「錢不夠」，總還有錢，生意還在，只是金額變了。

　　由於經濟背景的變化主要涉及支付能力，談判不宜拖延，應及時進行。買方據英美法系的「合約落空」和大陸法系的「情勢變遷」的概念，要求與賣方重新談判合約條件，乃至重建合約。買方的行為無可非議，賣方只能權衡自己的利益與買方要價而決定所取的立場，但是，若想維護合約必須準備條件，談判的任務是在這種狀況中，一方面要堅持利益原則，其次應堅持互相體諒互相幫忙的原則，做出努力應靠雙方，不能靠一方，否則談判就會陷入僵局，本來可能實現的條件也會卡住。

　　按此原則，上述那些合約應分別採取以下方式進行談判：

——賣方降價。

——提供相當降價額的設備、備件、材料。

——改善付款條件，改變部份合約內容，但是，不能影響原合約目標。

　　買方可同意減少一定量的供貨、服務，允許更改部份內容。這樣雖不是平分價差，但是，也是努力挽救合約。當然實現這些目標並非易事，買方要善於說理，把困難清楚地告訴賣方，不是提出「單方命令」。賣方要理解買方的要求，補救的措施是可以商量的。此外，這種談判是上層決策性質，合約更改權不在業務部門，而在上層，應容許以彙報方式，而不宜對對方下「通牒」，應在傳達中進行討價還價。

2. 特殊狀況

特殊狀況問題通常涉及技術背景變化。這裡有兩種可能的變化：

──技術不合要求。
──產品不合市場。

導致合約無法生效。例如有的買方看到某產品市場不好，當賣方準備貨物（公司採購零組件或生產、發貨）時，買方又通知不要這批貨物。因為市場變了，造成了賣方產品的囤積，賣方可以索賠，但是，手中未有對方開的信用狀或保證合約生效的文字依據，索賠很難奏效，結果還是由自己處理存貨。

這反映出「技術背景變化」往往帶有摧毀原合約的性質，因為標的特徵變了。買賣合約應認真審查技術背景的時效。為了談判簡便，合約生效條件應有經濟措施：保證書、信用狀、預付金等。如果沒有這些措施，雙方應本著合作的精神重建合約，即將替代的技術或修改的技術作為新合約的標的再談判。簽訂技術背景容易變化的合約，條款要嚴格完整，對方信用要認真調查，在簽約之前杜絕糾紛出現的可能。

總之，簽約後生效前的談判特點是：本質分歧的發生，一定有其原因。談判的原則是互相體諒，共同盡力，無論矛盾發生在哪一層級，也應該要相互盡義務。只有當雙方在合約中為「生效成敗」已設想了預防性經濟措施時，才可能使雙方的動機和策略更合理的以預防為主。為了便利以後的談判，宜在合約條文中列入相應的規定如「合作義務」、「重建合約義務」等。

三、合約生效後談判

在合約生效後，也就是履約期間處理違約的談判，或發生重大事件使合約繼續執行有困難的重審合約義務的談判，以及合約不能正常終結時，清算合約最終債務的談判，都屬於合約生效後談判的內容。

1. 違約處理問題

違約處理的內容和特點。最容易出現的違約事件是：

—— 交貨延誤。

—— 交付不符合合約。

—— 支付與合約不符。

違約處理是履約期間最繁瑣而又傷腦筋的工作，是簽約前、生效前談判之外更困難的談判。這個階段的談判可以迴旋的餘地不多，「選擇交易物件」的權力已喪失；合約條文已寫好，有利也好，不利也好，都將依此評判違約；「疏忽和遺漏」已不是原諒的問題，而是要懲罰談判的失誤。雖然有這麼多困難，但是，也還是要談判，將損失降低到最少。

關於交貨延誤，無論英、美、法等國，例如，英國「1893年貨物買賣法」，還是國際公約，例如，《聯合國國際貨物銷售公約》均認為，交貨時間是「合約的要素」，賣方遲交貨物就是違約事件，屬根本違反合約。買方在談判時，依情況而定，可提出「解除合約」、「請求損害賠償」或「要求賣方履行交貨義務」。

2. 延遲履約問題

延遲履約問題通常以時間長短來判斷，因為時間決定訂貨的價值或使用的效益或市場的銷售。當然也非絕對，有時市場需求變化則不在時間長短，而在「準時」。目前的習慣做法，遲交6個月可以撤銷合約並要求損害賠償。也可3個月時研究補救措施；3個月以下，按延遲週數計罰款。作為最終用戶或機電產品，以上時限和處理勉強通過。若是急用零備件則不一樣了，買方堅持交貨期，賣方以「優先供貨」、「趕製」、「特殊運交」等為由提高售價，買方除考慮以「高價」換「急需」之外，伴隨「高價」，應規定違約時「重罰」，才能保證不受延誤之苦。

除了零備件外，如果是配套設施，例如旅館已建好，需要空調系統，

禮堂已建好缺照明、擴音系統，大壩已修築好，卻待裝機電系統等，延誤的影響是巨大的，在買賣合約中，有關延誤的處理應嚴格明確，買方談判時才有本錢。在上述情況下，不僅要罰，還要繼續要求對方供貨，假如供貨仍無把握，就要撤銷合約並要求賠償。

3. 交貨不符問題

交貨不符合合約。有的賣方交貨數量短缺，規格型號不對，均是違反合約要件的行爲。買方可以拒收貨物、解除合約、要求損害賠償，也可以返回貨物要求退其價金，或留下貨物經鑒定人評價後，要求退回部份價金。所交貨品與眞正應該交付的貨品，如果差異過大，就有可能是行騙，不只是違約，已構成犯法，應予以追訴。

第一，談判拒收貨物時，應考慮價金問題及違約性質。若價金已支付，且僅數量短缺，那麼拒收對買方弊大於利，宜收下已到的，只談判補償短缺的部份，可取消該部份合約，並要求退款補償，或者附加某些補償條件再繼續執行短缺部份。

第二，解除合約和要求賠償。如果是中間商，當由於賣方的數量不足或型號不對，而影響自己與最終客戶的合約履行時，經濟損失與錯過時機已是客觀存在，因此以合約成立與否和要求賠償爲談判基礎也是很正常的事，問題是交涉的最終條件是否滿意。

4. 支付不符問題

支付與合約不符。支付違約反應在延遲支付或無理拒付上，也有買方多付而賣方不及時退款的情況。多付有多種原因：賣方重複開請款單，買方照單支付；買方漏扣稅款（預提所得稅款）；賣方交付數量短缺，在發票與裝箱單的總數上不一致，發票和匯票金額未減，買方多付了短缺部份的價金。

(1) 延遲支付

分為有理延遲與無理延遲兩種情況。有理延遲是相對合約支付條件的修改。例如因為客觀原因，單據實際傳遞耽擱，單據與單據之間、單據與合約之間、銀行與買主之間，賣方單據不符的存在，單據與貨物間，買方因賣方知道的原因不能及時支付，包括，資金籌措、組織改組等。

在有些情況下，賣方在談判中應予理解，使合約得以執行，但是，要談判新的支付期限，並採取措施使支付能儘快履行。由於買方的原因導致延遲，則要求「利息」的償付，實際情況中，利息的談判已由銀行的「付款通知單」解決，在該單上，銀行已附註上「x日起，以x元計算」。

(2) 拒付

若正常的、講道理的人拒付大半都是事出有因。無理拒付，就是不講道理。賣方的談判應果斷。預告：應限期對方回答；實物扣押：在碼頭則停發貨，在船上則停卸港或卸港不發貨；若是鮮活時令貨物則馬上轉賣並保留索賠權，轉賣後的虧損、盈利的處理。若是機械設備，則在保留一段時間後仍可轉賣並索賠可能的經濟損失。若價金較高，則應派專人談判，甚至可以找對方政府主管部門交涉，據理力爭「履行支付、賠償利息或其他直接損失」。也可以找其「擔保人」或「財務證明人」來履行支付收貨的義務。最後則是訴諸仲裁或民事訴訟。

(3) 多付或少付

由於單據與貨物不符，或工作中疏忽，業務與財務連繫不足，業務人員疏忽：審單不夠仔細、漏扣所得稅，會造成重複開單、重複付款，較之合約規定多付或少付。多付時買方要交涉，賣方是不會著急退款的，少數公司出於信譽也有主動退款的。一般說這種情況是「明顯是非」，無爭議可言，及時「通告」賣方退款即可，要注意的是時間，如果拖得很長、金額大且跨財政年度才發現，退款手續會複雜得多。

若是中間付款，則可談判扣後面的支付，利息損失自己承擔，因為多付與買方工作疏忽有關，損失亦應自負。當多付發生在合約執行末期，賣

方為了保證自己安全收匯，多不同意退款，而讓買方扣最後保留的保證金。這樣，一旦驗收有爭議時，可以被買方扣押的資金在最小限度內。當然，如果驗收失敗，買方還可以提條件來補償。

(4) 驗收失敗

單項或成套專案買賣，帶有保證目標的工程設計或技術服務的合約，最後驗收其品質時未能達到合約指標，在雙方均表示理解時，解決起來比較容易。大多數情況下，可能會導致一場艱難的談判。

談判心聲：討價還價

討價還價是商業談判的策略、技巧，更是一種人際溝通的藝術。

——應該還可以再便宜一點吧！

每當賣方聽到買主說這句話的時候，都會覺得自己快被逼瘋了，可是即使如此，買主往往還是能夠如願以償。

——為什麼討價還價的策略會富有效果呢？

請試想，問題主要在於企業的評價制度。由於評價制度不健全、不科學，所以縱使業務人員開出了價錢，那也不是最後的價格，相反地，它還應該有砍價的餘地。

當業務人員聽到買主討價還價時，他的感覺往往是，買主對這東西有興趣，只要降一點價，生意就能成交。但是，買主也有可能是在試探底價，以便和其他賣主的底價進行比較。

「討價還價」有很不錯的效果，但是，如果用得太浮濫，也有可能會擾亂經濟活動的正常運作。因為，如果賣方瞭解了買主喜歡討價還價的心理後，就有可能調高產品售價，以擴大殺價空間。除此之外，還會以品質較差的產品或降低服務品質，以平衡售價過低、利潤

因而減少的損失。

　　身為業務人員，當你遇到顧客討價還價時，首先，你必須確認問題所在，確定顧客是不是在其他店裡看到同樣的東西，但價錢比較便宜。如果這位顧客是你熟識的朋友，你要從他那裡獲得這方面的資訊。

　　事實上，即便是同樣的產品，你也不能單憑價錢來決定是否購買，因為，產品價錢除了它本身的價格外，可能還包括售後服務、運送等周邊服務。換言之，沒有哪樣產品真的是完全一樣的。這個道理業務人員有責任向顧客們說明。

　　說明了之後，如果顧客再討價還價，請記住，不要馬上讓步，要先向顧客解釋你定這個價為什麼合理，不要不好意思。甚至於你還可以告訴顧客，有些店的產品品質不是很穩定，或是售後服務做得不是很周到，至於店名最好不要說出來。

　　假若進行到這個階段，你發現還是有必要在價錢上讓步的話，也不用著急，你可以先想想看，可不可以同時再多賣點東西給買方？

第九章
合約簽署的談判

 談判加油站

勵志：猴子與牠們的尾巴

優秀談判團隊面對許多挑戰，其中一項難題是：長期持續的分工與合作。換言之，一次性任務比較容易聚焦，長期配合則由於牽涉到個人與團隊績效與利益分配問題，值得企業老闆認真思考：如何長期掌握優秀的談判工作者與合作無間的團隊？

叢林裡有一個長尾猴子王國，這個王國組織類似人類，由一位慈祥的猴王統治，階級分明，長幼有序。在每次陣雨之後，全體出動撿拾掉落地上的果實。當他們滿載而歸的時候，國王感覺美中不足的是，回來時大家的長尾巴都濕答答，很不舒服。後來由一位長老獻策，在雨後外出時，按照階級長幼，由後面的猴子提住前面猴子的尾巴，於是問題解決了，皆大歡喜。可是長期下來，最小的猴子忍無可忍，向國王抗議，他每一次回來是唯一尾巴還是濕答答的。於是，國王下令尋找解決辦法，可惜一直沒有滿意答案，就是連上次獻計的那位長老也束手無策。

最後，慈祥的國王向小猴子致歉。問：「小朋友，你有好辦法嗎？」

小猴子簡單的回答：「要每一個人提著自己的尾巴！」

書訊：建構談判勝利

書名：*Built to Win: Creating a World-class Negotiating Organization*

作者：Lawrence Susskind and Hallam Movius (2009)

原書國內圖書館有藏書。

內容：

建構談判勝利的十個步驟

第1步：構建「共贏推動談判」的理論

第2步：評估談判的成效

第3步：診斷差距，提出建議

第4步：明確負責人和執行者

第5步：提供常用的模型和語言

第6步：調整和安排運作流程

第7步：致力於組織學習

第8步：考核階段Ⅳ效果

第9步：處理頑固的阻力

第10步：放眼於建立企業的長期價值

加油：適應能力

　　適應能力或稱心理適應力，這項能力的強弱，關係到談判工作者能否工作愉快。談判工作者通常會面臨心理適應方面的兩項關鍵問題：

　　第一，與環境有關的適應問題。對談判工作者而言，不僅要經歷從不同領域投入談判專業訓練的轉折，每一次可能要面對不同的談判對手與陌生的環境。特別是從國內談判到國際談判。因此，我們在環境改變前，要有良好的心理準備，企業老闆與談判主管要同時協助談判工作者如何去迎接這方面的適應問題，使他們能夠有所準備，在工作與思維方式上適時地做出相應的調整。這樣，才能使他們面對新的環境，努力探索和改變原來方法，以適應新的工作要求。總之，我們要做到「瞭解環境、接受環境、順應環境」。

　　第二，與人際交往有關的心理適應力。國內談判工作的人際交往，主要用相同語言與文化背景者之間各種資訊傳遞、思想溝通與感情交流。當

我們邁入國際性談判，會面臨許多不同文化語言背景的對手，如果你的語言溝通順暢，能輕鬆自如地與對手們打成一片，你就會心情舒暢，沒有任何負擔地投入到工作中。但是，如果你的人際關係，只憑個人的好惡，會使自己劃地自限，變得孤立。因此，現代談判工作者要克服以自我為中心的思想，不要過於感情用事，本著「嚴於律己，寬以待人」的思想與人真誠相處，這樣會使你擁有更多的朋友，獲得新的幫助。最後，奉勸那些在新的環境中尚感到孤獨的談判工作者們，調整自己的心態，去發現別人的長處，相信會有所收穫。

進階篇

第十章

談判的重要策略

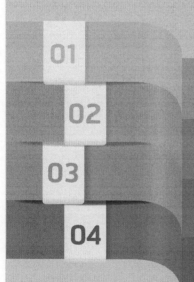

01

和談取向的談判策略

在前面的實務操作篇裡，我們討論的是一般性談判策略。在進階篇裡，我們要整合前面的策略與操作，把商業談判濃縮爲三種談判策略類型：

第一，和談取向談判策略。
第二，防守取向談判策略。
第三，進攻取向談判策略。

進階談判策略的制訂與籌畫，通常依據雙方的談判實力的大小而制定。當雙方實力對等或者相當的情況下，談判者的地位平等，有一方企圖以勢壓人，以威懾人，往往無濟於事。因爲雙方談判目的的制定是爲了達成某種能付諸行動的協定。所以，要實現這個根本目的，須採取和談策略。

和談策略基本上包括三個重點：

第一，要創造出一種熱情友好、輕鬆愉快的談判氣氛。以表示出自己的誠意。

第二，要堅持公平互利、求同存異的原則，理智冷靜，避免衝突。

第三，在技巧上採取禮讓在先、拋磚引玉、保留空間的策略，在合作中競爭，在競爭中合作。

和談策略基本上是：「先禮後兵」，應以「團結」爲出發點和歸宿，

採取「團結－競爭與批判－團結」的策略過程，最終達成雙方可能滿意的協定。

「和談」的談判方法很多，最主要的有：一、創造氣氛；二、拋磚引玉；三、保留空間。

一、創造氣氛

商業談判的創造氣氛，為了談判的順利進行，藉由理想的談判場所和熱情友好的談判語言，呈現出來的一種自然環境和心理環境，包括自然氣氛和心理氣氛兩種。自然氣氛指選擇優美恬靜，條件優越的談判地點，巧妙佈置談判場所，使談判者有一種安全舒適、溫暖適宜的心理感覺，宣示出談判一方對對方的熱情、友好的誠懇態度；心理氣氛是指由談判所處的自然環境與氣氛所營造的一種有利於己方的心理環境與狀態。心理氣氛與自然氣氛相輔相成。

1. 情境作用

現代心理學研究指出，人類的情緒隨著自然環境的變化而變化。例如，人在抒發離別的心理感受時，總聯想到秋天的雨、秋風、落葉，把梅花、竹子、松柏與人的堅韌生命力聯結起來。表達歡喜快樂的情感時，總愛用春天和暖的春風，爭奇鬥豔的鮮花、柳樹成蔭、蝶飛鳥叫的生動氣象來比喻。說明了環境會影響人的情緒心理。

商業談判者如果能有效地運用心理學的原則與選擇，使談判對方產生積極情緒的談判場所，巧妙地發揮感染力量，能促使對方心理的變化，也能使對方對感覺愉快，深表謝意，這就為談判友好氣氛的創造，提供了一個良好的開端，也可能使對方在相關問題上作出非常有利於己方的決定。

2. 善用情境

在創造氣氛的情境，不但是一個談判的理想策略，更重要的是善加以利用。

個案研究

日本的鋼鐵原料資源短缺，在澳洲則盛產煤、鐵。日本渴望購買澳洲的煤和鐵，澳洲不愁找不到買方。按理來說，日本人比較有談判優勢，澳洲在談判桌上具有主動權。可是，日本人卻把澳洲談判者請到日本去談判。一旦澳洲人到了日本，他們一般都會比較謹慎，講究禮貌，不致於過分侵犯地主的權益，因而日本和澳洲在談判桌上的相互地位就發生了顯著的變化。

澳洲人過慣了富裕的舒適生活，他們的談判代表到了日本後不到幾天，就急於想回到家鄉別墅的游泳池、海濱和妻兒身旁去，所以在談判桌上常常表現出急躁的情緒，但日本談判代表卻不慌不忙地討價還價，他們掌握了談判的主動權，結果日本僅僅花費了少少的款待作「釣餌」，就取得有利談判環境。對於談判自然環境的選擇，往往體現著談判者的心態與用意。談判者透過對談判時空環境的選定，力求創造出育有利於己方的良好心理氣氛，促使談判獲得成功。

另外，一家日本公司想與另一家公司共同承擔風險進行投資經營，但困難的是，那家公司對這家公司的信譽總不大瞭解。為了要解決這個問題，有關人員請兩家公司決策者，在一個特別的地點會面商談；這是個小火車站，車站門口有一座狗的雕塑，在它的周圍站滿了人，但幾乎沒有人看這件雕塑，只是在那兒等人。為什麼都在這兒等人呢？原來有個傳說故事，故事中這隻名字叫做「小八」（ハチ）的秋田犬對主人非常忠誠。有一次主人出門未回，這隻狗不吃不喝，一直等到死。後來人們把它稱為「忠犬八公」，把它當成了「忠誠和信用」的象徵，並在這傳說的地方為它立了雕像。所以許多人為了表示自己的忠誠和信用，就把這兒當成了約會地點。當兩個公司的決策者來到這裡時，彼此都心領神會，不須太多的言語交流，就順利地簽訂了合約。

商業談判：掌握交易與協商優勢

二、拋磚引玉

「拋磚引玉」原是成語，以形象的說法引申出深奧的道理。就是講出自己不成熟的見解，以引發深刻精闢的高明之見，它的謀略意義在於提出問題，誘使對方說明或暴露自己的真實意圖。商業談判中，一方主動地提出各種問題，但不提解決的方法，讓對方去解決。這種策略，一方面可以達到尊重對方的目的，使對方感覺到自己是談判的主角和中心；另一方面，自己又可以探詢對方底細，爭取主動地位。但是，這種策略在兩種情況下不適用。一種情況是在談判出現分歧時，不適用。因為在雙方意見不一致時，對方會認為你是故意給他出難題，會覺得你沒有誠意，使談判不能成功。第二種情況是在瞭解了對方是一個自私自利、利益必爭的人時，不宜採用。因為對方會乘機抓住對他有利的因素，使己方處於被動地位。

1. 啟發式策略

「啟發式」原為教育學名詞，是教學方法的一種，教導者提出思考性的問題，讓學習者積極思考，並回答所提出的問題。應用在商業談判中，己方就談判議項提出問題，以虛心請教的態度，以相互磋商的口吻，請對方說出自己的意見。己方在傾聽對方意見的陳述過程中，得知大量的有價值的資訊，以修正自己的方案，調整制定策略。

「啟發式」談判策略重在「發」，就是使對方開口說話，關鍵是「啟」。如果「啟」而不「發」，則毫無意義。如果「啟」而不當，反為人所用，同樣不能達到自己的目的。「啟」一定要注意策略，它既包含了自己的潛在意圖，又使對方不能不「發」。

個案研究

有一讀者到書店想買一本有關法律與法規方面的書籍，他逛了許多書店，但就是沒有「大全」這類的書籍。後來，在某書店發現了彙

編齊全的法規書籍，但書價很高，讀者猶豫不決。書店老闆抓住了顧客的心理，採取「啟發式」改變顧客的立場：

老闆：您想買匯總多年法規大全的法律書籍吧！

讀者：是的。

老闆：您是想考研究所，還是律師？

讀者：參加今年的全國律師資格考試。

老闆：考律師比考研究生更應瞭解法律法規，您是否注意到國家每年法規都在增加和變動嗎？

讀者：的確是這樣，我正愁沒有一本法規彙編大全的書籍。

老闆：去年，我有兩個同學因為沒有注意近年來經濟合約法規的變化，差兩三分沒有通過律師考試。

讀者：是嗎？（吃驚的樣子）

老闆：這幾年律師考試，題目靈活多變，注重時效！

讀者：那不是更應該靈活運用法規解決實際問題嗎？

老闆：您說呢？

　　讀者聽到這裡，消除了疑慮，即以高價買了一套法規彙編大全。書店老闆的成功秘訣，就在於「啟發」，他緊緊抓住讀者心理，自己並沒有回答問題，讀者自己找到了答案。

2. 誘導式策略

　　「誘導式」策略也是教育心理學名詞。就是教導者透過各種方法，使學生的思維一步步接近自己的本來意圖。商業談判中的「誘導式」，指談判一方提出似乎與本內容關係不大、對方能夠接受的意見，然後，逐步引導對方不斷靠近自己的目標。「誘」是手段，「導」即導向，就是按照自己的意圖改變對方的立場態度，這是目的。

在談判中，誘導對方與說服對方的方法技巧，是要抓住對方的心理，先說什麼，再說什麼；該說什麼，不該說什麼，要心裡有譜。下面列舉的是美國人傑尼‧寇爾曼在《商業談判技巧》一書中介紹的誘導別人的五種方法：

第一，談判開始時，要先討論容易解決的問題，然後再討論容易引起爭論的問題。如果能把正在討論的問題和已經解決的問題連結起來，就較有希望達成協議。

第二，雙方期望與雙方談判的結果有著密不可分的關係。伺機傳遞消息給對方，影響對方的意見，進而影響談判的結果。假如同時有兩個資訊要傳遞給對方，其中一個是較讓對方滿意的，另外一個則較不合人意，則該先讓他知道那個較滿意的消息。

第三，強調雙方處境的相同要比強調彼此處境的差異，更能使對方瞭解和接受。強調合約中有利於對方的條件，這樣才能使合約較易簽訂。

第四，先透露一個使對方好奇而感興趣的消息，然後再設法滿足他的要求，這種資訊千萬不能帶有威脅性，否則對方就不會接受了。說出問題的兩面情況，比單單說出一面更有效。

第五，等討論過贊成和反對的意見後，再提出你的意見。通常聽話的人比較容易記住對方所說話的頭尾部份，中間部份比較不易記住。結尾要比開頭更能給聽者深刻的印象，特別是當他們不瞭解所討論的問題時。與其讓對方作結論，不如先由自己清楚地陳述出來。重複地說明一個消息，更能促使對方瞭解與接受。

三、保留空間

「保留空間」的談判策略 也就是「留一手」。談判者對要陳述的內容應保留空間，以備討價還價之用。在實際談判中，不管你是否留有餘地，對方總是認為你會留一手的。你的報價即便是分文不賺，他也會認為

你賺一大筆錢，總要與你討價還價，你不作出讓步，他不會滿意。因此，為了使雙方利益都不受到損失，報價時必須留有讓步餘地。同樣，對方提出任何要求，即使你能百分之百地滿足對方，也不要立刻承諾，要讓對方覺得你是作了讓步後，才滿足他的要求。這樣可以增加自己要求對方在其他方面作出讓步的籌碼。

「保留空間」的策略，從表面上看與開誠佈公相牴觸，但也並非是絕對的。二者的目標一致，都是為達成協定，使對方都滿意。只是實現目的途徑不同而已。不可忽視的是，該策略如何運用要因人而異。一般說來，在兩種情況下使用該策略：

第一，用於對付自私狡猾、見利忘義的談判對手。

第二，在不瞭解對方或開誠佈公失效的情況下使用。如果對方情況都很熟悉，使用此策略，反而會造成失信。

1. 不輕易許諾

在談判中保留空間，是不要輕易承諾：一項承諾就是一個讓步。它有打折扣的效果。有的承諾絲毫不花代價，有的承諾只在承諾人願意履行時才有用，假如你無法得到對方的讓步，就爭取對方一個承諾。

實際上，很多交易是經由口頭上的承諾而作成的。「假如你這樣做的話，我就會那樣做。」有的承諾甚至不必說出來就能夠為雙方所瞭解。當你承諾某種好處給我時，你就可以在你的帳本上記下一筆，記帳使整個商業界得以運行。合約本身就是一項具有約束力的文件；你若作了某些事情，我將會付錢給你。承諾是容易的，但對方不一定會遵守，所以簽訂合約只是規定雙方的責任和權利而已，它尚不足以保證對方會履行責任，縱然我們事先約定好：我一做好工作，你就會付給我一大筆錢。可是我工作完成之後，你卻跑掉了，而合約所給予我的只有訴訟的權利了。可是實際上訴訟卻無法進行，因為你已跑到其他地方去了。當合約無法充分保證對

方會履行責任時，就必須採取其他的措施了。例如，要求對方預存一筆基金或者發行公司債。其他用來保證履行的方法，還有安插一個人去監督對方的董事會，或是彼此大量購買對方公司的股票。

2. 履行承諾

在談判後，對方可能會履行承諾，但是也可能不會。若要使對方履行，則必須事先作調查和管理。要讓對方知道不履行承諾已經是不可能的，並且要使對方承認這點，一份仔細擬定的合約也可以作為管理的基礎。有些承諾即使沒有寫下字據，沒有法律的支持，也可以迫使對方履行。例如：有賭博嗜好的人，在賭場裡借錢一定會還的。因此，要注意：談判的承諾往往會被打折扣。

個案研究

某承包商便是因為不守諾言而致富，他常以一種微妙的方式不遵守諾言。他在美國加州和亞利桑那州等許多不同的地方都有工作監督員，得到建築標案時，再分給分包商去做。分包商往往會多做一些額外的工作，希望以後能和承包商商量，由他來補償，但總是沒結果。因為這個承包商不斷地調換監督員，那些分包商突然必須面對全然陌生的一個人，而這個人根本就不知道前任監督員和承包商之間的默契，於是拒絕補償。由於承諾打了折扣，使得分包商損失很多，可是知道時已經太晚了。這個案例值得深思，並思考預防的對策。

不過，一般來說，承諾仍是有效的。假如你得不到對方的讓步，不妨先得到一些承諾，因為大部份人都會試著去履行他們所說的話。

3. 不逼向絕路

不在談判後把對方逼向絕路。既然和談的目的是為了達成某種協議，那麼，談判雙方千萬不要說「太過分」的話，不要把對方逼入死角。在給自己留有餘地、不輕易承諾的同時，也要給對方留有繼續協商的餘地；不把話說絕，讓對方有改變態度的時間和機會。

第一，給對方小小的讓步和承諾，以換取對方更大的讓步和承諾。既是給對方留有餘地，更為自己留下了更大的餘地，就是贏得了對方的贊同，也實現自己的目的。既然，雙方都必須信守諾言，那麼，自己小小的承諾，就防止對方日後得寸進尺，進行拉鋸式的討價還價。這種「以退為進」的談判策略，在不逼死對方的策略下，悄悄地實現了自己的目標，不失為高明的做法！

第二，思考的好處。心理學家佛洛伊德曾經說過「思想領先於行動」。說話也領先於行動，當我們說了或寫了某些事情時，通常已經準備以行動來維護它們。說話就是一種承諾，一旦說出來，就必須維護。你可以做一個小試驗，讓一個朋友針對某件事情向你勸告，然後注意：他就要開始建立一個又一個的論點來支持所給你的勸告。假如你把話題改變了，不需要多久，他便會把話題再轉回來，並且舉出更為有力的證據。有人作過這種試驗，發現人們維護自己所說的話猶如維護自己本身一樣，好像為自己所說過的話許下承諾似的。

這一點在談判過程中有重要的意義。從賣方的觀點來看，一旦買方公司的工程師或者生產人員稱讚賣方的觀念或者產品時，他們便會盡力去維護它了，所以賣方應該儘量爭取對方的稱讚。曾經稱讚過賣方所提供的服務的人，將會發現很難推翻自己所說過的話。也就是說，假如買方同意了賣方，他們甚至可能會向公司裡的同仁為賣方辯護。假使對方公司承認其缺點，他們以後就很難有力地和你討價還價了。買方也應該全力爭取賣方和賣方公司同仁的口頭承諾，賣方的口頭承諾可以增加買方議價的力量。

商業談判：掌握交易與協商優勢

買方要儘量瞭解賣方的成本分析和資料，越詳細越好，以證實己方的判斷。買方應該直接和賣方公司的工程、生產和品質管制人員談話，以取得他們以後好好執行工作的承諾，使工作進度和付款密切配合。

因此，最後買賣必須好好地作記錄，並且妥善保存，記下賣方未來一年到五年內所要做的事。所有的承諾對於買方來說將有極大的幫助。說出來的話就是很好的承諾，要是再配合書寫的文件和實際履行的行動自然更佳。取得對方的口頭承諾，乃是你議價力量的重要來源。

談判心聲：黑臉和白臉

「黑臉白臉」的策略，常在電影中看到。一個嫌疑犯被警方抓到之後，開始被審問。第一個員警用眩目的燈光照著他，持續地問他問題，態度粗暴。然後，這個員警走了，來了另一個員警，這個員警先是把燈關掉，再遞給他香菸，要他放輕鬆，然後才進入正題。不一會兒，嫌疑犯便把該說的口供全說了。

「黑臉白臉」策略用到談判上，方式也是一樣。先出場的那個人立場強硬，毫不客氣地提出要求，並擺出一副咄咄逼人的樣子，而坐在他旁邊的一位隨時保持微笑。過一會兒，「黑臉」不再發言，「白臉」補充。相較之下，「白臉」提的要求顯然合理得多。當然，在被「黑臉」修理之後，看見「白臉」笑容可掬的樣子，一定對他有好感。「黑臉」可以有各種不同的形式，它既可以是人，例如像律師、會計師、老闆等；也可以是一些規定，例如像公司政策、貸款條文等。

當你遇上「黑臉」時，不妨採取以下的方式來反對它的制約：

——任他們盡情地說，通常對方人員會主動「喊停」。

——向他們高層主管提出抗議。

——一走了之。

——當眾揭穿他們。

——會談一開始就假定「黑臉」馬上會出現，這樣做有助於緩和他們的角色。

——召開幹部會議。

　　當然，在面對談判「黑臉白臉」策略時，千萬不要忘記，不管對方是黑臉還是白臉，他們都是站在同樣的利益立場上，他們的目的都是要從你身上獲取最大的利益。

02
防守取向的談判策略

　　商業談判策略與其他類型的談判一樣，具有三種類型的策略。按照應用的多寡比率順序為：和談取向的談判策略，防守取向的談判策略以及進攻取向的談判策略。選擇的偏好牽涉到三種基本因素：談判者的文化背景，談判者的實力以及個案的現實情況。

　　根據國際性個案統計研究，美國式的商業談判以進攻取向為主；英國式，包括歐洲大陸，與日本式商業談判以防守取向居多；以華人為主，包括猶太人的商業談判策略則經常採取和談取向的談判策略。值得注意的是：華人的對內與自己人或者在地區性的談判，則是根據個案優勢，會優先採取進攻取向的談判策略！

一、基本態度

　　當談判中己方實力弱小、處於被動地位時，對方很自信，態度傲慢。面對這種談判局面，採用策略的想法是：避其鋒芒，設法改變談判力量的對比，以達到儘量保護自己、滿足己方的目的，採取的策略是：1.採取沉默；2.保持忍耐；3.傾向多聽；4.流露情感。

1. 採取沉默

　　當談判中己方實力弱小、處於被動地位時，開始就保持沉默，讓對方先發言。沉默是處於被動地位的談判者常用的一種策略。從實際談判來看，大部份美國人較難忍受沉默寡言，太過於沉靜，他們會感到不安、心

亂，然後嘮叨起來。這種策略主要是造成對方心理壓力，使之失去冷靜，不知所措，甚至亂了方寸。發言時就有可能言不由衷，洩露出對方想急於獲得的資訊。同時還會干擾對方的談判計畫，進而達到削弱對方力量的目的。

運用沉默策略要注意運用的時機，運用不當，談判效果會適得其反。例如，在還價中沉默，對方會認爲你方是默認。或是沉默的時間較短，對方會認爲你是由於他的恐嚇，反而增添了對手的談判力量。所以，運用這一策略的前提是，頭腦清醒，忍耐力要強，情緒要平穩。

(1)事先準備

要明確在什麼時機運用。比較恰當的時機是在報價階段。此時，對方的態度咄咄逼人，雙方的要求差距很大，適時運用沉默可縮小差距。還有要注意約束自己的反應。在沉默中，行爲動作是唯一的反應信號，是對方絕對會注意的焦點，所以，事先要準備好使用哪些行爲動作。如果是多人參加的談判，還要統一談判人員的行爲動作。

(2)耐心等待

只有耐心等待，才可能使對方失去冷靜，形成心理壓力。爲了忍耐可以做些記錄；記錄在這裡可能產生雙重作用。首先它純粹是作作樣子；其次，記錄可以幫助你掌握對方講了些什麼，沒有講什麼，有助於你分析對方爲什麼講這些而不講那些問題的目的，致使沉默超出本身的作用。

2. 保持忍耐

在談判中，佔主動地位的一方會以一種咄咄逼人的姿態來表現自己。這時如果表示反抗或不滿，對方會更加蠻橫，甚至退出談判。在這種情況下，對對方的態度不做反應，採取忍耐的策略，以靜制動，以我方的忍耐磨對方的銳氣，使其精疲力盡之後，我方再作反應，以柔克剛。如果被動的一方忍耐下來，對方得到默認和滿足之後，反而可能會通情達理，公平合理與你談判。同時，對自己的目標，也要忍耐，如果急於求成，反而會

更加暴露自己的心理，進一步被對方所利用。

忍耐的作用是複雜的。它可以使對方最終無法應付，也可以贏得同情和支持；可以等待時機，也可以感動他人。總之，只要忍耐，好的結果就會發生。

3. 傾向多聽

多聽少講。一個處於被動地位的談判者，除了忍耐之外，還要多聽少講。讓對方盡可能多地發言，充分表明他的觀點，說明他的問題，這樣做既表示出對對方的尊重，也使自己可以根據對方的要求，確定自己應對的策略。

談判個案

　　一個推銷員為了說明自己產品的特性、用途，對其產品大肆宣傳。而這樣做的效果卻適得其反，因為類似的話人們聽得太多了，即便是你的產品優點很多，很具特色，人們也會認為你是在自賣自誇，因而產生反效果，引起了對方的逆反心理。因此，這種方法是不足取的。最好辦法是讓對方先講，以滿足對方要求為前提，儘量激發對方的積極性，盡可能讓對方多談自己的觀點和要求，待對方陳述完畢後，再將自己的產品進行介紹，提出產品的特色和優點，以及給對方能帶來什麼樣的好處和方便。

　　在這個前提下，多聽少講可以大大減少對方的逆反心理和戒備心理。同時讓對方多談，對方就會暴露過多，迴旋餘地較小。而你方很少曝光，可塑性較大。二者的處境，猶如對方站在燈光下，你站在暗處，你看他一清二楚，你自然就更為主動了。

4. 流露情感

流露情感是溝通的有效談判工具。如果與對方直接談判的希望不大，就應採取迂迴的策略。所謂迂迴策略，就是通過其他途徑接近對方，彼此瞭解，聯絡感情。溝通了情感之後，再進行談判。滿足人的感情和慾望是人的一種基本需要。因此，在談判中利用感情的因素去影響對手是一種可取的策略。

靈活運用該策略方法很多，可以有意識地利用空閒時間，主動與談判對方一起聊天、娛樂、談論對方感興趣的問題，也可幫助解決一些私人的疑難問題，從而達到增進瞭解、聯絡感情，建立友誼，從側面促進談判的順利進行。

二、軟化對方

在商業談判中，如果己方地位處於劣勢，自己認為談判形勢極為不利，便可以採取「智」取對方的策略，就是用各種方法軟化對方強硬的態度，使談判雙方力量發生微妙的變化，形勢逐漸向有利於己方的方向發展。

1. 激將策略

激將策略是在談判中以語言技巧與刺激用語針對對方，使其感到堅持自己的觀點和立場已直接損害自己的形象、自尊心和榮譽，進而動搖或改變所持的態度、採取異常行為，使之有利於實現我方談判目標。例如，賣方可對買方說：

——買方誰是主談人？我要求能作決定的人與我談判。

此話立即貶低談判對手的權力，反過來激起對方，尤其是年輕資歷淺的業務員，要求「決定權」，使賣方談起來方便，而達到有利於實現賣方的談判目標。

又如，買方的談判人也可採用「激將法」對賣方說：「既然你有決定權，爲什麼不答覆我方的要求，你還需要回去請示嗎？」總之，「激將法」運用起來較普遍，並且花樣很多。在具體運用時應注意「激將」是用語言，而不是態度。因而，用語要切合對方特點，切合追求目標，態度要和氣友善；態度蠻橫不能達到激將的目的，只能激怒對方。

2. 寵將策略

寵將策略與激將策略相反，是以好言切合實際或不切合實際地頌揚對方，以合適的或不合適的禮物饋贈對方，使對方產生一種友善的好感，進而放棄心中警戒，軟化對方態度，軟化談判立場，使自己的目標得以實現，這種方法即「寵將法」。例如，根據對方年齡特徵，年老的則指出「老當益壯」；年輕的則指出「年輕有爲」、「精明能幹」、「前途無量」等等，以此話來拉攏對方，減緩對方的進攻的態勢。或是，主動贈送禮物給對方，反過來又要求做有關買賣。可見，寵將法能有效地軟化對方態度，因而在談判中被廣泛運用。

3. 心理溝通

心理溝通是應用同理心的策略。在商務談判中，強硬的一方可能會以公司的方針、慣例或權限範圍爲理由，向對方施加壓力。接受對方不利的條件或是拒絕談判都不能達到己方目的。那麼，最好的方法就是個別接觸，軟化對方。具體方法是：情感溝通策略和寵將法配合作用。經由個別接觸，緩和對方的情緒，達到溝通感情軟化對方的目的，最終使對方讓步。

例如，可以直接對己方不抱有成見的對方談判人員，訴說公司的難處和自己進退兩難的處境，感謝對方對自己的同情和諒解，把對方視爲知心朋友等等。當對方真正瞭解了你的處境後，會爲你的誠懇態度所感動，很可能在日後談判中保持沉默，或者以反對自己一方強硬的態度，贊同你的觀點。己方便可以利用矛盾，進而達成協定。

4. 以柔克剛

在談判中強硬的對方，往往會盛氣凌人、趾高氣揚、居高臨下，以己之「強」去控制和指揮對方。這時硬碰硬是不可取的，上策是採取以柔克剛的方法。配合該方法的策略是「忍耐策略」、「沉默策略」和「拖延攻勢法」。基本原則是以靜制動，以逸待勞，以平靜柔和的持久戰，使對方心急惱怒，磨其銳氣，而實現我方談判的最終勝利。

此外，及時變化己方的談判方案，也是重要的方法。就是面對強硬對方時，當最初提出的方案無法實施，而又無其他方法解決時，及時更換備選方案是明智的。談判是為了達到某種目的，因而，談判是要得到比不談更好的結果。及時更換備選方案，並以此作為基礎，既能防止自己接受不利的條件，又可防止自己失去符合本身利益的條件。同時，及時更換備選方案，還可以使己方有充分時間去想出更富有創造性的解決問題的方法，使談判能順利進行下去。

三、團隊策略

面臨大型談判時，個人的力量是很小的，團隊的群體力量是強大的。再強硬的對方也鬥不過具有共同利益的弱小一方的群體力量。當己方處於劣勢、地位被動時，而對方乘機咄咄逼人，可以利用與己方企業公司、集團有友好關係或者上下級關係的單位，共同對付對方的攻勢。美國人傑尼‧寇爾曼在《商業談判技巧》一書中曾說：「世界上有權力的人不是總統或者首相們，而是洛克菲勒團隊（Rockefeller）、杜邦團隊（DuPont）等和幾個歐洲和亞洲的大團隊。總統們換了又換，可是這些團隊幾個世紀以來一直保持著強有力的地位。」

 談判個案

兄弟倆一起去購買電冰箱比單獨去購買效果更佳。同理兩個公司

如果聯合起來，他們購買力量就自然會增加。可是，通常公司的採購部都非常忙碌，以致根本無暇實行這個策略。更糟的是，採購部的成員各自為政，而且無形中還分化了整個「團隊」的力量。

大公司的採購部大都不知下星期所要購買的東西，當然更不知道其他小組，甚至整個集團內的其他公司將要購買什麼東西。採購人員之間幾乎沒有任何聯繫和溝通，其中還往往摻雜了自私的個人因素，各自為自己的利益打算，而不是以整體公司利益為出發點。實際上這並非採購人員的錯，公司的主管階層應該擔負起這個責任。不管電腦系統如何發達，想要知道公司內其他部門正從哪個賣方購買哪種東西還是很困難的。

採購人員根本無法閱讀電腦的資料。電腦的資料對於產品的品質、送貨的方法等往往提供得不夠詳盡，而且電腦也無法精確地找出各種不同類型產品的區別。要把所要購買的產品和公司，全部列成一張詳盡表格來供給每個採購人員作參考，是一件很繁瑣的事。採購人員雖然可以查閱過去的購買資料，但這並非易事，因為資料的確是太繁複了。由於種種困難，採購人員自然就各管各的事，只執行自己的任務，好像自己是公司中唯一的採購人員，事實上許多機構的情況都是如此。

補救的辦法是彙集公司的資料，使買方們對於下列五個問題能夠很快的得到答案：

——和賣方交易的是哪一個人？
——向賣方購買的訂單有沒有尚未解決的問題？
——有沒有任何賣方或者其他公司的資料可供我方參考。
——買方的許多訂單是否可以合併？
——根據估計的數量，公司的購買合約是否對己方最有利？

任何一個採購經理都不應該允許他的部屬，在沒有提出這些問題

之前，就開始和賣方商談。至於賣方方面，使我們感到驚異的是：銷貨經理常常沒有好好地運用自己「團隊」的結合力量。在產品賣給一個公司的某個部門或分公司以後，賣方往往沒有進一步探討這個公司的其他部門是否也有類似的購買需求。最容易的銷售方法是透過一個公司的部門或者企業中往來很好的採購人員，使銷售網不斷的擴張。所以對於買方和賣方，「團隊」是很有效的策略，應該要多加運用。

談判心聲：有限度地開放

「有限度地開放」是賣方意圖建立信譽最好的策略。換句話說，只要提供能滿足買方基本需求的資訊即可。而且，在談判之前就要說清楚，買方只能看些什麼和只能跟什麼人接觸。「有限度地開放」的談判策略需要勇氣，因為賣方要隨時做好拒絕買方要求的準備。如果和買方接觸的人具備良好的判斷力，也許買賣還能順利地進行下去，要不然的話，買方很可能因此而被激怒，就做不成生意了。

「有需求才回應」是有限度地開放策略的原則。買方如果發現自己處在這種境地，就要多問問題；問題問得越多，收穫就會越大。如果賣方拒絕回答你的問題，你只好直接向你的上司反應，以尋求可能的解決途徑。

03

進攻取向談判策略

在商業談判中，當己方處於優勢地位的情況下，可以利用自己的主動性，向對方進攻，突破對方築起的堅固防線，長驅直入，迫使對方作出有利於己方的重大讓步。在商業談判中的進攻策略主要有：一、施加壓力；二、以退為進；三、最後通牒。

一、施加壓力

在商業談判中，要戰勝對方，就必須加大攻擊對方的力度和強度，向對方施加有形或者無形的壓力，摧毀對方的心理防線，迫使對方接受自己的建議。

1. 施加壓力三原則

施加壓力有一定的原則規範，然後才能靈活使用各種有效的「加壓」方法。以下提供三項作為參考：

(1)創造競爭局面的原則

這種方法是創造一種競爭的姿態。例如「這種訂單我們已經接到好幾份了，他們都希望與我們合作。」這種說法通常就是買方向賣方施加壓力的有力措施。堅持這一原則的前提是，讓對方知道你對所談問題有多項選擇，切忌在沒有選擇的情況下使用這種方法。

(2)經常抵抗或反對對方的原則

在不使談判破裂的情況下，使用對對方吹毛求疵或反對對方意見的方

法，給對方壓力，迫使對方降低期望，以達到使對方讓步的目的。

(3)削弱對方的原則

為了達到這個目的，必須操縱對方，如果己方能佔優勢的話就更理想了。

首先，讓對方感到吃驚。有一位先生下班回家，他的妻子在門口笑臉相迎，並且告訴他，有件令他驚奇的事情。於是她帶著蒙上眼睛的丈夫來到飯廳，然後要他在餐桌邊等一會兒，他有耐心地等待著。一會兒，他的妻子回到他身邊問他說：「你準備好了嗎？」他說「我當然準備好了。」她拿掉蒙眼睛的手巾，呈現在他眼前的是一個非常華麗的生日蛋糕以及十二個客人。

日本人曾經偷襲珍珠港，但是最後卻無條件投降了。令人驚奇的事情曾經在戰爭中扮演了很重要的角色。在商業談判中，許多談判者認為使對方驚奇是保持壓力的一個好辦法。令人驚奇的事情，在短時間內它確實有震驚的力量。在能夠抵抗這種震驚以前，你最好先知道可能會遇到的各種問題。

其次，令人驚奇的問題、時間與行動：例如新要求、新包裝、新讓步、談判地點改變、對方的堅持、風險的改變以及爭論的深度。令人驚奇的時間。例如截止的日期、短短幾天的會期、迅速的突然改變、驚心的耐心表現、徹夜和星期日的商談。令人驚奇的行動：例如退出商談、休會、推託、放出煙幕、情感上突發的激動、不停地打岔、堅定的報復行動以及力量的展現。

第三，令人驚奇的其他事件。令人驚奇的資料：例如爭論的深度、特別的規定、新的具有支援性的統計數字、極難回答的問題、特殊的回答、傳遞消息管道的改變。令人驚奇的表現：例如突發的辱罵憤怒、不信任、對於個人智力和政治的人身攻擊。令人驚奇的權威：例如擁有令人驚奇的莫大權威。令人驚奇的專家：介紹著名的專家或顧問。令人驚奇的人物，例如，買方或賣方的改換、小組中新成員的加入、有人突然不見、高階層

主管的出現、地位高低不同的差別，老闆的出現、令人生畏的人、好人或壞人的策略、女性商談者、黑人商談者、畸形的人、愚笨的人、對方的缺席以及遲到數小時等。

此外，還有令人驚奇的的地方，例如，漂亮豪華的辦公室、令人不舒服的椅子、沒有冷暖氣的房間、有洞孔的牆壁、吵雜的地方、許多人的大會議廳等。遇到令人驚奇的事情時，克服震驚最好的方法是讓自己有充分的時間去想一想。多聽，少說話，再慢慢體會。談判並不是宣戰或在法庭上打官司，在沒有適當準備之前，最好不要有所行動。

2.「好人」與「壞人」策略

許多抗議團體都致力於他們所信仰的事情，扮演著壞人的角色。從另外一觀點來說，假如有態度緩和一點的人出來，要求少一點，大眾的輿論會更願意去聽他們的話。壞人們常以各種不同的面目或形式出現在談判中。他們可能是人也可能是事情，可能是真的也可能是假的。估價的人、律師、會計人員甚至老闆都會扮演稱職的壞人，他們也很容易被人相信。委員會、管制團體和銀行家常站在強硬的路線上。而扮演壞人角色則包括一些事情，例如：公司政策、標準的條件和情形、借款原則和各種各樣的程序。假如你不喜歡我們公司的政策，你去向誰訴說呢？甚至連我自己都不知道是誰制訂公司的政策。

如何戰勝對方的「壞人」的強硬態度呢？

首先，運用團體的力量，實行「車輪戰」和「疲勞戰」。對付強硬對手，首先要運用團體的力量，輪番向對方進攻，給會談一種緊張、強烈論理、精神疲倦之效，使對方在強大攻勢面前改變態度，接受我方的提案。

配合這種方法的有效戰術是「疲勞戰」。採取輪番辯論的方法，干擾對方的精神注意力，瓦解其意志，製造漏洞，進而在有利的條件下達成協定。例如，某談判會議，雙方一直談到次日清晨方才達成協定，並整理出了總價。由於晚上沒有睡覺，賣方整理完資料後，就倒在沙發上睡著了。

而買方則有另一批人專門檢查所有資料，但賣方當時由於獲得合約很高興，加上過於疲勞而緊張，漏計了三台設備的價格。直到簽約時賣方才發現。經過再談判，買方僅退了一半，另一半由賣方吸收，算是交「學費」。

其次，以強硬對付強硬。對於唱黑臉的「壞人」，不予理睬，他們到最後自然會換另一個人；向對方的上級抗議；當著大眾的面前，責備對方；採取相同的方法，扮演黑臉「以牙還牙」；在商談中，儘量挑對方的毛病。

當然，最主要的方法是作心理上的防禦準備，明白「黑臉」和「白臉」只不過是他們所使用的一種策略和方法。

二、以退為進

拖延攻勢。拖延談判攻勢法是一種「欲擒故縱」的方法。具體做法是指談判的一方必須要做成這筆交易，但在談判中卻裝出無所謂的樣子，使自己的態度保持在一種忽冷忽熱、不快不慢的狀態。在談判日程安排上，不是非常急切；相反地，要求延期談判；在對方態度強硬時，任其表演，不慌不忙，而使對方摸不著頭腦，相應地增強了自己的心理優勢。採用該方法的目的是要攻，故而拖延，就是欲擒故縱。通過「拖」激起對方的成交慾望，降低談判的價碼，反而增強了我方的議價力量和支配力，最終達到使對方讓步的目的。

個案研究

一個買賣房屋的交易，賣方為了提高自己的支配力，故意採取了一種對賣此屋不甚積極的態度。賣方打電話告訴買方：「我個人很希望把這幢房子賣掉，但我的妻子和孩子很喜歡這個地方，我覺得這地方也不錯。所以，我現在開始有點猶豫，不過這事還可以再商量。」

商業談判：掌握交易與協商優勢

很顯然，賣方說這話是為了對買方施加壓力，希望對方鼓勵他把房子賣給他。這時，就要採取拖延攻勢法，冷漠地告訴他：「對不起，我不想參與你的家務事，你自己決定吧！」這樣一來他可能很快會主動找上門來，使買方的支配力大大提高，而如果買方表現出積極想買他的房子的話，賣方就會乘機提出更多的要求，使買方處於被動地位。

1. 應用的方法

應用以退為進的方法，有以下三個建議項目，提供參考：

第一，應用拖延攻勢法時，要注意每一次「拖延」不能讓對方完全沒有其他可以期待的事務。例如，改變和賣方的談判日程時可說：「因有別的重要會議。」在神秘中仍給賣方一個延後的機會。而賣方等到這個機會時，會增加一份珍惜感。

第二，要言語委婉。在施行「拖延」戰術時，說話要委婉，避免從感情上傷害對方，造成矛盾焦點的轉移，例如，本來雙方討論的是貿易或技術條件，卻轉移到對人的態度方面和公司的關係上，甚至透過媒體放話，這必然造成失控的壓力

第三，在談判拖延時，要考慮到手中要有幾個有利的條件，重新把對方吸引用來，不能使自己的地位僵化，否則，「拖」就無力再重獲優勢。

2. 聲東擊西

談判的立即目的並不一定是完成交易。有人只是利用談判先發制人或者阻撓、延緩對方的行動。有些買方會先主動和賣方講好，請賣方為他們保留產品，不要賣給別人，可是賣方卻又以更好的價錢賣掉了。如果賣方的心中早已有這樣打算時，會故意不固定價格，因為他們相信以後的價格會上漲。外交上的談判也常常沒有什麼目的，只是想掩飾一項有意的侵略

或轉移對方的注意，以便武裝動員發動奇襲。

「聲東擊西」的談判是討價還價過程中的一部份，雖然很不道德，不過也不一定都是如此。使用這種策略的原因是：

—— 一種障眼法，另外再到別處活動。

—— 爲以後眞正的會談作鋪路工作。

—— 爲人鋪路。

—— 保留產品或者存貨。

—— 暫時擱置，以便探知更多的資料。

—— 延緩對方所要採取的行動。

—— 一方面另找其他方法，一方面進行談判。

—— 暫時拖延，等待大眾或第三者的介入。

—— 擺出願意妥協的姿態，即使根本沒有妥協的意思。

—— 造成衝突再請第三者來仲裁。

—— 轉移對方的注意力。

三、最後通牒

這種策略通常被優勢者所採用，假使劣勢談判者能夠善用之，必然有意外的收穫。雖然，某方談判實力弱小，但總希望談判成功，達成協議。當談判雙方各持己見，爭論不下時，處於主動地位的一方可以利用這一心理，提出解決問題的最後期限和解決條件。

期限是一種時間性通牒，它可以使對方感到如不迅速做出決定，他會失去這個機會。從心理學角度來講，人們對得到的東西並不十分珍惜，而對要失去的本來在他看來並不重要的某種東西，卻一下子變得很有價值，在談判中採用最後期限策略就是藉由人的這種心理特點發揮作用的。

最後期限，既給對方造成壓力，又給對方一定的考慮時間，隨著最後期限的來到，對方焦慮與日俱增。因爲談判不成損失最大的還是自己。因

而，最後期限的壓力，迫使人們儘快做出決策。一旦他們接受了這個最後期限，交易就會很快定案且順利結束了。在具體使用最後期限策略時，應注意以下幾點：

1. 不要激怒對方

在採取最後期限策略時，不要激怒對方，使雙方關係變得緊張，甚至惡化。最後期限的策略主要是一種保護性的行為，因此，當你不得不採取這種策略時，要設法消除對方的敵意。除了語氣委婉、措辭恰當外，最好以某種公認的法則和習慣作為向對方解釋的依據。假如你遵循的是公認的習慣和行為準則，或者你有一定的法律依據，對方在接受時就不至於有怨氣。

2. 給對方時間考慮

在採取最後期限策略時，要給對方一定的時間去考慮，以便讓對方感到你不是在強迫他接受你給的條件，而是向他提供一個解決問題的方案。儘管這個方案的結果不利於他，但是畢竟是由他自己作出的最後選擇。

3. 適當的讓步

在最後談判中，處於主動地位的一方應在制定了最後期限之後，對原有條件也有所適當讓步，使對方在接受最後期限時有所安慰，同時也有利於達成協定。

4. 期限誘惑力

賣方由經驗中知道：某些最後期限能夠促使買方決定購買。以下的幾個方法，可促使原來無心購買的買方決定購買。

——6月15日價格就要上漲了。
——這個優待只在15天內有效。
——大拍賣將於6月30日截止。

——存貨不多，欲購從速。

——如果你再不惠顧，我們就要倒閉了。或者是，大拍賣即將結束，欲購
　　從速。

——如果你不在6月15日以前給我們訂單，我們將無法在6月30日以前交
　　貨。

——生產這項貨物，需要八個星期的時間。

——唯有立刻訂貨，才能確保買到你所需要的貨物。

——有艘貨輪將在本日下午兩點開船，你要不要馬上訂貨，趕上這班船
　　呢？

——如果我們明天收不到貨款，這項貨物就無法為你保留了。

　　但賣方對於時間的壓力非常敏感，也許比買方還要敏感些。相對的，
買方由經驗中知道：某些最後期限能夠促使賣方決定出售。所以買方刺激
賣方完成交易，也可以用幾個最後期限策略。

——我6月15日就沒有錢購買了。

——在明天以前，我需要知道一個確定的價錢。

——我要在星期三以前完成訂貨。

——如果你不同意，明天我就要找別的賣方商談了。

——我不接受7月1日以後的估價單。

——請你把價錢全部估出來，明天就把估價單給我。

——星期四以後，我就不一定會買了。

——這次交易需要經過我們老闆批准，可是他明天就要到美國去考察了。

——這是我的生產計畫書，假如你不能如期完成，我只好另請高明。

——我們的財務年度在12月3日就要結束了。

——我星期一要出差三個禮拜。

——採購委員明天就要開會，你究竟接不接受這個價格呢？

只有最後一天，最後期限常迫使人們不得不採取行動。

5. 最後通牒作用

「最後通牒」是向對方發出的最後「警告」，如果對方不接受這個要求，那就算了。就是向對方發出選擇意見的最後時間界限或商談條件。

在商業談判中，大部份都是在「要不接受，否則就算了！」的基礎上進行的。例如：店舖中都是不二價；有的價錢確實公平，可是大部份的價格就像過去台灣高速公路收費站一樣，由於規定而成了固定的價格，許多工商業產品和服務便是相同的方法，以相同的價格賣給所有的顧客。無論如何，它們代表了賣方的價格政策，也是一個便利買方的方法。

在某些情況下，「接受這個價格，否則算了」還是蠻有道理的。

——當你不必和對方繼續交易時。
——避免因對某個顧客減價，而導致對所有顧客減價。
——當對方無法負擔這筆交易後的損失時。
——當所有的顧客都已習慣付出這個價錢時。
——當你已將價格降到無法再降的時候。

許多時候，你不得不採取這種策略，但要儘量設法降低對方的敵意：

首先，你必須盡可能地委婉拒絕，因為單單是這種語氣就能使人生氣了。倘若我們能夠引用法律的力量，就不致觸怒對方了，當某個價格得到公平交易時，銀行的價目表、標籤或者商業慣例的支持就比較容易被接受了。同樣的道理，堅定不移的價格，如果配上委婉的解釋和令人信服的證據，也能減低對方的敵意。若要減低對方的敵意，時間是很重要的因素，因為任何改變都需要一段適應的時間。

「接受這個價格，否則就算了！」是談判中的一個正當策略。很多感到新奇的人反而會歡迎它，因為這樣可以省下不少討價還價的麻煩。假如你要使用它，必須注意兩件事情：第一，讓對方有討論的時間。第二，事

先告訴你的老闆，你將使用這個策略。忽略這一點的人，會自找麻煩。應付最後通牒的反制策略是：如果有人以堅定而有禮貌的態度對你說「接受這個價格，否則就算了。」你該怎麼辦？應付的方法雖然很多，你要先試探對方的意思。也許他的立場並不像表面上那麼堅定。

再者，如何試探對方？最好的方法便是改變交易的性質：例如，增加或減少訂貨，改變對品質的要求，要求更多或更少的服務，要求更快或更慢的送貨，改變產品種類的比例，增訂一些新專案或備用產品等。然後再和對方談新的底線：

——退出談判。
——向對方的上級抗議。
——向對方老闆立據證明，這的確是最後的出價了。
——繼續說話，好像你根本沒有聽到他所說的話。
——盡力找出能夠降低對方價格的方法。

談判心聲：不要就拉倒

「要不要？不要拉倒」這是一種談判策略。在很多情形之下，它的確很有效。不過，要長久維繫勞資關係的話，這就不是一個好法子。通用電器公司過去的經驗不失為一個典型的例子。

1947～1969年間，通用公司每年在和員工談判時，總是直截了當劃出「底線」，並且以事實、詳細的統計數字及成本分析來支持它的立場。這期間，公司方面每次都獲得勝利。但是，之後便行不通了。員工開始抗爭，甚至不惜以罷工來維護自己的權益。任何想採取「不要拉倒」策略的人，都可以從奇異公司的例子中得到沉痛的教訓，那方法引發了相當強烈的敵對態勢，同時，談判對手被毫無顏面地剝奪了選擇的自由及應有的尊嚴，無怪乎那個勞資談判竟演變為勞工向雇

主宣戰的慘烈局面。

　　當然，此策略仍有它的功能，例如在以下狀況下可以使用：

——當你願繼續討價還價時。

——如果你給一名顧客折扣，所有顧客都可能要求你這樣做的時候。

——如果談判對手無法拒絕時。

——當大多數顧客都習慣這個價錢時。

——當你開出最低價、又無法承擔損失風險的時候。

　　如果你有必要採取這個策略，那你得想辦法降低敵對態勢。

——避免使用「要就要，不要拉倒」這個容易傷害對方的字眼，並針對你認可的條件提出完整說明，讓對手正確理解你的立場。

——把握時效，緩和敵意也很重要。

——當你在採用這個策略時，除了必須事先向老闆報告，你還要保證對手有足夠的時間，讓他們在沒有心理壓力的情況下討論，決定是否接受。

 **談判加油站**

勵志：短四寸的新褲子

　　一個談判團隊僅有工作的熱情與合作是不夠的，要積極引導並靠明確的規則來分工合作，這樣才能把大家的力量集結擴大。團隊協作需要默契，但這種習慣是靠長期的日積月累來達成的，在協作初期，還是要靠明確的約束和激勵來養成。領導的權力不是指揮棒，而是槓桿。

　　小華明天就要參加小學畢業典禮了，想要將這美好時光留在記憶之中，於是他高高興興上街買了條新褲子，可惜褲子長了兩寸。吃晚飯的時候，趁奶奶、媽媽和小姑姑都在場，小華把新褲子長兩寸的問題告訴大家，飯桌上大家都沒有反應。飯後大家都去忙自己的事情，這件事情就沒有再被提起。

　　媽媽比較晚睡，臨睡前想起兒子明天要穿的褲子還長兩寸，於是就把褲子剪好疊好放回原處。半夜裡，小姑姑想到小華的褲子長兩寸，於是起床將褲子處理好才入睡。老奶奶每天一大早醒來給小孫子做早飯上學，在煮水的時候也想起孫子的褲子長兩寸，馬上去處理。最後小華只好穿著短四寸的新褲子去參加畢業典禮了。

書訊：談判的真相

書名：*The Truth About Negotiations (2nd Edition)*

作者：Leigh Thompson (2013)

原書國內圖書館有第一版（2009）藏書

商業談判：掌握交易與協商優勢

內容：

談判的四十六項真相

第十章
談判的重要策略

加油：學習能力

　　商業談判與其他的專業一樣，需要持續的在職教育訓練，這項訓練唯一的管道是透過學習，換言之，學習能力是一項維持專業能力的關鍵，甚至有國際性企業規定經由在職訓練，來淘汰學習能力不佳的成員。學習能力，是學習者對自己的學習能力的主觀體驗。一個感到有較強學習能力的

人，在學習中會充滿自信，對成功抱有較大的期望值，獲得成功的動機會比較強烈，堅持性、主動性都比較大。在學習中能以積極主動的心態去作出反應的人，遇到困難時一般不會退縮，而是信心百倍地主動挑戰，思路也較為廣闊，方法靈活，所以容易取得成功。因此，培養良好的學習能力感對於每個學習者都有不可忽視的意義。

第一，合理設定目標，學會自我強化。教育心理學家的研究證明，學習能力感的產生是與個人的成敗體驗有必然的內在關係。學習能力感是自己對自身學習能力的主觀評價和感受，並不是指學習能力本身，所以，要提高這種感受的積極性，為自己設定的目標與自身實際相符是非常重要的。如果你堅持將每一次的目標加以實現，實現終極目標就不困難了。當你一步一步地將自己的目標變成現實，你的學習能力感也就自然隨之提高了。

第二，對失敗要合理地歸因，維護自己的學習能力感。一般來說，成功經驗對學習能力感的提高會有促進作用，反覆的失敗則會降低學習能力感。但事情並非這麼簡單，成敗經驗對學習能力感的影響還要受個人歸因方式的左右。歸因就是對自己或他人的行為及後果作出說明和解釋。所以必須學會全面分析，通盤考慮，不能把失敗的原因全部歸咎於自己的學習能力，要考慮到環境因素、自己的基礎知識、自身當時的身體狀況、情緒狀態、問題的困難程度等等影響學習成敗的因素，以維護自己的學習能力感。

第三，記取過去的經驗。俗語說，「自信是通向成功的階梯」，「自信是克服困難的助手」。一個人沒有自信就不會有遠大的理想，沒有自信就沒有攻克難關的勇氣。一個人的學習是否能夠取得成功，不僅與自身的能力有關，而且與自信心有關。一個人如果缺乏自信，總擔心自己學不好，那麼他就沒有足夠的學習動力，就不能集中注意力、聚精會神地投入學習活動中，就不會有靈感的產生。有了學習上的勝利，學習能力感就會油然而生，再也不會消極退縮了。

第十一章

打開談判的僵局

01
處理人為談判僵局

　　人為的僵局通常是處理談判僵局的最重要部份。人為僵局是，談判者出於己方談判目的的需要，故意製造的談判僵局。這類僵局在談判中佔了最活躍的成分，分量不小。若處理得好，就能清理很大障礙，促使談判有效進行，或者不在這類僵局裡損失太多。討論的內容包括下列三個項目：一、人為僵局特徵；二、人為僵局類型；三、人為僵局對策。

一、人為僵局特徵

　　談判的人為僵局的特徵，是採取對策的依據。談判的人為僵局特徵有三個：策略性、時間性和關聯性。

1. 策略性

　　人為僵局的最大特徵是其策略性，也就是它是談判者出於某種需要而故意製造的，是一種談判的技巧。由於是策略性質，人的意志較大，本身並非無解的「死局」。

　　例如，在象棋遊戲中的「將軍」所形成的「象徵性」意義，卻給談判對手製造了「策略性」僵局的機會。其原由並不涉及根本的談判實力問題，多涉及談判本人及其言行不夠穩重、不夠盡職或不夠成熟，而給談判對手提供了攻擊的機會。但是，這些打擊不能代替本質問題的談判，或者不能使整個談判真正陷於僵局。像對手的「隨意承諾」、「自命清高」、「傲慢自負」等均是由於談判者的行為弱點，導致發生談判僵局。

2. 時間性

　　人為的談判僵局具有時間性，也就是僵局情況延續的時間是有限度的。作為談判者，瞭解僵局的時間性特徵，重點是：當談判者有意或無意主動製造出僵局時，要適當控制延續時間；當被動陷於僵局時，要善於識破時間限制，把自己的損失控制在最小範圍。

──其象徵位置與原因的時間性存在不存在呢？

　　應該講是存在的。例如某位常務董事，因為蔑視對手，被對方抓住了弱點，不斷進行攻擊，最後造成僵持局面，且每次責任均在他，也就是對他來講是「被動僵局」；主動解除僵局的義務要由其承擔。對此，明智的談判者必然設法儘快脫身，而製造者亦迫切希望奏效，不同的目的促使談判雙方共同化解僵局。

3. 關聯性

　　人為僵局的關聯性，是指其因果關係，也就是在談判人為製造僵局時，必然對應談判某一方的某件事或行為、言論。由於人為的僵局是一件「作品」，它自然地反應作者的立場。談判者的動作就是要證明對方無理，對方有責任。所以談判對手互為對方的「鏡子」。製造僵局既然也是談判，自然要尋找其關聯點、連結點，且除了因果之外，還有責任。

 談判個案

　　當一方被另一方蔑視，開始對話時，常常會說：

──「既然您在開場時說過您有權力決定一切，那麼，現在貴方已無話可講，請您馬上做出決定，修改貴方立場。」

──「如果您不修改，表示您在食言，您將失去我們的信任。」

該段話首先強調對於說過的話的因果關係。隨之強調若不修改原立場，就說明對手食言，點明責任的歸屬。

二、人為僵局類型

談判的人為僵局，以其形成的原因而異。人為僵局的手法主要有兩類：

第一，故意將對方的軍，使其不能下臺而形成僵局。

第二，有意緊縮原本可以放鬆的交易條件，使對手無法前進。

1.「將軍」形成的僵局

僵局在談判中本屬難堪的局面，而「將軍」的情況就更難受。它無疑會製造重大的談判壓力。談判中，可以用來「將軍」的契機有：

——對手的承諾。

——對手的無理。

——對手有難言之隱的弱點。

——雙方約定有毛病。

在談判手法上，「將軍」有進攻式的「將軍」和防守式的「將軍」兩種。

首先，「將軍」的手法以進攻式「將軍」為主。進攻式「將軍」力度比較大，目標明確，對於事由清晰的談判用起來效果較好。它是從正面直接借題發揮，逼迫對方改變原來立場，從進攻中獲取利益。此處有兩個特點：直接引用事由和主動要條件。

(1)直接引用事由

讓對方不能躲閃。像「承諾」、「無理」、「弱點」、「約定」的例

子，多爲進攻式將軍，也就是日常說的：

——不客氣。

——你承諾過。

——貴方無理，您無理還堅持不改？

——您已宣佈過、您已誇過口、表示過。該您拿主意、表態時，您怎麼能退縮呢？否則，我方該找誰？

——我們於×月×日收到傳真／電話／email說好準備資料，怎麼就沒有做呢？若不同意，您應早說呀！現在怎麼辦？

(2)主動要條件

在直接引用事由後，形成僵局，把對方逼到讓步的地位，再提出化解僵局，讓其下臺階的建議方案。這些建議方案通常與事由緊密相連，例如出貨的合格率，承諾高水準合格率，對應的建議方案必然是有關合格率，不應提出不相關的要求。

其次，防守式「將軍」，它是指利用對方存在的事由，在己方談判處於被動時發難，以達到「攻中求守」的目的。這種「將軍」有以下兩個特點：

(1)講究時機

是指本來「將軍」事由已收集妥當，但並不馬上使用，而是等待效果最好的時候再用。例如，有的事由涉及的實際利益並不大，馬上使用效果不明顯，不如等待時機。所謂利益大小及時機需要依不同談判內容和談判者的需要而定。例如，合格率事關重大，不應等待，要及時追擊。而資料準備雖重要，但是，不會立即形成損失，可以等待。

(2)注重禮尚往來

是指以對等的形式尋求結果，也就是使用「將軍」手法，達到談判在某個特定時刻形式上的平衡。例如：談判中，自己也有可能處在被動地位，這時又不可能即刻出錢、讓條件。怎麼辦呢？原來留存的「將軍」的

事由就可以用了。

2. 勒緊條件形成的僵局

　　勒緊條件是所有談判者的天性，也是談判桌上風雲多變的動力。僵局不斷的根源多出自「勒緊條件」。為什麼說該點引起的僵局場面最大？因為它涉及文字和數字條件，以及談判中的不同階段。

(1)勒緊數字

　　談判的價格，買方想最低，賣方想最高，這一高一低就是矛盾。說「勒緊」，是指雙方主觀緊縮可以讓步的條件，買方該提高價，不提；賣方該降價，不降。例如，服務費的價格，買方認為，每個專家的工資為300美元，賣方認為，應為1000美元。若以專家的水準論價，學歷、資歷和責任與類似公司的專家相比，該服務費應為500美元就夠了。即使該數字的推定明確有理，但是，雙方立場堅持不變或遠離此價，自然會形成談判的僵局。

(2)勒緊文字條件

　　有的談判在數字條件上可能讓點步，但是，在文字條件談判上會顯得強硬，以求平衡。作為交易，文字條件不可缺少，而且更易落入對方設的陷阱，這種心理也會助長談判者「勒緊條件」的想法。文字條件可能涉及與價格關聯的條件和合約的法律條件。價格條件通常包括支付方式、支付貨幣、價格性質、保證條件、銷售範圍、售後服務等，每一個領域對手都有可能發動攻勢，進而補償自認為「吃虧」的價格，或對「佔便宜」的價格，仍想要擴大戰果。

　　例如，支付方式，是逐項付款，還是整體付款，按任務完成付款，還是按時間付款；是電匯，信用狀，還是現金付款；是即期支票，還是遠期支票，這就產生出一個個談判障礙，使對方難以前進。又如，保證條件，是保證3個月、6個月、9個月、12個月，還是2年；是保證留足備品零件，還是保留資金為購備品零件用，這些就又產生了多種方案和談判點。

三、人為僵局對策

怎麼應付談判的人為僵局，或說如何解決為上策。從原則上看，對策永遠與其特點相關。處理人為僵局分為：製造者的技巧及被動者的技巧，主要代表性的技巧有：辨別僵局性質，掌握契機。

1. 辨別僵局性質

對於研判人為僵局的對策，一定要確定其性質。只有認定該僵局是「人為」的模式，才可以採取相應措施合理處置，否則就會犯錯誤。要辨別人為僵局的問題，談判者可能有很多手法，歸納起來有如下方法：

(1) 談判階段的辨別

是指從該僵局發生的階段來看，是「人為」還是別種僵局。此法認為，談判的初期或中期是人為僵局易於產生的時期。那麼，何謂談判的初期和中期？該階段的判定，依談判的標的不同有所不同。如果從談判的程序開始，擬定過程中的談判和小結階段可以認為是中期階段，而談判程序中的解釋、評論、討價、還價的縱向談判階段，均可以視為談判的中期。

如果從談判約定的時間來看，則整個談判時間的前三分之二可視為談判的初、中期。如果從談判的內容來判斷階段，則談判量的二分之一之前，可視為談判的初、中期。談判量應包括主次議題的總和。如有兩個主要議題，有八個次要議題；那麼談判完一個主要議題，四個次要議題的階段，應視為談判的中期。如談判完了八個次要議題，兩個主要議題未談完，也可視為談判中期，而當兩個主要議題談判完，剩下八個次要議題時，也就是已進入談判的後期。

(2) 關鍵條件的辨別

該方法是從僵局是否發生在關鍵條件上，或發生在關鍵條件解決之前或之後來判定僵局是否人為僵局。通常，僵局與關鍵條件無關時，多屬於人為僵局。當僵局在關鍵條件解決之前時，人們的解決方法較為寬容，餘地較大，儘管表現出咄咄逼人的態勢，其實是小題大做，虛張聲勢。此

外，當僵局發生在關鍵問題解決之後而不是之前時，貌似強硬的僵局也是人為的。

(3) 對於實際利益的辨別

該方法是指從對方在僵局中和僵局前所獲的實際利益來辨別人為僵局的方法。如果對手在僵局中獲利不明顯、分量較小時，那麼，對於形成的僵局多屬人為僵局。當然，一絲一毫的利益都非常計較，把談判氣氛渲染的非常緊張，只要沉著應戰，這種情況也可以轉化為顧全大局。另外，當僵局發生時，對手已獲得其交易的較大利益或利益的承諾，而在僵局中，他的角色很可能是「人為僵局」的啟動者，是為獲得更大利益而製造壓力。所以，僵局的性質就是人為僵局。

 談判個案

　　在某次談判中，雙方因為勒緊條件使談判陷於僵局。在此情況下，買方主動讓步，但是，選擇的是幾個零配件的價格條件，而不是主機或其他較大的交易內容。當賣方與買方就這幾個零配件價格達成一致後，氣氛驟變，僵持局面消失，雙方即刻進入其他科目的談判之中。該例反映，有多個科目可談時，選小的科目；例如，以價值區分大小，來作為突破僵局的突破口。

2. 掌握契機

在人為僵局下，談判者掌握契機最為關鍵。「契機」的處理決定突破僵局的代價大小。掌握僵局的契機的基本技巧有：僵局是時間的延續、注意策略的先後和關注談判出手的條件。

(1) 僵局是時間的延續

人為僵局有時會作繭自縛，弄巧成拙。所以，這特點讓時間變成很重

要。當時間延續對己方有利時，也就要充分利用它，客觀上逼迫對方撤銷限定條件，恢復正常談判。當時間延續對己方不利時，要盡力避免拖長，但是，必須充分利用時間。當時間不夠用時，要設法調整談判日程，調度時間以補足突破僵局的需要，並減緩對手的時間壓力。

當談判雙方的時間、實力相當時，也要正確利用它。主要表現在策略地使其顯得比對方還有耐心，讓對方失去信心，主動改變僵持立場。或者先採取低姿態，假裝不如對方，讓對手先放寬僵局的價碼，自己好跟進。在得手後，再追擊對手條件，若對手因此而再次強硬堅持僵局時，他已退了一步，而己方因為不怕延續僵局，也可以奉陪。

(2) 注意策略的先後

僵局中的第一步就是表示退讓條件。出手先後對談判的主動與被動很有影響。誰應先出手呢？總該有第一個出手的人。當是「將軍」造成的僵局時，第一個出手的人應是被將的一方，因為他有弱點在「將軍」一方的手中，不動的話，可能早就被「將死」。

當面對因「勒緊條件」形成的談判僵局時，第一個出手的人可以是勒緊條件的一方，也可以是被勒緊的一方。因為要求過分或有意堅守條件造成僵局，破解僵局最簡單。實務中，也有被勒的一方主動發起的。只不過，此時的出手是「一舉兩得」：突破僵局和要條件。

(3) 關注談判出手的條件

在突破人為僵局時，出手的條件是展現契機掌握好壞的重要標誌。出手條件的定位技巧主要反映在力度與內容兩個方向的讓步上。為什麼講是兩個方向上的讓步？因為僵局是由要求所引起。堅持，則成僵局；妥協、讓步，則平和進行。所以，突破僵局的對策中自然要考慮讓步內容和力度。

談判心聲：疲倦會壞事

　　有經驗的談判者會選擇在最佳狀態下工作。因為，當你缺乏睡眠、食物或飲水時，你的身體功能便不能正常發揮作用。在疲倦時談判，容易讓人支配，以致做出錯誤的決定。經常半夜三更還得與對方糾纏的人當然知道，熬到凌晨三點時，所有的交易看起來似乎都是十分完美的。

　　很多談判都是在白天開會、晚上協商的情況下做完的。這樣日夜地開會、協商，不僅讓當事人身心俱疲、失去耐性，且導致錯誤百出。談判是一件相當耗費體力的事，除了要頭腦清楚之外，還要有充沛的精力。雖然每個人承受壓力的能力不同，但長時間旅途勞頓、倉促的行程，以及面對不同環境的適應性，都會降低人的判斷力。

　　總之，談判小組的負責人有責任把談判行程安排在正常的時間內，甚至還要兼顧成員的飲食與休息。如果旅途時間相當長，公司應該鼓勵其配偶同行，費用由公司負擔。

02
處理客觀談判僵局

在談判中，除了人為僵局之外，也存在大量的客觀僵局。也就是雙方由於談判條件上存在距離，而使雙方無法繼續談判而形成的僵局。所謂「存在」，就是與「人為」區別。換句話講，這種存在是超越談判者能力之外的情況。此時的僵局，不存在誰主動，而是同時陷進了僵局，給談判雙方共同的壓力。只是依據僵局的原因不同，某一方的關係更大而已。

討論的內容包括下列三個項目：一、客觀僵局特徵；二、客觀僵局類型；三、客觀僵局對策。

一、客觀僵局特徵

談判客觀僵局的特徵有二：實際性和務實性。也就是造成僵局的理由和起因具有其真實性與合理性，並因之形成更深層的特性：強烈與堅持屬性。

1. 實際性

談判客觀僵局的實際性源自造成僵局的各種原因真實可信，且究其本質，具有一定程度的合理性。談判者不能不正視和重視這些原因。

(1) 客觀僵局的真實性

客觀僵局的特徵在於客觀，這是與人為僵局的根本區別。而客觀的基礎是事由的真實性。例如，客觀條件差距、談判者許可權和法律法規的各種情況，確是談判中真實存在。不一定時時會存在，至少在一定的情況下

會存在一定的問題。作爲談判者就應承認它，還要謹愼處理。

(2) 客觀僵局的合理性

雖不能說所有眞實性的事由都是合理的，但是，應該承認眞實存在的事由總有其合理的成分。從談判學的角度看，眞實的不合理事由，對於談判者來講，仍是一個可以利用以抗拒對方壓力的理由。

假如眞實而又合理的事由被談判一方掌握，那麼另一方會在此事由面前難以前進，反而要退讓。例如，買方只有買香蕉的錢卻非要買櫻桃，賣方因其眞實而又合理的價格事由使買方陷入僵局，那麼面對賣方的眞實合理事由，買方只有退讓的份。眞實事由的合理性一般是不難判定的。

2. 強烈屬性

客觀僵局的強烈屬性，主要表現在兩方面：事情本身不易忽略或改變，以及談判人主觀意志的堅定性。

(1) 事情本身的剛烈屬性

由於客觀僵局的事由均爲事實，在談判過程中不可能隨意被改變。當一方以一個眞實事由抗辯時，另一方也不可能輕易忽視它。例如，賣方強調貴方用的是我國政府貸款，因此必須購買我方設備。這是法律引起的事實，不易忽略和改變。該事由具有剛烈屬性，由此而引起的僵局也有剛烈屬性。

(2) 談判人意志的剛烈屬性

善於談判的人通常可在任何情況下均保持自己意志的剛烈屬性：不妥協性或進取性，但是，在眞實合理的事由面前，他也不可能無理地去說服對方（當然，極端特殊的情況除外）。對於普通的談判者而言，當手中有事實與眞理時，談判鬥志昂揚，立場堅定難移。若不承認這個現實就會低估客觀僵局的剛烈屬性特徵，以此態度去解決這種僵局，就會出錯或加劇談判分歧。

二、客觀僵局類型

談判客觀僵局的類型取決於其形成的原因。從實務看，形成的原因有三種：條件差距、談判者許可權和相關法律、行規的限制。

1. 條件差距

談判的條件差距形成的僵局，構成交易條件的差距的因素很多，歸納起來主要為三種：買方因素、賣方因素與第三方因素。這三種因素使條件差距客觀地存在，給談判帶來影響。

(1) 買方因素

是指因買方條件引起僵局的情況。典型的表現形式是採購能力不足以解決賣方對交易的合理要求。採購能力包括支付能力、接貨能力和內部的協調能力。支付能力，也就是資金實力。根據買方的供貨要求，其貨價為A，但是，買方的資金實力為B。當A大於B時，僵局就會出現。若買方有擴充資金的能力，那麼問題還有解決；若買方籌資能力不夠，那麼僵局就不可避免。

假若因為自己有支付能力的弱點，反過來強烈要求賣方降價以符合己方預算，那麼這種的要求更會使談判陷於僵局。客觀地說，賣方除非在特殊情況下，否則絕不會用不合理的價格成交。而買方一直想要以低支付力來要求賣方，這樣不會有積極作用，只會使談判進入客觀存在的僵局。

(2) 賣方因素

是指因賣方條件引起僵局的情況。典型的表現形式是供貨能力不足以滿足買方的需求。供貨能力包括：商品條件、交貨能力和內部協調能力。商品條件，是指商品規格、價格、數量和交期。

(3) 第三方因素

是指第三方干預引起僵局的情況。在上述買方和賣方因素中，有的已涉及第三方因素，即非買賣各方自身所能解決的問題。此處主要突出當交易涉及第三方時，由於第三方要價太高使談判陷於僵局的情況。第三方不

管是個人、企業、組織，還是政府機構，只要在交易中有其交易構成的成分並對該成分擁有決定權。第三方干預的形式有：交易意願、交易要價和交易深度。

2. 談判者許可權

談判者許可權或授權形成的僵局。由於每個談判者並沒有無限的權力，所以，在談判中常常會因受權力限制而使談判陷於僵局，有時因為談判者錯誤處理這種局面，還會加深談判僵持。談判者許可權問題有兩種情況：預料中的許可權與預料外的許可權問題。

(1) 預料中的許可權問題

是指談判者在談判前即對己方談判目標條件得到授權，假如談判目標條件超過該授權條件就是會產生問題。這種授權可涉及談判的所有內容：標的特性、價格、數量、交付時間、支付方式和售後服務等；也可以是整體授權，也就是要求在綜合交易條件達到某種水準的情況下，細節部份可由談判者自主處理。

分項授權，也就是逐項授權。這種情況下，談判者既有方便之處，又有受制之點。許可權明確，機動性小。這就是有的談判者常講的「我需要請示」的原因。有的談判者對此不理解，認為對方耍權術，對其不敬。結果是，不管你如何氣惱，碰到了問題也還是「需要請示」。

(2) 預料外的許可權問題

是指談判者在談判前的授權中未涉及的談判問題，談判中不知該如何處理的情況。這種意外的許可權問題來自兩個方面：買方和賣方。主要表現在談判中，對交易條件的延伸性的要求上。

3. 相關法律、行規的限制

談判涉及相關法規形成的僵局。由於國際商業談判的當事人受不同司法體系的管轄，交易標的常有行業慣例的參照，加上各國的涉外經濟貿易法規及本國的法規，常隨著世界經濟與本國經濟的發展而不斷修訂，而談

判者又並非對所有相關法律及其變化十分瞭解，因法律類問題造成談判的僵局就必然發生。其產生的形式可分為：買方、賣方和行業法律法規引起僵局。

(1) 買方法規問題

是指買方所在地政府頒佈的管轄交易的相關法律和行政管理的相關法規，有時還包括買方企業及企業內的規章。例如，從交易物的可交易性、進口程序、合約生效的條件、支付方式到交易物件、地區等，在一段時間內有一定的規定，違反這些規定的條件不能談判，談了也無效。

例如當英國狂牛症披露之後，一些國家以國家安全和衛生防疫出發點立即制訂了相應規定，不許進口英國牛肉。在外匯管制的國家，買方不能採用國家管制規定之外的方式向賣方支付外匯，否則無法核銷。對於不可交易或控制的商品，買賣雙方的談判結果與進口國的法律相牴觸，交付時會有麻煩。若雙方正視這些問題，在未得到法律批准之前，談判一定處於停頓。

(2) 賣方法規問題

是指賣方所在地政府頒佈的管轄交易的相關法律和行政管理的相關法規，有時還包括賣方企業及企業內的規章。例如，此產品的可交易性、出口程序、合約生效條件、支付條件到出口物件及地區等，均有相關的法律和法規。出口企業根據自身的性質和需要，亦會在合約生效、交易條件的確定、出口地區政策等方面有所規定。

(3) 行業規定或者行規

這是指交易雙方所處的行業或交易物所屬的行業對交易所做的規定或形成的習慣。它主要涉及如何認定產品性質、確立交易、提供保證、判定合約履行的是非，以及賠償等具體問題。由於行規具體而實際，談判者用的較多，由它引發的問題也較多。行規不是法律，不同國家關於同類商品的行規也有差異，這就給談判者提供了談判餘地，也提供了談判依據，並且容易形成僵局。

三、客觀僵局對策

對於談判客觀僵局的對策，下面僅從處理原則上分析。由於方法可以在原則下根據交易的不同自由演變，因此，應對的原則有：客觀原則、靈活原則和及時原則。

1. 客觀原則

鑒於談判客觀僵局的實際性與剛烈屬性特點，處理時首先要從其基礎上來處理。對策中的客觀內容包括：客觀認識與客觀態度。

(1) 客觀認識

是指對客觀僵局的辨認。從談判來看，人為僵局和客觀僵局具有相同之處，而從其內在的特性看，又極為相異。如何從表面相同的僵局中分辨出內在性質不同的人為和客觀僵局？簡單地講，在以追求利益為由引出的僵局中，人為與客觀僵局是一對孿生兄弟。因此，可以用辨別人為僵局的方法來辨別客觀僵局，只不過評價角度改變一下即可。

(2) 客觀態度

是指談判者對客觀理由的認同，也就是在談判者已辨別出客觀僵局時，應持實事求是的態度並依此行事，客觀態度是消除客觀僵局的前提。試想，不顧一切去做一件已經知道無理的事，其結果會如何？

 談判個案

> 關於買賣物品價格的談判，試用兩種不同的說法做比較：
>
> ── 我認為，這種東西就值這個價錢。
> ── 我起初認為這種東西就值這個價錢，從貴方談到的資訊看，我方原先沒有充分瞭解，這個價格還要討論。
>
> 這兩種說法的主觀與客觀態度明顯，給對方的感覺大為不同。前

者「不講理」，後者「講理」。「不講理」，無異於「火上加油」；而講理，就會舒緩對方情緒，給僵局熄火。

2. 靈活原則

談判的靈活原則是處理客觀僵局的經濟原則，也就是在客觀態度的原則下，仍有討價還價的餘地，使解除僵局代價最小，這就需要靈活的手法。建立靈活原則，就是強調要經濟節約的談判精神。但不是說客觀對待客觀僵局就無所作為，而是仍要機動靈活地去突破僵局。客觀僵局的靈活原則主要表現在方案的靈活性、談判級別和談判地位的靈活性上。

(1) 談判方案的靈活性

談判方案靈活性，主要指在談判過程中的可調整性。在客觀僵局中，這個靈活性是核心。由於經濟原則，此時它應具有兩個特徵：可調整性和經濟性。可調整性，是指原定的方案在客觀僵局時應當可調。這種觀念既確定了預備方案的多變特徵，又預定了變化的時機。經濟性，是指調整中的計較特徵。由於客觀僵局出現的階段不同，在這不同的階段中或轉變過程中，談判者的得失不同，因此，在突破僵局的客觀要求下，在著手調整狀態時，幅度要小，以利繼續談判。

(2) 談判級別靈活性

是指通過調整談判升格來解決某些客觀僵局。人們普遍認同對「級別」的分量與尊重。這種「權位」的社會觀念賦予談判級別某種影響力。談判級別可以是主談人員的升格，也可以是民間向官方的升格。前者是高階主管出場突破僵局，後者多為外交人員出面突破僵局，而不是將民間談判轉為官方談判。這是民間談判中客觀僵局出現時的一種處理方法。一般均是主談人的上司出面干預談判。

(3) 談判地位靈活性

是指談判者在組織談判過程中利用調度自己或助手們的談判地位，來

解除某些客觀僵局的做法。地位的調度主要表現在談判中或某些談判論題上，將自己原本是當事人的地位變爲僅是代言人。

3. 及時原則

　　談判客觀僵局中的及時原則，是處理僵局的效率性要求。由於引起僵局的事由的客觀特徵，它意味著這種僵局不是雙方所想要的，因此，越早解決越好。及時原則主要反映在談判者對客觀僵局的辨別要快，調整行動快，僵局的談判態勢轉移快，處理果斷。

　　(1) 辨別快速

　　對客觀僵局的辨別，時間要求短。這就要求熟悉、掌握辨別人爲和客觀僵局的各種手法，使談判者能在較短的時間內準確認識面臨的局勢。有時僵局特徵不夠明顯，那麼用以考核其性質的手段應盡可能直接，爲此所耽擱的時間要短。

　　(2) 調整行動快速

　　爲了要解決客觀問題，談判一方在調整己方預備方案的決策時，時間要短。這個時間包括內部可能的彙報、請示、協商、評估等程序所用的時間。只有調整行動快，才可以有快速反應，縮短客觀僵局延續的時間，使談判更有效率。

　　(3) 談判態勢轉移快速

　　對於某些敏感、複雜的客觀問題或許確實需要時間做調整，那麼及時原則的表現形式可能爲轉移談判態勢，也就是轉換談判話題。典型的轉移有：

——貴方堅持的問題，我已十分理解，但是，該問題涉及的層面較廣，或者決策部門較多，我個人無能爲力，需要等待有關部門的答覆。爲了不因該問題而拖延貴方的寶貴時間，是否可以先擱置一邊，我們可繼續討論下一個議題。

(4) 處理果斷

　　只要辨別確認爲客觀僵局，不論以調整方案，還是轉移態勢的手法來突破僵局，都要求決策快，反應出談判者毫不遲疑地解決問題的態度。處理果斷不僅是態度的展現，也是談判實力的表現，既然面臨實際問題，正視並俐落地予以處理會獲得更好的效果。這是針對被對方逼迫陷入僵局的一方來說的，也是擺脫困境的手法。

　　講到處理果斷，不是講沒有討價還價的餘地，而是表態和出手的速度果斷。它既有信任對方、尊重對方的效應，又有自信並要求對方信任自己的效應。在實際利益上，是以少量付出解決大困境。

談判心聲：有限授權

　　談判的有限授權的主旨並非在「限制」談判者的談判空間，而是提供另一項的談判工具：保留了談判者思考與應對之間的彈性時間與空間。因此，有限授權是一種談判力量的泉源。

　　一個單身漢每次跟談判對方說，這事他得回去跟他老婆商量。可笑的是，從來沒有人不接受他的這個理由，而這個理由讓他有充分的時間把問題想清楚。

　　有限授權的談判者可以很優雅地對談判對方說不——不降價、不打折扣、不提高預算，這並非他的本意，而是礙於老闆或公司的制度。我們常常在想，如果你面對一個有限授權者時，你應該怎麼辦呢？

　　——你是遷就他，還是答應他的條件？

　　——或是自己再另想辦法，就是沒有結果也無所謂？

　　如果你選擇後者，並決定找對方高階層主管直接談判的話，你可能會遇上這樣兩個問題，一是你這樣做對先前與你談判的業務人員會

造成困擾，二是面對一個新的談判對手，你必須做更多的準備，以應付更多的變化。

　　很多負責買賣業務的人常常抱怨自己沒有得到充分的授權，殊不知，有限授權可以使他們的工作進行得更輕鬆更順利。所以，當你在走進談判場合時，應該問問自己：「在哪些權職上，我是受到限制的？」不一樣的許可權就會出現完全不同的談判結果。

03

處理意外談判僵局

在國際商業談判中，還存在一類並非談判者意料之中或主觀願意出現的僵局，稱之爲「意外的僵局」。雖非談判者樂見出現僵局，但是，它出現了，且給談判帶來影響，必須對此予以重視。

一、意外僵局類型

談判意外僵局類型，依其產生的原因看，主要有三類：誤解造成的僵局，文化差異造成的僵局以及第三者製造的僵局。這三種僵局各有不同的特徵及對策。

1. 誤解造成的僵局

這是指非談判者說話的本意而被聽者理解並接受。造成非本意而被聽者理解並接受的誤解情況主要有：翻譯錯誤、聽取錯誤和瞭解錯誤。這三種錯誤情況極易造成誤解，使談判陷於僵局。

(1) 翻譯錯誤

是指在國際商業談判中由於語言翻譯造成的錯誤，由於談判涉及的專業辭彙量大，而不同語言的辭彙用意與內涵具有一詞多意的特徵，若翻譯人員專業技術知識的不足，則造成談判中翻譯的障礙機會較多。

嚴謹的翻譯可能在沒把握時，明確表示不懂；而較爲隨意的翻譯可能按自己的理解不懂「裝懂」；也有的翻譯可能自認爲懂了，其實並沒有完整翻譯傳達原意。這三種態度都會使談判出現僵局。第一種造成談判擱

淺，後兩種造成談判混亂。因此，當翻譯人員參與談判時，要預防翻譯錯誤的僵局。

(2) 聽取錯誤

是指談判者在聽對方長篇論述中，聽漏了或聽的意思不對而造成的錯誤。聽漏時，就會不完整地瞭解對方的立場。當進行應答時，就可能片面回答；堅持片面的觀點，僵局不可避免。

談判個案

　　有一談判者在論述時，習慣同時樹立幾個論點同時論證，以論證的理由與觀點交叉。他再對理由加強推理，以證明理由的可靠性，而引出次觀點。這些多層次、多個層面的觀點交織在一篇講話中，要求聽者的記憶力要強，或聽的手法要科學，例如聽寫結合，速記等。否則，聽漏的機率極高。

　　此外，有的談判者在論述問題時，肯定與否定的表述不夠清晰，聽起來讓人誤解。或者對某些敏感的，而僅在「一字之差」導致聽取錯誤而造成誤解。

(3) 瞭解錯誤

是指談判者對對方講話的本意理解錯誤。當遇到某些語言高手或極善外交辭令的談判者時，是最易犯瞭解錯誤的時候，因為這類談判者善於創造談判氣氛，極少把自己與對方嚴重地對立起來，所以，在論述立場時，注重態度和表述方式而嚴格隱蔽立場。對這類談判者的講話，要小心領悟，否則會馬上陷入僵局。

經常聽到的陳述，例如：

──我聽得很明白，貴方的論述沒有問題。

──貴方的說法很有意義，值得我們思考。

──貴方立場很有進步，令我佩服，我相信我的上司一定會感興趣。

──我願意考慮貴方的建議。

──如果貴方的條件在某點能加以改進，會更加令人感興趣。

──不能否認貴方的條件很有吸引力。

──貴方能提出這個方案，反映了貴方的極大努力和誠意，確實讓我感動。

表面看來，言者已放下了談判武器，似乎同意對方的觀點，但是，千萬不能理解錯了，上列的每一句話都「沒有表示」接受，不需要繼續談判。為了便於理解，不妨逐句論證一下該結論。

請記住：

──聽明白，不等於我同意。

──論述沒問題，不等於貴方條件沒問題。

──嗨！（hai），日本人回應的口頭語，指聽到了而已。

2. 文化差異造成的僵局

文化差異是指國際商業談判者間因民族文化背景的不同，在談判中形成的表達及處事方面的差異。差異也會給談判帶來麻煩，使其陷於僵局。對談判影響較多的有禮節問題和性格問題上的文化差異。

(1) 禮節問題

是指對談判者的習俗習慣尊重與否的問題。尊重，則為懂得禮節問題。例如，在正式談判場合，國際經濟貿易活動一般是外事性活動，衣著應整潔。從著裝看，男士多西服、領帶、皮鞋。這也形成了某種行業規範。至少穿上民族服裝中較為莊重的服裝。有的民族甚至把著裝看作是對人尊敬與否的程度。

談判個案

英國商人、各國銀行、法律界人士，在正式場合著裝很講究。他們對著裝隨便者很反感，甚至不與其討論事情，有時會產生僵局。又例如，有的民族在談判中只注重結果，並不注重過程；或只注重本質條件，並不考慮小節。當談判約會時，他可能說9點開始，但10點才到。這對外交官的會談來講是不可容忍的，但是，在商業談判中，過於計較，一定會出現僵局，甚至談判破裂。

(2) 性格問題

是指談判者本人表現出的個人處事特性。西方與東方文化教育的不同，使人的個性差異很大。西方教育孩子獨立，自我價值觀很強。東方教育孩子服從、溫順、恭敬、禮讓，因而形成的個性很明顯，西方的孩子敢闖、自信；東方的孩子客氣、內向。談判者的性格問題差別也由此而來。

東方談判者謹慎、謙恭，西方談判者則豪放、進取。本來各有千秋，但是，認識不足則產生偏差。很有可能的是，東方談判者認為西方談判者太自信、太狂妄，而西方談判者認為東方談判者太謹慎、太無能，形成互相埋怨，甚至貶抑。這種個性差異的誤解也導致相互挑剔，並在具體問題的認同上產生差異，形成性格問題僵局。

3. 第三者製造的僵局

是指由於第三方對談判中利益的追求而採取某些行動，使談判陷於僵局的情況。第三者（可以是買方，也可是賣方）製造僵局的手法主要是三種：輿論、條件和上層問題。

(1) 輿論問題

輿論是指第三者針對交易談判某一方而散佈一些負面消息，其目的在加劇談判雙方之間的矛盾（條件分歧或信任危機），使正在進行的談判處於僵持狀態，以取得談判的有利機會。這些輿論有真有假，或部份真、部

份假，或直接傳遞到談判當事者，或間接傳遞到談判當事者，或以文字形式傳遞，或口頭形式傳遞，其內容或涉及交易內容，或涉及交易企業、談判者。

(2) 條件問題

條件是指第三者提出的參加談判交易的技術商務條件。該條件多以對比形式出現，目的在表現「優越」，使正在談判中一方動心，從而形成僵局，凍結正在進行的談判。這些條件視談判的階段和對象區別很大。例如，在談判初期干預時，只求平順，並不求優勢；在中期介入時，就要顯示優勢；而在後期介入時，還要有壓倒的優勢，使其具吸引力。針對談判對方的情況，條件的側重點也在變化。其目的是無論什麼條件，一定要讓評價者感興趣。

(3) 上層問題

是指第三者透過交易一方的上司直接與談判對方接觸；是與其上司接觸並成功後，再由其上司安排其參加。這種方法對於想介入又很難介入的情況較適用。

隨著政治與經濟的密切聯繫，政治家們有意願介入經濟工作。由於談判者的上司較處於超然立場，容易下決心拓展交易機會，又不會為談判進行的歷程所約束，這就為第三者走上層問題提供了理論依據和成功的條件。正因如此，上層問題也就包含了兩層含義：政府主管部門和談判相關的企業主管，均可為第三者走上層問題的對象。

二、意外僵局特徵

談判無意或意外僵局的特徵有：隨機性，知悟性和被動性。這些特徵不同於人為和客觀僵局的特點。

1. 隨機性

意外僵局的特徵在「意外」，而意外的核心在其隨機性。所謂隨機

性，是指它隨時可能出現的特性。「隨時」在談判中包含了兩層內容：談判階段和談判議程。意外僵局在談判任何階段都可能出現，例如，在談判過程中，稍不留意就可能產生「誤解」。談判議題不論什麼談判內容，翻譯錯誤了或聽取錯誤均不行。只要是談判，就有這種危險存在。

2. 知悟性

意外僵局的知悟性，即言非本意或意外。這就給意外僵局從內涵上具有知悟的特性，也就是它是因為知悟而引起的僵局。知悟性反映了談判者的知識與認識的後果。知識是指談判者的先知水準和後知態度。由於談判者事先對談判相關各方面的知識不足，或在談判進行中對學習、瞭解各種情況態度不夠積極或認真，是造成意外僵局的主觀原因。認識是指談判者承認、尊重客觀知識並依此約束自己行為的思想。當談判者面對誤解和文化差異，不承認，不尊重，必然有對抗的情形發生。

3. 被動性

意外僵局是出於意外，所以具有被動性。對談判雙方來講，誰也沒有去策劃它，而是由於當事雙方主觀意志外的原因所引起。被動性也可以說成突發性和意外性。例如，誤解、第三者介入均非談判雙方預料中事，但是，事情發生了，給雙方帶來不便，而且要費心應付。

從談判的動態特徵來講，意外僵局的被動性反應談判雙方均處於防禦的特徵。當僵局出現時，雙方均面臨如何處理的問題，是激化矛盾、擴大事態？還是設法從正面消弭、平息事態？這種應變態度就是防禦地位的表現。

三、意外僵局對策

對於意外僵局的策略，在分述其類別及特徵時已論及。應付意外僵局的一般策略，大致有：避免對抗，謹慎發言和及時溝通。

1. 避免對抗

也就是對意外僵局，思想上要樹立非對抗認識，措施上要避免雙方陷於對抗的局面。主要包含三層含義：先退避三舍，再靜心求和，忍者爲勇。

(1) 先「退避三舍」

也就是在事情發生後，犯錯的一方可取「退避三舍」的態度，不與對方糾纏。「三舍」是說，讓對方把氣散盡，把怨言說盡。談判中，小小的事件引起許多風波的時刻很多，立即制止，反會引起更多的波折。再說，對方很難聽進去。無奈地任其發展，反而不失爲良策。

事實上，當你平心靜氣，專注地聽對方的數落時，他會有感受的。有的談判者在你的沉默面前反而消了氣。不過，此時的臉部表情應「平和」，不要面帶怒氣、沉臉皺眉地冷視對手，相反地，應是以委屈、無奈的目光與臉色直視對方。爲求好的效果，一般眼睛不要離開對手及其助手，好像在說「我別無它意」，只不過是「無意」而已。

(2) 靜心求和

也就是在對手停止發言，輪到己方發言時，平心靜氣地做解釋，以求和平結束僵局。求和的發言不是以柔軟的話語，更不能去反駁對方話中的錯誤，而是透過表述自己的眞實想法與感覺，來證明自己無意。對方的過火言論由其自己去改正或反省。此時，表述的語氣要平和，眼神和臉色均是友好的。靜心求和，不能口是心非，表裡不一，因爲靜心是前提，只有靜心，且所言所思一致，語氣與神采一致，才能得到最佳求和效果。

(3) 忍者為勇

由於個人的某些缺點，有時談判對方對有些本來合理、眞誠的表述抱著猜疑、甚至「不理會」的態度。除了個別用心不良者外，大多談判者是「猜疑」而已。此時，自己要「忍耐」。忍耐之意在於不計較對方態度，同時還要有耐心做解釋。

2. 謹慎發言

謹慎發言是指談判者在與對方談判時出言謹慎。有道是：「病從口入，禍從口出」。談判中更應謹慎發言。慎言的要求是：講把握之言、聽說相宜、話有餘地。

(1) 講把握之言

要求談判者對所言要有根據，切中話題，並有反駁對方之力。這裡強調了所說的依據和說話後的效果。講把握之言，應反映客觀事實，使之接近真理，同時，又反映在效果上，能夠說服和感染別人。若一時不能說服人，則有力量（理由）為自己辯護。例如，當你講對方太自信，對別人的意見一點也聽不進時，必然有依據證明他的傲慢，而且依據還應是多層次的真理的證明和傲慢的證明。

(2) 聽說相宜

是指談判時善於運用所說，來有效地表達自己的想法。慎言者，善於聽。當面對不瞭解的事與談判對象時，成功的做法是先聽。先聽就是先瞭解情況，明瞭了話題以及說者的想法後再說。有多少把握，說多少。之後，再聽，聽懂了，再說。聽與說依談判者的把握程度，以適當的頻率交替使用，使聽與說的配合效果最佳。

例如，談判中，有的人會說：

——X先生，貴方在交易上有什麼習慣，請講講。

這就是聽的運用。當他再說「貴方習慣與我方在這類交易上運作的辦法相近。」或「按貴方說的那樣，我認為它對雙方義務不太公平，似乎過於保護賣方（或買方）」這是說的運用，但是以聽為前提。

(3) 話有餘地

是慎言的典型表現，也就是不把話說滿，說出的話要有更改的餘地。有了餘地，就有了聽的主動權，就有說新觀點的主動權。例如，當你講：

——我認為該問題就是這樣。

——貴方的說法太奇怪了，我從未聽過。

——不管你找誰來調解，我都絕不改變我的要求。

這些話都是把話說滿，毫無迴旋餘地可言。

3. 及時溝通

及時溝通是指在關鍵時刻不懂時、誤解時、發生衝突時，以及有外界干預時，談判雙方應立即交換資訊與所持態度。在意外僵局中，及時溝通十分重要。溝通是彌補資訊缺陷的最好辦法，是突破意外僵局的有效措施。及時溝通有三層含義：時間性、主動性和交流性。

(1) 時間性

時間性是當意外僵局發生時，應立即溝通資訊。立即，表示不錯過時機。時機多為「當時」的概念，也就是上午或下午談判發生意外僵局，應爭取在當天或在事發之後隨即處理，絕不拖到次日或更久。當時立即處理負作用最小，不讓意外因時機錯過而難以澄清。

(2) 主動性

主動性是不管因為誰而形成意外僵局，應積極投入處理。肇事者可以減少誤會，彌補過失；被激者可以借機考驗對方，並為自己創造形象影響力。若是第三者干預，這種主動性更是自救的必須條件。

(3) 交流性

是談判雙方在意外僵局下，要相互交換相關資訊，以增加瞭解，促進談判。交流就是雙向的資訊流動。資訊單向流動就不能達到消除意外僵局的目的。所以，交流性是談判雙方的共同要求。例如，因為未整齊著裝而引起談判中斷時，主動中斷的一方可以說：

——貴方衣冠不整，對我是一種不敬。今天我們無法談判。若貴方真正想
　　與我談，那就等貴方整理好服裝儀容再說。

明確說明不滿的原因：交流資訊。聽者若無意不敬，一定會說「對不起，我不是有意對您不敬。我接受您的批評，我同意改期再談。」這也是溝通，表達出不是有意不敬的資訊，並馬上約定新的會談時間，不讓僵局後果蔓延。當然，這種細微的心理對抗的後果，被刺激的一方通常不直接說出來，而是人爲縮短會談時間或不認眞投入談判來回應對手。

其實，這種不「溝通」的做法，其效果並不佳，對談判雙方均有代價。因爲你縮短時間，不投入談判，其結果是自己時間、人力的消耗，並不會因消極態度而得到更多。而溝通的結果必然是既達到批評對方的效果，又會激起對方更好地投入談判，進而促進談判的效果。這樣才可以達到把壞事變爲好事、提高談判效率的兩全效果。

談判心聲：遊戲規則

設置遊戲規則，是控制談判的手法之一。如果遊戲規則不公平，可能會產生不利的影響。以下是談判常碰到的、可以大做文章的狀況，甚至操縱遊戲規則：

──發言秩序。

──限定出席的專家及人數。

──舉證的範圍。

──限定發問時機。

──限定發問對象。

──限定發問者。

──可否允許外界干擾。

──可否錄音或限制時間。

──仲裁規則。

──安全措施。

——怎樣對外發佈資訊。

——用餐安排。

——休會及召開內部會議的規定。

——法則及徵信方法。

——電話接聽方法。

——談判地點。

——席次安排。

——如何中止討論。

——提議程序。

——裁判標準。

——換人規則。

　　當對方建議你採行何種規則時，要謹慎分析其中的含意。最好的辦法就是詢問對方原因，在遇到不利狀況時應立即反應。談判不是上法院，規則當然是可以反覆磋商的。

談判加油站

勵志：超越大小之爭

　　分析談判取勝因素指出：53%靠籌碼優勢，38%依賴策略優勢，其他9%。有一位專家再分析這9%少數人取勝個案關鍵何在？是整合籌碼與策略優勢？答案是否定的，而是超越籌碼（力量）與策略（技巧）優勢，該專家同時也建議談判者需要學習新的知識以便擴大專業視野。

　　有三位自認聰明的結拜兄弟，結伴到高山上向一位德高望重的智者挑戰，該智者曾對外宣稱，只要有任何合格者能夠贏得比賽，就可獲重賞。三位資格通過後，面見智者進行比賽，智者拿出三把金光閃閃的金幣放在桌上，說：「我給你們15分鐘準備，想一個方式與自己進行比賽，能夠贏得多少金幣，就靠你們自己的智慧了！」

　　時間到了，他們禮讓大哥先出場。大哥的規則是：在站立的周邊畫一個大圓圈，然後把手中的金幣往空中拋出，除了掉落在圓圈外的不算，掉落在圈內金幣的都算大哥的。結果獲得80%的金幣；二哥的比賽規則剛好與大哥相反，比賽規則是：在站立的地方畫一個小圓圈，然後把手中的金幣往空中拋出，除了掉落在小圓圈內的不算，掉落在圈外的金幣都算二哥的。結果獲得95%的金幣。兩位哥哥等待看小弟無計可施的窘態，但小弟的比賽規則是：站立著，不畫任何圓圈，然後把手中的金幣往空中拋出，除了停留在空中之外，掉落下來的金幣都屬小弟的。結果獲得100%的金幣！

書訊：學習松鼠聚焦

書名：*Getting a Squirrel to Focus Engage and Persuade Today's Listeners*

作者：Patricia B Scott (2010)

本書在國內圖書館未有藏書。可向www.amazon.com以及www.bn.com網購。

我們很難想像，如何把松鼠與談判扯上關係。作者Scott博士，她是美國賓州大學沃頓商學院的談判溝通課程的教授。沃頓商學院是全世界最知名的商學院，而Scott博士所開設的說服課一直被評為最受學生歡迎的課程，也是最搶手的課程。她也是世界一流的談判溝通專家，曾為《財富》500強的許多公司提供培訓，有近15年培訓經驗，專注於教授企業家如何講話、如何領導企業，以及如何激勵員工。

內容摘錄

坦率地說，我們真正關心的僅僅是我們自己及我們自己的需求。我所說的並不是講演者的需要，而是聽眾的需要。當我在傾聽的時候，唯一能吸引我的注意力並且能保持持續關注的是我所需要和我所關心事情的相關性。正如戴爾·卡耐基（Dale Carnegie）所說的：「如果你花兩個月時間對別人的事情感興趣，比你花兩年時間讓別人對你的事情感興趣更容易。」作為聽眾，我們生活在一個「遙控」的社會裡。我所做的很可能也是你所做的：打開電視，開始選擇頻道，不斷切換電視頻道，直到找到你所需要的資訊。

這就是尋找相關性的過程。我們一邊看，一邊想：「不，我們現在不需要最新的食品加工機，不需要新的珠寶首飾，不需要知道週末足球賽的資訊，不需要看到災難報導，但我需要知道天氣情況。」因此，我們會選擇那個正在播天氣預報的頻道。我們瞭解了天氣情況，需要得到了滿足，然後我們繼續換台，尋找下一個需要的資訊。這對松鼠和橡果來說是同樣的道理。橡果代表松鼠的生存需要。這一需要高於一切，所以松鼠能夠長時間關注橡果。

大腦和相關性。科學家們理解全神貫注的工作原理。在人體後腦有一個區域，叫作網狀啓動系統（RAS）。大腦的這個區域是輸入資訊的篩檢程式，它確定了哪些資訊是相關的。相關資訊成為我們意識流的一部份，它能控制清醒狀態，還能讓我們入睡。網狀啓動系統是如何工作？它怎麼決定哪些資訊是相關的？很簡單，有一個等級體系來決定相關性。當資訊進入網狀啓動系統時，它首先搜尋的資訊就是需要的資訊。這個資訊是否能夠滿足需要？它跟我有關係嗎？如果沒有，網狀啓動系統將會把它過濾掉。當聽眾在傾聽時，是在傾聽對於他們來說重要的、所需要的和跟自己有關係的內容。即使講演者口若懸河，充滿了激情，如果我不關心，如果它對我不重要，或者跟我沒關係，那麼我是不會繼續聽下去，講演的內容變成了雜訊。

加油：應付壓力

在一般的心理學觀點中，我們對任何一種心理活動或心理過程的分析，都可以從「認知」、「態度」和「行為」三種層次入手。當面對一種心理壓力事件的時候，我們首先是要對它有所意識或有所認識，而這種意識與認識的差異，就足以構成那壓力事件或壓力情境對你所產生不同的影響。心理應付的方式主要有兩種：

第一，情緒定向應付。它與我們內在的自我防禦機制有關，是我們面對強大的壓力或挫折的時候，自覺或不自覺都在使用的應付方式。但是，同樣的情緒定向應付，有積極的作用，也會有消極的作用。增加對它的瞭解和認識，將有助於使其發揮有效而積極的作用。一般來說，情緒定向應付亦可分為「外在表現性情緒定向應付」和「內在表現性情緒定向應付」兩種形式。情緒定向應付通常是人們在遇到強大的「心理壓力」時所使用的，尤其是當人們認為自己對所面臨的壓力已經是無能為力的時候，就更容易使用情緒定向性的應付方式。

第二，問題定向應付。這是指去應付或處理壓力或挫折情境，或應付與處理引起挫折與壓力的事件本身的一種方式，與前面所討論的情緒定向是相對應的。一般來說，面對引起心理壓力的挫折情境或事件，我們可以躲避，亦可尋找某種辦法或途徑去協調或處理它，側重對後者的嘗試便是「問題定向應付」。如果我們有意要解決問題，去直接應付引起心理壓力的挫折情境或事件本身，那麼我們首先應該對所涉及的問題進行分析。然後，我們會想出或考慮幾種解決問題的辦法。接下來，要對這些辦法進行權衡和比較，看哪一個較為合適，較為安全，哪一個對自己較為有利。最後一步便是把自己選定的方法付諸實際，真正「動手」去解決問題了。在這裡，將涉及到心理學中對解決問題的分析、認知策略，以及解決問題的策略等。

第十二章

談判的進階策略

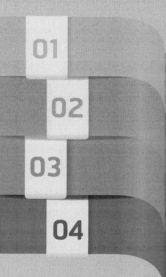

01 談判攻心取勝策略

02 談判出奇制勝策略

03 重建中止談判策略

04 談判加油站

01

談判攻心取勝策略

　　心理戰，在談判上稱爲「攻心取勝」的策略，是商業談判的三類進階談判策略之首。其他包括：談判出奇制勝策略與重建中止談判策略。自古至今，心理戰是政治、外交、經濟及人際交往競爭的基本戰術。在古代，攻心術源於政治鬥爭及其實踐。心理戰的思想，就是達到不戰而屈人之兵的目的。

　　心理戰是鬥智的對抗方式，它不是用武力而是用心理的精神力量戰勝敵人。以特定的資訊媒介爲武器，對目標、個人和群體的心理實施攻擊，導致其心理錯覺的產生，進而改變對方的立場態度與行爲，瓦解其士氣與鬥志。談判心理戰是：談判者以語言爲基本工具，從理智方面向對方陳述利害關係，影響對方的情感意識；同時，透過大眾及媒介的傳播，強化對方的心理壓力，最終迫使對方放棄不利於雙方利益目的實現的態度立場，作出有利於雙方的決策。

　　談判心理戰的目的與手段，與政治鬥爭、競技比賽有相當差異；實現雙方的共同利益，而不是不擇手段的損害對方的利益，是談判心理戰的基本目的；解除對方的心理障礙和對抗意識是談判心理戰的焦點問題。一切的鬥智技巧和藝術都是爲了要解決這個問題。

　　「不戰而屈人之兵」是談判心理戰的戰略原則。它的謀略意義在於以最小的犧牲代價獲取最佳的效益。談判心理戰的基本方式有：一、心理暗示；二、乘機搶攻；三、讓對手搶先出擊。

一、心理暗示

談判的心理暗示策略，就是俗語「投石問路」，它是一種形象的動作比喻，指談判者不知對方的虛實，以暗示、試探等多種方式瞭解對方的談判實力和立場態度。像過河一樣，因為不知河水有多深，便投石以試深淺。「投石問路」在政治外交談判中，常常使用巧妙的暗示來傳達某種資訊。一般來說，暗示資訊具有意味深長的象徵意義，而且傳播方式比較隱蔽。談判中「投石問路」的方法可以是透過新聞傳播媒介的資訊暗示，但更多的是透過巧妙的提問和運用假設來探測對方。

1.巧妙提問

心理的暗示策略，主要是巧妙提問。在談判中，獲得資訊的一般手段是提問。例如：

——這次談判你希望得到什麼？
——你希望達到什麼目的？
——你期待什麼？
——你們單位的財務狀況如何？

我們除了可以獲得眾多的訊息之外，還常常能發現對方的需要，知道對方追求什麼，這些都對談判有很大的作用。不僅如此，提問還是談判應對的一個手段。

所以，我們必須確認：提什麼問題，如何表述問題，何時提出問題以及所提問題會在對方產生什麼反應，而這些都應蘊含在邏輯的問句中。不同的談判過程，獲取資訊的提問方法不同。為了便於認識，我們可將提問形式歸納為下列類型：

甲・一般性提問：
——你認為如何？

——你為什麼這樣做？

乙·直接性提問：

——誰能解決這個問題？

丙·誘導性提問：

——這不就是事實嗎？

丁·發現事實的提問：

——何處？

——何人？

——何時？

——何事？

——何物？

——如何？

——為何？

戊·探詢性，包括選擇與假設的提問：

——是不是？

——你認為？

——是這樣，還是那樣？

——假如……怎樣？

2. 相同背景者

談判的心理暗示策略，通常被廣泛地應用在相同語言與文化背景者之間的交易上。雖然在概念與理論上談判的心理暗示策略是超越語言文化障礙，但是，在國際商務談判時，還是要考慮其可能發生的障礙。

(1) 要注意提問問題的恰當性

如果提問題的方式能夠讓對方接受，那麼這個問題就是一個恰當的問題，反之就是一個不恰當的問題。一個不恰當問題的提出往往會導致談判的破裂。

談判個案

在一個買賣交易上，因賣方晚交貨兩個月，而且只交了一半的貨。買方對賣方說：

——如果你們再不把另外一半貨物按時交來，我們就向其他供應商訂貨了。

賣方問：

——你們為什麼要撤銷合約？如果你們真的撤銷合約，重新訂貨，後果是不堪設想的，這些你們明白嗎？

賣方的發言激怒了買方，於是立即撤銷了合約。在這裡賣方提出：

——你們為什麼要撤銷合約？

這是一個不恰當的問題，因為這個問題隱含著一個判斷，也就是買方要撤銷合約，實際上買方並沒有說一定要撤銷合約。這樣，買方不管怎樣回答，都得承認自己要撤銷合約。這就是強人所難，讓人生氣，談判自然會不歡而散！所以，在磋商階段，談判者要想有效地進行磋商，首先必須確切地提出爭論的問題。力求避免提出包含著某種錯誤假定或有敵意的問題。

(2) 提出的問題要有針對性

在談判中，談判者提出的問題要有針對性，也就是一個問題的提出，要把問題的解決引到某個方向上去。在開始階段。為了試探對方是否有簽訂合約的意圖，是否真的購買過產品，談判者必須根據對方的心理活動，運用各種不同的方式提出問題。

當買主不感興趣、不關心或猶豫不決時，賣主應問一些引導性問題：

—— 你想買什麼東西？

—— 你願意出多少錢？

—— 你對於我們的消費調查報告有什麼意見？

—— 你對於我們的產品有什麼不滿意的地方？

—— 你是不是擔心我們賣的衣服會縮水？

提出這些引導性問題之後。賣方可根據買方的回答找出一些理由來說服對方，促使對方與自己成交。若賣方看到買方對他們生產的洗衣機不太滿意，就問對方：

—— 在哪些方面不滿意？

買方回答：

—— 我不喜歡產品的外型，看起來不夠堅固。

賣方說：

—— 如果我們改進產品的外型結構，使之增加防鏽能力，你會感到滿意嗎？

買方答：

—— 就這一點而言，那當然好！不過交貨時間太長！

賣方問：

—— 如果我們把交貨時間縮短，你能馬上決定購買嗎？

買方答：

——絕對可以。

這樣，賣方針對買方的要求，提出一些可供商榷的問題，促使買方接受了自己的觀點。

(3) 善用假設

一個買主要購買兩件衣服。他找到了一家商店。他問賣主：

——我要購買二百件衣服，每件衣服多少錢？

——500元。

——假如我要購買二件，價格會怎樣呢？

——假如我要購買五百件、價格又會怎樣呢？

買主不斷地運用假設，來投出他的「石子」。一旦賣主的估價單下來，頭腦敏銳的買主就能從估價單上得到許多資訊。他可以估計出賣主的生產成本、設備費用的分攤情況、生產的能量及價格政策等。所以，買主能獲得購買二件衣服更好的價恪。因此，「投石問路」不失為獲取資訊的一個好方法。許多談判者正是運用這種方法獲取更多的資訊，然後進行比較、分析、推斷，找出更好的解決方案。有經驗的買主常常用類似前面問題來投石問路：

——假如我們要買好幾種產品，不只購買一種呢？

——假如我們買下你全部產品呢？

——假如我們要分期付款呢？

——假如我們和你簽訂兩年合約呢？

這些看來無害的提問，有時會使賣方進退兩難，因為他們要想拒絕回答是很不容易的。所以，許多賣主寧願降低價格成交，也不願接受這種疲勞轟炸的詢問。

二、乘機搶攻

　　乘機搶攻的談判心理戰術，類似俗語的「反客為主」，大意是說要乘對方的間隙疏忽，主動出擊，緊緊掌控主動權，逐漸展開聲勢，擴大自己的成果。「反客為主」應用到談判心理戰中，指在雙方談判議題的過程中，趁對方不留心造成可乘之機時，迅速出擊，抓住主題，控制談判的議程，在心理上搶佔優勢，然後，迫使對方按照自己的意圖行事；關鍵是要掌握主動權。

1. 反客為主

　　「反客為主」的謀略意義在於：根據誰付出的代價越大，往往在談判中便越處於不利地位的原理，就想辦法在人力、物力、時間等方面消耗對方，使自己反敗為勝，掌握談判的主動權。

談判個案

　　話說：一個服務公司的主管長期都沒有重要事情可以做，透過熟人介紹在隔壁市找到一個廠，願與該服務公司聯合投資，在此地建立一個加工廠。雙方決定在該處就聯營具體事項進行談判，討論有關投資、分配利潤、技術、管理、銷售等問題。對方投資興辦工廠尋找聯營單位很容易，而服務公司則不同，他們找到這樣一家既能投入部份資金，又能保證長年有事可做的聯營單位很不容易。也就是說，廠方對該談判的需求層次和依賴程度，肯定低於服務公司，也就是在該談判中處於優勢。

　　服務公司對談判態度十分積極，生怕失去這筆生意。但到了談判日，他們卻來電話，用藉口請廠方派代表來洽談。本來，廠方是可以拒絕的，但他們已在廠內開過會，並對資金、技術、管理方面作了人員安排，對該談判的準備程度很充分，所以也不願輕易放棄此項談

判。於是，廠方如期派出談判代表到達該市。一連幾天，對方或不見蹤影，或以各種理由推託，使談判不能如期進行。廠方代表住在旅館，開支增大，正焦躁不安時，談判對方出現在談判桌前。但這時，服務公司已不再是以前那副求助於人的面孔了。他們找出許多藉口，說此項聯營對己方利益不大，談判興趣大減，從而將有求於人的談判地位一下子轉變為對方有求於己的談判地位；廠方卻因已為聯營作好了準備，投入過多人力物力，所以不想空手而回，因此由主動變為被動，失去了優越的談判情勢，不得不向對方作出讓步。

2. 昂貴代價

乘機搶攻的談判心理戰術，除了反客為主之外，還有運用適當的策略讓對方付出昂貴代價，以取得勝利。美越戰爭時期，美越為結束漫長、殘酷的戰爭，約定在巴黎舉行談判。為此，越南在那裡做好了準備，美國卻故意拖延時間達兩年之久，使越南無端付出昂貴的代價。越南因此急於結束談判，談判實力受挫，陷於被動局面。美國在對越戰爭中付出巨大代價，面對國內反戰的強大壓力，更希望結束戰爭，但美國故意拖延，他們摸透了對方的心理，使用「反客為主」的策略，掌握了談判的主動權。

談判心理戰中的「反客為主」，是運用轉換角色的方式，把握談判的主動權，使自己由「客人」變成「主人」，成為談判的調和者和仲裁者。

三、讓對手搶先出擊

讓對手搶先出擊的談判心理戰術類似「後發制人」。大意是，用兵之道，先謀劃，讓敵一步，待敵虛實充分暴露，再揚長擊短，克敵制勝。談判心理戰中的「後發制人」，是「先發制人」的反策略。也就是當對方聲勢咄咄逼人時，己方先退卻讓步，靜觀其變化動態，當對方充分暴露真實意圖時，再突然進攻反擊。

1. 進攻與謀略

在商務談判中忌諱先進攻，之後才有謀略。推崇先有謀略，才進攻。例如，雙方會談開始時，掌握「聽」字訣。不急於發表自己的意見，而是專心的傾聽對方的陳述，給對方一個充分發表意見的機會。在「聽」的過程中，收集、分析對方傳達的資訊，並利用這段時間，查證已知資訊的眞僞，調整修改己方的談判方案，然後尋找突破對方心理防線的攻擊點，趁對方漫不經心時，猛然出擊。使對方只能招架，而無還手之力，只好作出讓步，簽定協議。

談判心聲：打破僵局

許多談判因為莫名其妙的緣由而告終止。談判擱淺這種事在生意場上很平常，賣方絕對有權利不向低價位妥協，而買方也有自己的打算，為此也會不惜以「退場」或「休息」表明態度。但問題是；如果這只是姿態，那「退場休息」之後，該如何打破僵局，繼續下半場的談判呢？

針對這個問題，有如下幾個建議：

—— 改變付款方式。例如提高訂金、縮短分期付款的期限，以及其他符合買賣雙方利益而總金額不變的付款方式。

—— 改變小組成員或小組的領導人。

—— 改變談判時間表。例如：延後討論那些難度較高的議題，以待進一步收集資訊。

—— 改變承擔風險的方式。如果買賣雙方能夠共同負擔盈虧的話，那會有助於加快討論的進度。

—— 改變評估談判表現的標準。

—— 以推薦令人愉快的程序或保證，達到對未來談判過程的滿意感。

——將談判重點由相互較勁的局面，改變為共同解決問題的合作態度。

——改變契約的形式。

——改變百分比的基數。例如從較大的基數中取得較小的百分比，或者從較小的、但比較有把握的基數中取得較大的百分比。

——讓仲裁者出面調解。

——改由高層會談或是電話會談。

——給對方多一些似乎實在、實際是不可行的選擇，這樣能緩和僵持不下的局面。

——在特定議題上做一些改變。

——成立一個聯合研究小組。

——講個輕鬆的笑話。

2. 有利發展情勢

以上方法有助於突破僵局，可使買賣雙方再度進行談判，並製造出一種有利於情勢發展的討論氣氛。處於這種氣氛之下，談判效果可能比先前要好。當談判陷入僵局時，當事人一般都會這樣想：

——是我先主動有所表示呢？
——靜候對方呢？

最好還是以不變應萬變，讓對方去費這個腦筋。但是，你不能肯定對方一定會把面子放在一邊，找人出來打圓場；你唯一能確定的是，當談判擱淺時，你們雙方的心理壓力都很大，即便對方不會主動採取尋求和解的行動，但如果你這麼做的話，他們也肯定都會表示歡迎。

之所以要在談判之前，應該先想一想，萬一雙方有任何衝突使談判破裂，你要怎麼做，才能既不失顏面，又可使談判能繼續下去。如果你能夠

在僵局發生前，就做好「下台」的準備，那樣即便談判眞的觸礁，你也不會驚慌失措了。

　　談判破裂一般並不是因爲重大的經濟問題或社會問題造成的。通常是由於個性差異、擔心有失顏面、組織內部不合、與老闆關係不睦或者優柔寡斷這類小事，往往才是導致談判破裂的主要原因。所以說，任何想要打破僵局的行爲，都不能不把人的因素考慮進去。就這個角度而言，執行計畫的方式可能比執行計畫的內容更重要。

02

談判出奇制勝策略

　　談判之道，特別是與國際大型組織談判的場合，我們通常居於弱勢。唯有寄望於出奇制勝，以小博大。許多人做生意非常成功，都是從過去經驗學習，加以發揚光大。

　　談判的「奇」是根據事物的臨時變化制定的對策即特殊規律。談判中的鬥智劃謀，用「奇」之法，須出人意料，攻其無備，出其不意，兵不厭詐，包括迷惑對方，縱容對方，激怒對方，伺機而動，渾水摸魚。談判者，施行出奇詭詐之術，為雙方共同利益者乃陽謀；為一己之私利者乃陰謀。本節介紹出奇制勝策略，內容包括：一、巧佈疑陣；二、假象與錯覺；三、反撲與逃跑；四、分散注意力；五、空頭支票。

一、巧佈疑陣

　　談判的巧佈疑陣是向對方透露己方資訊的方法，誘騙對方上鉤，進而從中獲勝。在談判上，巧佈疑陣有效地利用了對方想刺探己方有關談判的機密資訊的僥倖心理，故意將「機密」檔案、電報、資料分析、技術資料和有關會議記錄遺失在談判場所、雙方談判人員見面談話的地方；或者透過第三者，不露痕跡地向對方洩露「機密」，使對方在虛幻迷惑陣中沾沾自喜。

1. 轉移視線

　　談判的巧佈疑陣是己方利用「疑陣」，轉移敵人的視線，實現自己的

目的。

2. 談判冒險性

使用「巧佈疑陣」策略，在談判中有一定的冒險性。如果真實情況一旦被別人弄清楚，會影響談判的氣氛，甚至會直接導致談判的破裂。所以，不在萬不得已的情況下，是不宜採取這種有損於己方誠意的詐術。同時，要冷靜地辨別別人設下的「迷惑陣」，萬不可不加思考的輕易相信那些極易得到的資訊情報。

二、假象與錯覺

談判的「假象與錯覺」策略類似「聲東擊西」，指製造假象造成敵人

的錯覺，偽裝進攻方向，出奇制勝。

1. 變換談判目標

在談判假象與錯覺策略中，它指變換談判的目標、議題。透過分散對方注意力的方法，達到談判的目的。它適用於談判的議題討論不下去時，一方能巧妙地變化議題，示東言西，使對方顧此失彼。它使談判者靈活機動，既不破壞談判的和諧氣氛，也能悄悄地實現自己的預期目標。

2. 平衡問題

在談判假象與錯覺策略中，平衡僵局問題也是方法。美國談判家季辛吉回憶他在白宮的談判生涯時，談起美國與蘇聯之間有關糧食問題的談判。美國曾對蘇聯實施糧食封鎖。因此，兩國在談論糧食問題時爭吵不休，一時半刻並沒有達成協議，談判陷入了僵局。後來，他們不知不覺的談及石油問題，就在解決石油問題時，也不知不覺的達成了有關糧食問題的協議，這是不自覺地運用「聲東擊西」計謀的結果。

三、反撲與逃跑

談判的反撲與逃跑策略，類似「欲擒故縱」的方法，是指，逼得敵人無路可走，它就會反撲，但讓它逃跑，則可以削減敵人的鬥志。

1. 瓦解鬥志

在談判追擊對方時，跟蹤敵人不要過於緊迫，以消耗它的體力，瓦解它的鬥志，待敵人士氣低落，潰不成軍，再捕捉它，就可以避免流血。談判時，先讓對方一步，驕縱對方，使對方失去警惕，露出破綻，洩露真實意圖，然後乘機謀取利益，實現己方的目的。

2. 隱藏需求

還有一種情況，是談判者將自己的利益需求潛藏起來，極力煽動對方

的要求；似乎只是為了滿足對方的要求而來談判，並不斷向對方傳遞資訊，暗示己方並不急於談判，或是無所謂的態度，藉以吊對方的胃口。先設圈套，再擒獵物。先誘使對方說出關鍵性的話，然後尋機反擊，使其束手就擒。一位聰明的孩子問爸爸：

——如果有一個偶然的疏忽，能原諒嗎？
——什麼人都可能有偶然的疏忽，當然可以原諒。

孩子哭喪著臉對父親說：

——昨天，我不小心把您的花瓶打碎了。

父親雖然很生氣，但想到自己說過的話，只好說：「那就算了，以後要小心些！」

四、分散注意力

談判的分散注意力策略，類似「圍魏救趙」的模式。在《三十六計》中，把這著名的戰例所包含的謀略略述為「共敵不如分敵；敵陽不如敵陰。」意思是，與敵人正面交鋒，不如使敵人分散兵力；採取公開的殲滅方式，不如隱蔽的方式；如此，可以轉移視線，以獲得真正目標。也可以說是，避實擊虛，攻擊對方的弱點，實現自己的目的。

1. 逆向行動

在《談判的藝術》一書中，提到「談判的技巧」時，曾講到「逆向行動」；也就是說，你本來可向前，卻偏偏向後的策略，也就是「採取與公認的一般傾向和目標恰恰相反的行動。」這就是逆向思維。分散注意力是逆向思維的巧妙運用。

在第二次世界大戰後的日子裡，美國勞工黨在紐約的政治活動非常活躍。該黨對布魯克林的一位州參議員極其反感，決定針對他。他們在那位參議員所在地區的民主黨初選中提名一位候選人，他們不但有可能擊敗他，而且很有可能控制這個地區的民主黨。

那位參議員既不肯就範，也不肯承認勞工黨的簽名。他不能讓勞工黨得逞。他的競選團隊制定出一項逆向策略，他們在這個地區的勞工黨初選中提名一位候選人，也想要控制該區的勞工黨。成群的工作人員四出活動，不過兩天，就弄到了足夠的簽名，完全可以使勞工黨的初選變成一場混戰。這時，勞工黨提出了休戰。他們同意不再反對那位參議員的活動，只要他不再插手他們的初選。這個策略用得極為成功。

上述那位參議員的反擊策略，不是直接進攻，而是迂迴前進。避實擊虛，使自己在極為不利的競選困境中，脫困而出。

2. 分導引流

有間軍需工業皮鞋廠與郊區鄉鎮皮革製作公司洽談皮革價格事宜。因為這皮革公司近年來生意興隆，便執意要提高皮革價格，皮鞋廠剛開始為了保持較好的交往關係，表示同意略作調整。無奈皮革製作公司漫天要價，聲稱若不同意他們的條件，便另尋合作夥伴，皮鞋廠假裝「撤退」休會，暗中向某軍需飼養加工廠說明情況，飼養加工廠見義勇為，向該皮革製作公司所在地的奶牛、肉豬飼養場提出提高飼養價格的通知。該皮革公司一見大勢不妙，知道是皮鞋廠向他們施加壓力，不得不降價，與廠方達成較為公平、合理的協議。

這也是談判中的「圍魏救趙」策略的巧妙運用。同時，談判上的「分散注意力」，還包含著當談判出現相持不下的僵局時，採取分導引流的方

法，把造成僵局的問題，化解分離，找出突破點，逐一解決。

例如，在一些貿易談判中，買賣雙方有時因價格難以成交，則可以透過改變付款方式、運輸手段、交貨地點等辦法，迫使對方同意自己的見解，達成協議。

五、空頭支票

談判的「空頭支票」策略，指在談判中給對方一個期待的未來承諾，而不是實際的承諾。就像給饑餓難忍者畫一個又圓又大的燒餅，以激起對方渴望得到物質享受的慾望。在行為學中，它是激勵人的某種行為的策略。在談判謀略學中，利用對方的貪慾，愛佔小便宜的心理，或者利用對方急於滿足某種需要的心理，大方地給對方一些可望不可即的承諾，迫使對方讓步，或者接受自己提出的條件。

1. 數字陷阱

話說：有個叫山姆的人為了工作問題去找吉斯莫先生談判。吉斯莫告訴他說：「我們這裡報酬不錯，平均工資是每週300元。你在學徒期間每週得75元，不過很快就可以加薪。」然而，山姆在工作了幾天之後，就要求見廠長，並同他進行了如下的對話：

山姆：「你欺騙我，我已經找其他人核對過了，沒有一個人的工資超過每週100元，平均工資怎麼可能是一週300元呢？」

吉斯莫答：「啊，山姆，不要激動。平均工資是300元，我會向你證明這一點的。這張表上記錄了我付出的酬金，我得2400元，我弟弟得1000元，我的6個親戚每人得250元，5個領工每人得200元，10個工人每人100元。總共是每週6900元，付給23個人，對吧？」

山姆說：「對，對，對你是對的，平均工資是每週300元，可是你還是騙了我。」

山姆確實受騙，他掉進了談判中的「數字陷阱」。

2. 面子問題

有人說東方人比西方人更在乎面子。其實西方人也很在乎面子，只不過他們掩藏得比較好罷了。很多外交官都稱讚艾佛瑞·哈裏曼是個傑出的談判人員，因為他很懂得在國際問題上顧全顏面。

一般人談判有兩個層面，一是自己，一是企業。為企業出面談判蒙受損失，對個人來說，不一定就是壞事，但如果個人在談判中顏面盡失的話，即便交易對他有利，他還是會沮喪的。凡人都有肯定自我價值的需求，當他人認可我們的價值時，我們也會認可它，如果他人不認可，我們就會失去信心。

當一個人的自我形象受到威脅時，他的敵意便會出現。有些人會攻擊別人，有些人會一走了之，有些人則變得冷漠。總之，全都是氣憤的表現。而實驗也顯示，只要一有機會，人們便會對攻擊他們的人進行報復。在一場談判中，如果你不對對方的陳述提出質疑，這場談判就不會對你有利。但是在質疑對方所提的事實和假設時，千萬不要做人身攻擊，而應該就事論事，只針對問題提出異議。如果你真的對談判對手有質疑的話，不妨用下面這些話來延緩你們之間的緊張氣氛：

——照你的假設，我可以瞭解你的論點，不過，你有沒有想過……。
——這裡有些資料，也許你還沒有看過。
——讓我們換個角度來看。
——我們的觀點其實並沒有太大的差異，只不過……
——可能是你們生產部門的同仁讓你誤解了。
——也許還有其他我不知道的理由。
——的確有很多說法都可以說過，不過我相信……

有能讓一個心有芥蒂的人把他的敵意降低到最小程度嗎？辦法之一是

把責任推給會計師、律師等等的第三者身上，或者把過過錯推給政策、程序或資料處理系統的差異上。當然，敵對態度也可以透過一些正面的方法來減輕。例如，盡可能指出你們談判協定中的共識，由此來證明你們雙方意見一致的地方要比意見相左之處來得多，這當然符合你們共同的利益。

有的人認為，當談判對方做人身攻擊時，你一定要毫不留情地以牙還牙。但這還有些別的看法，因為不管你多麼生氣，或是你的立場多麼嚴正，做人身攻擊總是危險而無益的，而且，給對方一個面子又會損失什麼呢？

03
重建中止談判策略

在一項失敗談判之後，因為某一方的主動，或者雙方的協商，使已經終止的談判重新恢復，稱為重建談判。由於這種談判難度比較高，屬於非常態的談判，因此，通常會被談判工作者排斥，加上企業老闆態度不積極，因而在學術上也被忽略討論。其實，重建的談判，雖然難度比較高，也偏向心理層次的障礙，但是，談判者若能夠記取失敗的經驗與教訓，重建談判成功的機會是可期待的。

引起重建談判契機主要為兩種：一種為中止談判的原因有轉機，另一種則是不可預見因素或誤會所致。在這兩項前提下，重建談判，值得嘗試。根據本節「談判重建策略」主題，討論以下四個項目：一、尋找中止原因；二、發現隱藏因素；三、重建經驗原則；四、掌握主題原則。

一、尋找中止原因

尋找中止談判原因是重建談判的第一步，也是最關鍵的的一步：找出問題的原因。根據研究統計，有兩種常見的原因：(1)由單方要求中止，(2)由雙方協議終止談判。前者，我們討論的空間比較大，而由雙方協議終止談判者，很自然在問題障礙消除之後，會想要重啟談判。然而，即使是單方要求中止談判，在特殊的條件與時機下，也可能要求重開談判。

1. 雙方協議中止

探討雙方協議中止後的重建談判。一般而言，雙方協議中止談判後再

恢復談判時，僅需相互通告或提示一下，即可進行談判。在形式與地點上不限，僅要求恢復談判時，已對懸而未決的問題作了充分的準備。如果到期並未具備成熟條件，可以再次推延。所以協議中止談判後的恢復談判，關鍵在時機：針對前次中止談判雙方未決問題進行處理與解決。

2. 單方提出談判

原本的中止談判，是由某一方主動提出，現在希望恢復談判。這種情況很多，特別在競爭激烈的交易中，積極成交的一方，無論是買方或賣方，會根據其策略應用的變化，按自己判斷有利的時期提出恢復談判，不管對方會作何反應，都會主動爭取。從表面上看，主動提出恢復談判的一方，會有談判地位比較弱勢的缺點，但是，從談判的結局與過程看，也有其隱藏的優勢。這種優勢，包括充分準備，放低姿態博得好感，他們會以積極進取表現熱情、誠意，使對方有興趣、好感、信心與之重開談判。同時，也記取經驗，為達成協議打下更好的基礎，為重建談判做好萬全準備。

3. 值得重開談判

通常，終止談判被認為是一項負面的結果。但是知錯能改，是勇敢、自信心的表現。過分拘謹會使對方喪失信心，自己也會失去成功的機會。只要有實力，就可以採取主動。問題在於重開談判送出「見面禮」的分量與時機。「分量」是使對方感到興趣、信心，又給自己留有餘地和力量支持到談判結束。談判「時機」，指能啟動談判的契機、排除外界干擾，建立談判的適當時機。談判重建，也可以運用為進階談判「策略」，在適當的時候，加以善用。

二、發現隱藏因素

要發現隱藏的談判終止因素，是比較困難的。對於一個終局談判，甚至已經締約的合約，因為在終局談判時，由於不能預見的因素造成原來已

談判達成的交易條件被破壞,而需要當事雙方重新談判,才能使合約繼續執行。有以下三項主要因素。

1. 情況急劇變化

　　在終局談判並達成合約後,原訂的合約條件被急劇變化的經濟環境,包括物價與匯率朝負面波動,工資明顯上升,政府新管制政策等干擾,使得原來規劃無法維持。若想繼續合作,必須重啓談判。一般而言,此時的重建談判應由雙方確認,不屬單方約定談判。在這種雙方確認重新談判時,有一個「免責」的問題。也就是,受不可預見因素影響而要求重新或聲明不能履約的一方,應首先證明符合「免責」的條件。因此,此類重建談判多分為兩個階段:第一,確認免責條件、第二,協議重建談判以解決面臨的困難。這兩項問題,在簽訂合約時,應該注意,並附加在合約條款裡。

　　第一,確認免責條件是一項難度高的工作。因為涉及不能履約且事實原定條件的更改,一方有責任讓另一方瞭解,並相信不可預見事件的證據。例如,物價與工資的變化是否足以影響原談判條件的存在,必須論證。官方公佈新的貿易政策或匯率管制規定、新的勞資法令規定、企業本身的會計帳目,與勞工有關的福利制度等等,均以文字的方式予以表述並有公證資料證明。如果有效力的證據不足,不可貿然要求重開談判。

　　第二,重建談判最好以證據為主,避免以對自己單方有利的免責權為前提。雙方提供的證據充分,則重建談判時,雙方的地位平等,假使單方的證據充足,再根據合約條款提出重開談判要求,也應該雙方地位平等。確定免責條件對重建談判後,雙方地位及最終結果影響很大,有時甚至會影響重建談判的質變,也就是,將重建合約的目的變為違約追索賠償損失的談判。這一點值得注意,並要預先提出對策。

　　第三,重建合約的談判。在確定免責之後,重建談判實質是重建合約的談判。當事各方要對經濟條件重新估計,並作調整。尤其是,一方總會

要求漲價，或要求降價，而另一方總是反對。如何評價影響的程序，就是重開談判的焦點。當然，各方內部的消化能力，就是承受該項業務的變化幅度的能力，也與接受客觀評價影響結果有關。

2. 談判代表更改

合約談判代表的更改。在合約產生之後，甚至談判達到的合約經審定或已批准執行之後，合約法人代表或企業本身被別的企業收買併購。此時，合約各方會共同要求重新談判，對原簽署的合約進行修改。不過，此種情況下的重建談判不涉及合約的要件：標的、價格、交貨期或進度。對法律性條款予以修改，也就是對債權與債務關係重新予以明確。

3. 不可抗力因素

不可抗力因素所致。「不可抗力」指不是由於當事人的過失而發生了當事人無法預見、無法採取防範措施的事故，以致不能履行合約。一種是地震、洪水等自然災害引起的事故；一種是戰爭、罷工等社會力量引起的事故。這與第一項的情況急劇變化類似，但是，理由更強烈，處理方式，請參照上例。

三、重建經驗原則

重建談判有其本身的原則，遵守它，可使重建談判達到預期結果；不遵守它，則可以使談判雖然重建了，而合約未必能完成或達到合乎雙方滿意的修改。

1. 尊重經驗法則

顧名思義，「重建談判」是相對過去，已有過的談判或成交經驗而言。也就是，與過去的經驗法則相關，那麼，重建談判的基礎，就必需以過去談判的歷史為參考。在中止談判或以中止為終局的情況下重建談判，優秀的談判工作者，應回憶一下過去談判的情況，或許那些過去的懸案變

成今天重建談判的標的，那些因客觀情況尚無答案的問題，將成為重建談判中促進成交的條件。

重建談判的重點在一個「重」字。它決定了這個階段的談判能夠起死回生的關鍵，我們不能將歷史的談判經驗與法則置之不理。相反，要記取談判歷史經驗，方能步步為營，使重建談判的利益損失處在最小的位置。同時除談判內容的連貫性表現外，談判對手是否交手過也有連貫性的問題。

2. 接辦人手問題

不論重建談判會不會就談判目標進行實質性更動，接辦人手問題事關重要。而由原班人馬繼續談判，或由新人接手，各有利弊。根據個案資料分析：由於雙方同意終止談判的個案，通常會由原班人馬繼續；因為單方要求終止的個案，則由新人接手的比率比較高。理由是：一方面由新人接手，期待出現新希望的結果；另一方面，則暗示對舊談判者的不信任或懲罰。

一個新的談判者來接手重建談判的任務，通常會對新手產生一種心理上的壓力與憂慮：換了新人，代表他們處理的是「舊個案」，對他們來說的「新問題」。新手對舊問題或雙方承諾稍有疏忽就會讓對手產生「是否態度變了？」的疑慮。如果不想將事情弄糟，最好對方也換主談人。當然萬一有客觀原因、非主觀因素，需要換主談人，那麼，該名主談人應比過去主談人更有能力，讓對方感到對該中止後重建談判的重視，而且，該名談判者一定要注意尊重談判的歷史。這樣，對方才會有信心，也就會從積極角度配合談判，否則，會增加猜疑與戒心，從而增加談判的複雜性及難度。

四、掌握主題原則

　　重建談判雖然其難度比常態談判高，但是，對優秀的談判者而言，是難得的挑戰機會。只要能夠掌握問題的關鍵，仍然能夠達到目標。

　　在一次空手道表演賽中，黑帶高手以七段的實力，徒手劈開十餘塊疊在一起的實心木板，贏得觀眾熱烈的喝彩與掌聲。黑帶高手將十餘塊木板疊了起來，親切地招呼觀眾席的小張，問他：「如果你想劈開這疊木板，你的著力點會放在木板的哪裡？」

　　小張指著木板的中心：「這裡，我想一定要打在中心點」。

　　空手道高手笑道：「也對，木板架高時的中心點，的確是最脆弱的部份。不過，如果你將著力點放在最上面這塊木板的中心，當你的掌擊中那一點時，將遭受同等力量的反擊，令你的手掌反彈且疼痛不已。」

　　小張不解地問：「那究竟該把注意力放在哪個部份？」

　　空手道高手指著最下面那塊木板的下方：「這裡，把你所有的注意力都集中到木板的下面，你一定要想著自己將要達到這個地方，這樣，木板對於你就不再是一個障礙了。」

　　在重建談判時，談判者要避免「全盤談判」的局面，這樣做既費時又未掌握重點，否則有可能把談判問題弄得更複雜化。「全面回顧」對重建談判自然是必要的，但是，它只是重建談判的前提，然後，直接針對重建談判主要問題進行處理。

　　無論中止後重建談判的理由，包括：情況急劇變化、談判代表更改、不可抗力因素引起的重建談判，均應直接處理問題，遺留的或產生的問題，絕不擴展到已經談定的結果，或影響重新談判的其他方面。這也可避

免自己失誤和防止對方反悔達成的協定。

談判心聲：煽風點火

如果你在拍賣會場上稍加注意，你就會發現老是有幾個人在哄抬價格。你提早去會場也看得見他們，因為他們原本就是在那裡工作——他們是誘餌。

誘餌的策略可以說是源遠流長，普世皆然。房地產仲介公司常用這種把戲來刺激買家的購買慾，他們安排朋友和買家一起到達，假裝是不小心遇到的，最後他理所當然會在一邊煽風點火。誘餌有三種功能：

—— 建立市場價格。

—— 提高買家興趣。

—— 刺激競爭心理。

買家運用這種方法在道義上說得過去，賣家則不然。不過，下面幾種情況，對買賣兩方來說，都是能夠接受的。我們首先來看看買家的情況：

—— 讓所有競爭對手在同一個地方進行討論。

—— 叫買家的秘書對外洩露競爭者的姓名以及預定的訪問行程表。

—— 在明知有許多廠商資格不符的狀況下，還是寄出許多邀請函，並且設法讓大家都知道這件事。

—— 暗示賣家，如果價格不合適，只有分散訂單。

—— 同時安排兩家廠商在不同的地方談判。

—— 讓賣家知道他們必須要再好一點才行。

在這種形勢下，「誘餌」就跟競爭者沒兩樣了。

現在再看看賣家的情況：

──跟潛在的買家說別人可能搶先一步買走所有存貨。

──賣家說存貨有限，即將售盡。

──跟買家說，只剩下餘貨了，另一批得在一個月後才能出廠。

──讓買家知道因為沒有利潤，這種貨不再做了。

──建議買家在罷工之前最好先進貨。

──告訴買家缺貨情況會越來越嚴重，價錢也會越來越高。

──設法讓買家得知別人已經下訂單了。

──讓買家瞭解工廠的生產能力已到了極限。

　　誘餌總是被用來提供低標。有一位經營舊船的人，他特地雇一個人做誘餌。上門談生意的人，由他先接待，開一個很低的價錢，再讓老闆出面，把出價稍稍調高一點。登門求售的賣家經過對比之後，通常會覺得這個價錢也還是可以的。

　　古董店也使用這種方法提高價格。例如，有個人在店裡逛了半天，最後對一張標價3,500美元的桌子產生了興趣。這時「正巧」有兩個人走到了他的身邊。其中一人說：「這個價錢太低了。這張有150年歷史的桌子售價絕對不止3,500美元，我如果有錢就一定買。」如果那個人很貪財，不久就會發現他用3,500美元買了一張市價2,000元的桌子。

　　對付誘餌的法寶就是保持懷疑的態度：「事情不會是表面的那樣。」做生意時要小心，否則很容易受騙上當。

談判加油站

勵志：輸家與贏家

「雙贏」雖然是談判的主觀最高理想，實際上，許多時候缺乏客觀環境配合，是可望而不可及的。有談判工作者會懷疑：輸家與贏家真的是談判無可奈何的「宿命」嗎？！

兩位猶太生意人A先生與B先生，求學期間是成績的競爭者，戀愛時是「情敵」，在從事生意上又是同行。結果B先生一路都是輸家：成績不如A同學，女朋友成為A太太，A先生成為傑出生意人，是億萬富翁，B先生則一事無成，心有不甘。

有一天，B先生接到A先生告別葬禮的邀請帖，註明有一百萬美金現款陪葬節目，這是A先生病危時對兒子的遺命。B先生決定要參加，並思考如何把握最後一次機會，爭回一口氣。在最後蓋棺之際，B先生當眾對躺在棺木中的老朋友耳邊親自道別，話別之後，對A先生的兒子說：我已經與你爸爸談好一筆交易，讓他多賺五十萬美元。B先生於是把一張一百五十萬元支付給A先生的支票，交換了棺木中的那一百萬元現款的陪葬品。

書訊：談判專家如何克服障礙

書名：*Negotiation Genius: How to Overcome Obstacles and Achieve Brilliant Results at the Bargaining Table and Beyond*

作者：Deepak Malhotra and Max Bazerman (2008)

原書國內圖書館有藏書。

第十二章
談判的進階策略

內容：

加油：人際能力

　　人際能力或稱人際關係能力，是談判工作者重要的品質之一。建立良好人際關係的具體方法很多，下面介紹幾種最有效的交往技巧：

　　第一，掌握主動權。心理學家發現，在社交上，許多人不是主動去結交別人，而是消極被動地等待別人來結交自己。他們只能做交往的響應者，而不能做主動者。然而，我們必須明白一個道理，人與人之間的交往是遵循交互原則的，周圍的人那麼多，別人憑什麼對我們感興趣呢？總得給他們一個理由去注意自己吧？那麼，人們不願主動交往的原因何在呢？心理學家經過長期的研究發現，第一個原因是人們在自己與他人的交往中缺乏自信，害怕別人不會像自己期望的那樣對待自己，而傷害自尊。

第二，建立良好的第一印象。社會心理學家曾以大學生為研究對象作過一個實驗。他讓兩組大學生評定對一個人的總印象。對第一組大學生，他先說這個人的特點是「聰慧、勤奮、衝動、愛批評人、固執、妒嫉」。很顯然，這六個特徵的排列頂序是從肯定到否定。對第二組大學生，專家說的仍是這六個特徵，但排列順序正好相反，是從否定到肯定。研究結果發現，大學生對被評價者所形成的印象，高度受到特徵呈現順序的影響。先接受了肯定訊息的大學生，對被評價者的印象遠遠優於先接受否定訊息的第二組大學生。這就說明，最初印象有著高度的穩定性，後續的訊息甚至不能使其發生根本性的變化。

　　第三，站在對方的立場看問題，也就是所謂移情作用。由於人與人之間的情感聯繫密切，雙方之間相互擁有的心理領域越大，心理距離就越小，人際關係也就越親密。因此，同情是溝通人們內心世界情感的重要關鍵，是建立人際關係的基礎。如果一個人不能真正地理解別人，體驗別人內心的真實情感，他就無法使自己的交往行為具有合理性、對應性，這樣是很難和別人建立較親密的關係。只有當別人的情感也是自己體驗過的或正在體驗的，我們才能夠理解。從這個意義上講，自我經驗的豐富是理解和同情的前提。

第十三章

談判的有效管理

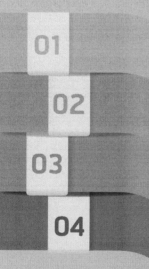

01 談判機構管理

02 談判的人事管理

03 談判的作業管理

04 談判加油站

01

談判機構管理

　　談判的機構，是指談判人員投入工作的組織形式。典型的談判機構有三種組成的形式：聯合談判辦公室、談判小組及談判人員。三種談判組織形式各有其優缺點，適應不同的談判任務，在運用中也有各自不同的功能與優化措施。

一、聯合談判辦公室

　　聯合談判辦公室，是由同類專案的專家聯合組成統一對外談判的機構。這種形式在許多國家的進口或出口貨物中常用，旨在提高競爭力。如何優化此種談判機構，首先需要分析此種機構的特點、利弊和應該採取的措施。

1. 機構特點

　　聯合談判辦公室工作形式的特點在「聯合」。做好了聯合工作，談判就成功；把握不了聯合作業，談判就失敗。那麼「實現聯合」，其內容和標誌是什麼？

　　實踐證明，成功的聯合必須實現兩方面的聯合：

——聯合交易內容，也就是聯合對外談判標的。
——聯合調配談判資源，也就是人才、資金、客戶、市場訊息、甚至可供談判使用的時間資源。

還有要強調對內「聯合」和對外「聯合」。

(1) 對內「聯合」

第一，聯合領導，也就是將聯合談判各方的談判團隊置於聯合的領導或指揮之下。

第二，聯合對外窗口，也就是聯合與交易對手聯絡交涉的單位。

第三，聯合談判團隊，也就是聯合調度各聯合談判單位的參加者，組成新的商務、技術等專業談判團隊，並由聯合的領導授權指定最高主談人，和各專業的主談人或負責人。

第四，將各聯合單位的交易要求，組合成聯合的對外進口詢價，或對外出口報價。

第五，聯合設備供貨方案。需要聯合進口時，也就是聯合列出需要進口的設備清單，形成對外採購方案。

第六，聯合談判日程，也就是調整各聯合單位的談判進度，形成聯合的對外工作時間表，例如考察、技術交流、商務談判等日程。

(2) 對外「聯合」

第一，聯合對交易內容的要求，也就是無論交易對象是誰，給他的詢價要求（進口時）或報價條件（出口時）都是一樣的。

第二，聯合對外策略，也就是調整聯合前各聯合單位的談判策略，變成聯合談判團隊的對外談判策略。

2. 聯合形式的利弊

聯合形式的利弊。分析如下：

(1) 對內聯合的利弊

第一，聯合領導。利：建立行業和談判決策的權威；對內有協調效果，對外有影響力；對於解決談判中的重大問題有推動力和指導性。弊：

對外談判中行政干預的時機和深度較難掌握，而且協調時需要實力，因為「協調」，在聯合對外談判中不是對「全局與局部利益」的取捨上做判定，而是在談判總目標和分項目標實現的時間先後上做調度。

若想做利益的取捨裁定，那麼有關獨立核算的法人就會提出對其損失的補償要求。沒有實力的話，領導團隊難以補償。為此，在聯合的形式中，不少專案單位把政府主管部門拉進來，一旦出現「實力」問題時，就可以向政府要求輔導或幫助。

第二，聯合對外窗口。利：能使集中各種對外聯絡，減少對外資訊的混亂，提高資訊的權威性。弊：此機構必須熟悉業務，絲毫不得有本位主義和官僚主義，外事與外貿不得脫節。

第三，聯合談判團隊。利：集中人才，優化使用，提高談判力，對外陣容強大。弊：主持談判的組織工作量倍增，談判中兼顧聯合各單位的局部利益難度大。

第四，聯合交易標的。利：對外可以做到聯合提出要求，便於內部聯合比較和挑選條件。對方也可被置於平等競爭地位上。弊：把個別問題共同化，成交後仍要再回頭談個別問題，對外影響不好。有的成交條件還有可能對聯合中的個別單位不利，會帶來抱怨和問題。單項商品出口的聯合談判中，此種情況會好些。

第五，聯合設備供貨方案。利：降低購貨與供貨成本、節約外匯，或提高競爭力。引進時，還可以提高購貨的技術深度，也方便對方報價或還價，方便許可證的辦理。弊：技術改造項目中，同樣的貨物對聯合各方重要性不同。有時會給需要者帶來問題，有時又給不需要者帶來問題。當以最完整的清單出現時，對外談判又會帶來問題。例如聯合後獲得了更好的技術、備件或部份整機工程技術，那麼製造藍圖、製造授權、製造數量由誰來負責與控制就是問題。

第六，聯合談判日程。利：調和各聯合單位的談判進度，整頓聯合談判陣容。弊：可能出現「以快等慢」、「多數等少數」的情況，需要犧牲

一些時間。

(2) 對外聯合的利弊

第一，聯合對交易內容的要求。利：公開平等對待各交易內容後，可以增加其積極性，便於準備談判技術或商業的資料，也便於對比、評價和挑選工作。弊：多個內容可能各有長短，有的要求可能勉為其難。

第二，聯合對外策略。利：形成聯合談判的整個態勢，符合聯合談判的需求，避免聯合各方陷於「感情」的漩渦：和原來與自己談判過的對手總要親近些的情感中，確保談判公正。弊：對個別已做了許多努力的交易內容會顯得過嚴，對個別談判到了協定階段的交易內容還會產生某些負面影響。

3. 記取教訓的措施

記取教訓的措施。只有揚長避短、聯合對外談判的組織形式才會獲得更大的效益。具體措施如下：

(1) 堅持聯合的「實效原則」

此原則是指採取聯合形式時，應注重聯合實效。具體講是有聯合、才有效，就一定聯合；聯合後的效益比聯合前的效益大，也要聯合；多家聯合，多家效益增大，應該聯合。反之，不聯合，也有相同效果；聯合後，增效不大或不明顯，則不必勉強聯合。所以，聯合前，應先預測實效如何。

(2) 堅持談判時間的效率原則

此原則是指注重主持談判的方法，提高時間效率。常見的效率型主持方法有平行談判，也就是幾個談判小組或不同專業小組，在同一時間內與多家交易（或一家對手、不同專業）進行談判，以節省整個談判時間。集中與分散談判相結合的談判，也就是大問題、共同議題集中談；小問題、個別性問題分散談。

第十三章
談判的有效管理

(3) 堅持「協調原則」

此原則是指始終保持聯合領導團隊與談判工作團隊的和諧配合。這也是聯合談判成功的根本保證。協調原則的內涵有三點：其一，擺好位置，也就是兩個團隊的科學配合。例如領導團隊負責宏觀決策與整體協調，必要時協助談判團隊突破僵局。其二，相互尊重，也就是工作團隊應尊重領導團隊的權威。其三，保持溝通，也就是兩個團隊的決策與進展情況應保持互相連繫，行動協調，防止互相放話而造成誤會，更防對手趁機挑撥或利用。

(4) 堅持「慎密原則」

此原則是指注意處理聯合談判中的程序、時機和法律細節問題，盡力減少對聯合談判的干擾因素。例如，談判過程，隨著聯合各方的互相瞭解，有的最終用戶（採購時）或供貨廠家（出口時）希望更換過去的委託對象，這無疑是對原受託人的一個打擊，處理此問題就應講究程序和時機。又如，聯合前已存在某些協議時，就要依法先予以處理，不能置之不理，否則，對聯合的效果不利。

二、談判小組

談判小組為一種集體談判的組織形式。在一些大型的、複雜的、技術性的交易中，企業常以這種形式去談判。這種談判組織形式使用的頻率很高，而談判人員也很熟悉。

1. 談判小組特點

這種談判小組形式的特點在「分工與配合」上，也是群體工作的必然特徵。此外，談判小組的組成規模也有特別的要求：

(1) 分工與配合

團體的每個成員應有自己的職責，也就是分工，否則，談判小組雖然有一群人工作，但卻不能發揮整體力量。由於談判不是一部無生命的機

器，它是人員參與的活動。因此，在分工後，不能機械式做事；在許多複雜的情況下，還需人員智慧的配合。沒有配合的分工，不會產生最大的效率。所以，集體談判的特點是人們在明確分工的同時，要強調配合的機會與時機。

(2) 小組的規模

它將決定此團體對談判的適應性。一般來說，規模由交易的規模和複雜程度決定，有時也受時間影響。大型交易或交易複雜、時間要求緊迫的交易，小組的規模應該要大一些；反之，則應小一些。此外，人才的約束也是規模的因素。若一人具備多功能時，小組人數會少些；反之，人數會多些。再者，對方人數的多寡也會影響小組的構成。但為了準備充分，可以不考慮對方人數，僅調整談判桌上的人數就可以。

2. 小組形式的利弊

小組談判形式，其利在突出分工後，參加談判人員優勢：

(1) 人才可以互補

人才齊備，使談判機動性強，其協調難度比聯合辦公室形式相對較小。其弊在要明確各專業人員在談判中的角色和工作目標；在專業之間的配合中要求主談人事先有安排，臨時應變能力強。此外，小組中不同單位或是整體人員仍有工作磨合的問題。

(2) 完善的措施

由於小組形式使用較多，業務人員間要對其不足之處予以完善。雖然不同交易會有不同的問題，但整體完善措施仍可以歸為以下三條：

①人選

此措施是指依談判內容、對方情況、時間要求，選好主談人，配好小組成員。標準是人才合格，人數適量。其中要貫穿個體與團體力量的配合，也就是「團體融合力量」的組建與形成。

第十三章
談判的有效管理

②重視預備方案

此措施是指在小組形成後，透過注意小組談判預備方案的準備，讓每個成員知道自己的位置、工作目標以及與總體談判目標的關係，以便談判小組的每個成員心中建立這些認識，確立服從、維護的自覺性，進而達到注入小組融合活力的目的。

③保持溝通

此措施是指在談判過程中，小組成員之間、主談與助手之間要建立溝通的機制，要使小組成員始終感到「團體」的存在，不斷鞏固融合的力量，這樣方可自如地實現談判中進退的調整。否則，不理解、不服氣或甚至誤解，足以凍結、摧毀談判。

三、談判人員

談判人員的形式，是由一名談判者負責交易談判的形式。在一般的貿易中，尤其單項交易的進口或出口，這種形式使用較多。

1. 單兵形式特點

單兵形式，此種談判形式最大的特點是「獨立」。一個人準備談判、獨自談判、實現談判。當然，至於這種「獨立」談判的程度有多大，可以商榷。但在表現形式上，是一人述說，一人評斷。所以，獨立的特點是明顯的，獨立的分量也是有差別的。

2. 單兵形式的利弊

單兵形式，利：談判者個人權力大、靈活，易於和對手溝通，會有融洽的個人關係，談判成本比小組和聯合辦公室要低。弊：個人行動受限於個人的德行與能力，易受攻擊，在管理上需密切追蹤注意，這也造成管理的複雜性。

3. 完善措施

由於業務單位不可能在小型或單項交易上完全實行「多人談判制」，所以單兵形式談判還會大量長期地被採用。要確保談判人員的成功，就有必要採取相應的措施。

(1) 選好談判人員

此措施是指挑選談判人員首要注重「德才」兼備。有敬業精神和職業道德，也有談判能力，熟悉業務。只有德才兼備的談判人員才能勝任單兵形式的談判任務。不然，就會出偏差；不是能力不足，不敵對手，使談判失敗，就是利用其獨立行動之便，謀求一己私利。就算是兩者都不會發生，其談判結果也是平庸而已。

(2) 界定授權

此措施是指在談判人員接受談判任務時，應讓其明白自己的權力範圍。這個權力範圍是指對交易的關鍵條件的機動範圍，以及對交易條件的機動範圍。確定權限，也是規定其回饋談判情況的固定時機：超越授權時必須請示。

(3) 明確成交程序

此措施是指根據談判人員的角色：自營談判或代理交易談判，規定在與對方決定並表示成交前，應完成的程序。假如是代理地位的談判，應將達成的交易條件向委託人通報，並獲得書面認可後，方可成交簽約。假如是自營，則應將所獲條件以報表或報告的形式向企業內的相關部門報審後，再對外成交簽約。程序的規定是對談判人員的最後一道保護屏障。

(4) 追蹤談判進程

此措施是指在談判人員的談判過程中，要不斷追蹤其談判動向，以便在其困難時，及時支援談判者，或在其出現失誤時採取補救措施。追蹤的基點是關心、支持與指導。從正面減少談判人員遭受攻擊和犯錯的機會。

第十三章
談判的有效管理

談判心聲：超級振動

　　談判的「超級振動」威力，足以把事情攪得天翻地覆，使所有當事人全都昏頭轉向，不知所措。「超級振動」與「短程煙霧」功能相對，它必須結合時間、金錢和組織力量，才能圓滿實施。曾經在大企業中從事主管的人，對這種策略應該並不陌生。此種談判策略包括如下：

——委派一位新人全權負責。

——找一個更大的議題。

——擴大問題範圍。

——提供堆積如山的詳盡的資料。

——提出一個立場相反的議題。

——拖延時間等到利益消失。

——建立一套新的生產制度。

——在報界得到好評。

——提起訴訟。

——變動地點。

——引發一場小規模的爭執。

——遺失大批資料，僅憑記憶重新謄寫。

——設立一個研究小組。

——處理你自己的研究，然後再處理別人的。

——設立一個委員會。

——攻擊他人的品格。

——安排一位代罪羔羊，當眾開除他。

——在相關主題上做公開、強烈的宣告。

——與別人進行一項會談。

——擬定革新的工作程序或規則。

商業談判：掌握交易與協商優勢

──否認存在任何問題。

──同意所有的要求，但卻要你繼續做從前的工作。

──強行實施，然後去商量。

──建立一套新的會計或評估制度。

──改造組織。

第十三章

談判的有效管理

02

談判的人事管理

　　商業談判中的人事管理，是指配置人力資源的技巧。其內涵是使人才適合談判任務要求，並使人才充分發揮才能，完成談判任務的作用。它涉及談判人員的選配、分工、指導與協調以及人員的激勵等四方面的操作技巧。

一、人員的選配

　　談判人員的選配，是指挑選和配置談判所需要的人才。它主要表現在對主將（主談人和負責人）的挑選和人員的配置。

1. 主將的挑選

　　談判中，主將是決定談判方案能否成功實施的關鍵，直接影響談判的成敗。故對談判主將的選擇極為重要。能否挑選好主將，首要的是明確擔當主將的標準。由於主談人與負責人各司其職，其條件也有所不同。

　　(1) 主談人

　　也就是在談判桌上主持談判的人，在專案或高科技交易的談判中，主談人可能分為兩類：商務與技術主談。除了專業責任和要求有所區別外，主談人條件應是通用的。下面為選擇主談人的八個參考點。

　　①地位

　　大部份情況下，談判雙方在選擇主談人時，都遵循一個規律：「其地位高低與談判標的重要性成正比。」也就是談判涉及的利益越大、影響越

大，主談人的地位越高。誰也不會因小標的派遣大將，除非其後有大的交易。這麼做的本質是爲了追求談判中的控制權。

②年齡

這是人們閱歷深淺、經驗多寡及成熟與否的表性佐證，對談判有一定的影響。從商務談判的角度看，主談人的老中青另有一種劃分法。例如，在對外談判業務中，年近40或以上者，可稱之爲「老年談判者」，可派作大、中型談判的主談人。年近35歲左右，可稱之爲「中年」，也就是中年談判者，可派作中型項目的主談人，個別佼佼者亦可擔任更大型的談判。而28歲左右的談判者多稱爲「青年談判者」。在選配主談人時，也要考慮對手的年齡，兩者年齡相近好溝通，相差3-5歲問題不大，明顯相差10歲以上時，會給談判帶來一些問題，諸如溝通上或自尊心上的問題。

③性別

通常，同性易溝通，異性好接近。這話還頗有道理，但要看對方屬於哪類人，是願與同性交流，還是願與異性交流。如果要運用性別影響力，首先要考慮對方的文化習俗、談判標的特性及雙方的歷史聯繫。

④風度

主談人的風度包括外表與內涵兩個方面。外表：長相與衣著。通常有生理缺陷的人會產生更多的困難，雖不是否決的條件，但挑選時考慮的因素會更多些。衣著不整或過於怪異會給對方不舒服的感覺，對談判有消極影響。內涵：個人修養，也就是氣質，尤爲重要。站不直，坐不穩，出言粗俗，不拘禮節的人，主談效果一定不會好。

⑤表達

主談人要思維敏捷，口齒清晰，說話流暢，邏輯性強。有內涵但無法說出，或是講出來的話別人不明瞭，都是不好的現象。

⑥業務

要精通，至少熟悉本行業務並對談判內容相關知識夠瞭解，具有複合的知識。例如，商務主談應懂些技術和法律；技術主談應懂些商務知識

等。

⑦德行

也就是主談人既要有敬業精神，也就是工作責任心、進取心和頑強作風；又要有職業道德，也就是公私分明，團結尊重他人，不斷自我完善。

⑧健康

也就是身體好。具體講是：腦力好，思維記憶力強；心力好，心態平衡，不懼壓力；體力好，持久性強，有工作耐力。

(2) 負責人

也就是談判專案或談判小組的一線領導者。主要負責協調談判成員、保證談判目標的實現。其挑選標準為：

①地位

一般略比主談人的地位高，至少應與其同等級，否則，與主談人之間的協調會產生困難，除非負責人來自專案主要成員，而主談人來自受託公司。

②年齡

應隨地位而定。地位高，年輕無妨；地位低，年長為宜。

③性別

由於是負責人，無特別限制。

④風度

可以在外表上比主談人略差，但其內涵不應差得太遠，以稍強為佳。

⑤表述

可以比主談人差，但在邏輯思維能力上，要夠水準。

⑥德行

只能比主談人強，而不能差，至少與主談人相當。

⑦業務

要求其政策水準，決策能力和組織能力要比主談人強，以把握談判大勢和大方向，並團結全體談判人員共同工作。

⑧健康

條件可以比主談人差，但應能堅持正常的工作。

2. 人員的配置

談判人員的配置，指在集體談判時需組成談判團隊的情況。此時，需考慮兩個問題：專業與人數。

(1) 專業

是指談判團隊應擁有的不同行業知識，主要依談判內容而定。如果談判涉及電子、機械、化學、工程問題，就應配以相對應的專業人才。

(2) 人數

是指談判投入的人員規模。此點與前述談判小組中論及的規模原則一樣。

二、人員的分工

談判人員的分工，是指對選配的談判人員明確其職責，簡稱「定位」。談判人員的定位是優化人力資源的重點，對談判的成功具有重要意義。分工包括職務分工和專業分工。

1. 職務分工

談判中的職務，是行政任命的角色。主要是主談人和負責人。主談人又分商務主談和技術主談。負責人包括一線的領導人和談判人員的上級領導。

2. 專業分工

談判涉及的人才專業。當人員專業能力不全時，也就是意味著參與人員必須兼顧其他專業的工作。

三、指導與協調

談判人員的指導與協調，是指對參與談判的人員的指導與協調。無論談判組織形式如何，都存在對談判人員的指導的問題。在集體談判的組織形式中，指導更爲重要。

1. 談判引導

談判引導是指帶領談判人員找到方向，找到解決問題的辦法。

引導的做法有兩種：第一，啓發：給談判人員思路，再依靠自己的智慧找到方向和方法。第二，教導：直接明確方向並給予方法。此時以指示或要求的形式出現。

引導的情況有兩種：

第一，在制定談判方案時，需讓所有成員認清大方向，掌握談判的重點。啓發能實現，則爲上策。啓發不行，就要教導，談判人員能認識方向，則罷。不認識，則要求按指示執行。一般很少出現強制執行談判大綱的情況，多數情況是能找到折衷方案。

第二，談判遇到困難時，要擺脫困境，而談判人員無計可施時，指導就要發揮作用。此時，也是先啓發，後教導。

2. 談判協調

協調，是讓談判人員處理內部矛盾，建立良好的人際關係。集體談判時，人員來自不同單位，彼此尚不太瞭解，權威尚未形成，各種差異極易引起矛盾。解決好矛盾，談判力量大；反之，則相互抵銷。協調的手法有兩種：教育與評判。

(1) 教育

是指事先給大家明確目的、意義，介紹各自的長短，要求正確的工作方式，提出解決問題的基本方法。

(2) 評判

是指當問題出現時，及時調查、及時判明是非，做出決斷，以鼓勵正確、評議不良行為。嚴重時，要採取果斷措施，確保談判團隊全力投入談判。

3. 談判實施

通常企業人事部門並不參與談判一線的人事管理，多由負責專案談判單位的負責人來實施人事管理。這種模式有其優點：管理直接。但其效果好壞取決於此位負責人的工作時間、作風和處事水準。若他工作太忙、時間少或不及時就會耽誤時機；若其工作不深入、不細緻，也會降低談判者的積極性或不能準確掌握問題的癥結。

如果處事水準不適應談判需求，那麼人員的工作指導效力會大打折扣。為了彌補此種模式的不足，實務中，常常採用兩級指導的模式：領導負責、談判負責人或主談人負責。

(1) 領導負責

是指以受託談判單位領導為主，以參與談判各單位領導為輔的領導層負責形式。這麼做可以滿足以談判為核心的領導負責的要求，又可以解決多個單位隸屬下的人事管理心理趨向的基本條件的保證問題，使領導的威力擴及所有參談人員。

(2) 談判負責人或主談人負責

是指一線的負責人員應在業務任務之外，擔負起談判團隊人事管理中的指導義務，這屬於一線的人事管理指導工作。由於談判負責人或主談人是一線的領導，領導負責的部份內容自然會因時空的變化、延伸而合理地分割出來，由一線領導人去實施。事實上，談判負責人或主談人也必須做好這些工作，例如，指導談判人員在當下該做什麼，怎麼做；在會上該說什麼，怎麼說，就是一種指導責任。

四、人員的激勵

談判人員管理中的激勵，主要指鼓勵談判人員積極向前的措施。對於參與談判人員，無論是負責人、主談人還是輔助人員，均應有激勵措施。激勵有正面與反面之說，兩者各有其功用，但均可達到鼓勵談判人員積極向上、爭取談判最佳效果之目的。

1. 正面激勵

正面激勵，是指針對談判人員傑出的談判手法、堅強的工作精神、一絲不苟的談判態度及顯著的談判效果予以獎勵，以表示肯定、讚揚。正面激勵的手法有三種：晉升，獎金與休假、表揚。

前兩項均為物質獎勵，後一項為精神獎勵，也就是以信任和榮譽來表達認可與肯定。當然，也可以混合使用物質和精神的獎勵措施。

2. 反面激勵

反面激勵，是指標對談判人員表現出的工作疏忽、懈怠、失誤、不團結以及直接造成談判損失的情況，表示反對與批評，以警示犯上述錯誤的人員，並規勸其迅速予以糾正。其主要手法有：批評，撤換，降職降薪。

3. 激勵的組織保證

激勵措施含有正反兩面的形式，使它既有表面建設性的一面，又有看似破壞的一面。為使兩種形式均產生積極、建設的效應，就必須關注其組織保證。所謂組織保證，就是激勵程序與實施的保證。

(1) 激勵程序

也就是如何形成激勵的決定或形成激勵決定的過程。此過程的目的在使激勵客觀，從而能對被正面或反面激勵的人員產生激勵自己和別人的作用。要避免被正面激勵的人，其他人對其不服；被反面激勵的人，對處罰批評不服或其他人為其抱屈。因此，程序顯得尤為重要。一般較為客觀的程序是：提出建議，當事人意見，覆核事實、審定方案。這四個程序應分

別完成。

①提出建議

表揚或批評的方案,視提案涉及的不同對象,上呈談判團隊的負責人。

②當事人意見

當事人對議案的表述及對處理意見的看法。

③覆核事實

覆核工作多由第三者完成,例如上級主管或派其代表(人事部門或業務主管部門人員)。

④審定方案

也就是做出激勵的最後核准決議。此項工作多由主管或主管們(各參加談判單位主管)完成,也可委託人事或單位負責機構去完成。

(2) 激勵實施

也就是執行具體激勵決議的行動。談判中的人員激勵,視決定的方案,可以在談判中執行,也可以在談判後執行。一般做法如下:

①談判中執行

談判中執行的激勵方案多為表揚、批評和撤換。其重點在及時解決負面問題,使談判隊伍正常工作。倘若在談判中晉升,既有損談判者銳氣──造成可能的傲氣或自滿情緒,更可能激起對手的反抗──報復受到獎勵的談判者。

②談判後執行

談判後執行的激勵方案多為晉升、獎金、休假、降職、降薪等。而即使是中途撤換下來的談判人員,亦應等談判結束後再處理,因為若談判結果並非像當初做決定時的那麼嚴重,還可以對其寬大處理。

③實施者

實施人多為主管,也就是負責專案談判的單位主管和參與談判各單位的主管。主要表現「信任與分工」,還可責成人事部門來實施,或對有關決定配合實施。

談判心聲：值得信賴的人

以下是筆者聽到的故事，原文如下：

我表弟喬治是個很聰明的人，他在通用汽車公司工作了很長的時間，對工作一直就兢業業、十分賣力。有一次，我問喬治，他見過最好的老闆是誰？喬治想了一下說：「我那個老闆，是個值得信賴的好人。我們大夥都很賣命地幫他工作30年了。因為，他知道哪些事我們做得到，哪些事我們做不到，他瞭解我們的家人及我們有困難的問題。對我們來說，他簡直是個最好的鄰居。而且，最重要的是，他從不會讓我們失望。每當我們因為生病、勞累或喝醉酒耽誤了工作的時候，他總是敦厚地安慰我們；當工作進行得不順利的時候，他也不會把責任推到我們身上。總之，不管情況是好是壞，他都滿面笑容地把薪水袋交到我們手上。」

我問：

——好人和值得信賴的好人之間，有什麼不同嗎？

喬治說：

——好人是只要工作進行得很順利，他就會對你非常好；值得信賴的好人是，即便工作進行得不順利，他也還會對你非常好。

要建立長久的關係，誠實是不可或缺的。不過，還有一件事情比誠實更重要，那就是我們希望對方也是個「值得信賴的好人」；當事情未如預期那樣順利時，他能夠懷有無比的善意和寬容。

　　談判的作業管理的主要工作是：支援談判的需要，指優化配置談判者的所有資源：資金（採購者）或毛利（銷售者）、人力、時間、環境條件的全部過程。談判計畫與談判預備方案有相近之處，但又不能完全等同。談判規模比較小的情況，兩者可能聯合；談判規模大的情況，兩者就有明顯區別。談判計畫：是對談判宏觀配置的要求，而談判預備方案：是談判微觀的行動方案。談判計畫：是由兩個部份組成：配置與調整。針對這些議題，我們將討論以下四個項目：一、資源的配置；二、作業的操作；三、作業的控制；四、運作的確認。

一、資源的配置

　　談判計畫的基礎是資源配置。資源配置的核心是優化使用所有資源。優化對於不同資源來講有不同的表現形式和要求，不宜一概而論。為了理解談判計畫中的優化資源配置，下面分析談判中最常見的資源及其優化配置。

1. 優化配置

　　優化配置內容是指資金或毛利在對財務資源進行分配時，買方擁有多少資金，賣方擁有多少毛利，就是優化配置的內容。此時，優化的標準不在於是以最少的錢成交，還是以最高價成交，還應考慮最佳的成交現實條件，此條件更能使雙方接受，也就是談判的成功機率更高。可見，財務資

源的優化配置標準應是「可使雙方接受的、最為有利的價格條件」。以此為優化標準，財務資源配置將包括下述三個層次。

(1) 極限配置

極限配置是根據調查研究，明確最低收入（作為賣家時）和最高支出（作為買家時），亦稱為最低成交價。換言之，配置最低的成交條件，最大的財務承受力。

(2) 可容量配置

是在最低成交價或最大財務承受力的約束下，可以調度的其他輔助財務措施（資源）。較多的情況下，是對交易標的性質或支付條件加以運用。例如，對交易標的性能加以改變，進而使其價值發生變化，以滿足財務要求。

(3) 政策性配置

政策性配置是指採取特殊措施和特殊政策的可能性及力度。為了克服財務困難，保證成交，買方採取特殊措施、擴大資金現狀的可能性及總量；賣方採取特殊銷售政策、改善銷售價的可能性及力度，如特別優惠價的定價政策。

2. 人力資源配置

對人力資源需要進行配置，交易者擁有的談判人員也就是優化配置的對象。

(1) 稱職

也就是配置的人員是稱職的，能勝任談判要求。這是人力優化的基礎。不論涉及談判哪方面的議題，配置的人員均應為行家高手。

(2) 能力

也就是配置的人員能滿足談判量和談判組織的需要。無論是單兵談判，還是團體談判，都存在「夠用」的問題。單兵談判時，選配的談判者會不會很忙，因為手中的工作會使其無暇過問，或無足夠時間投入新的談

判。團體談判時，配置的人數、專業是否適合談判的要求、能否滿足談判中多種組織方式的要求。

(3) 人才的調度

在團體談判時，存在人才的調度問題。它涉及優化配置的問題。由於多個單位參與談判，談判的多專業性。那麼，從何處、調多少人，就成為了優化的內容，就是調度問題。人才調度主要應依據專業和能力來調度。專業調度，也就是依談判專業要求，調配專業部門的人才。例如，工作設計談判，需從工程設計部門請調人員支援。能力調度，也就是據專業人才的能力和談判需要擁有的能力調配專業人員的數量。

3. 時間的配置

時間具有壓力，對談判結果也有影響。它的運用也是優化對象。時間優化配置主要表現為談判時間效率和談判時間效益。

(1) 時間效率

也就是指有效、合理地使用談判時間。從配置角度講，是指依其進度的形式標出談判的程序時程，也可說是談判實際所需要的時間。它是客觀時間，有效利用並節約使用了計畫的時間，也就是所謂有時間效率。例如，依談判內容、技術、商務、文本等劃出了時間程序段落，同時合理安排了每個議程的時間長短和編排的時間運用順序，使談判進展符合內在邏輯關係，減少了等待與重複談判的時間，時間自然有了效率。

(2) 時間效益

也就是指將談判時間分成程序段（客觀時間段），還準備機動時間段落，以便向談判對手施加壓力，亦稱策略段。此段時間可以對外稱之為無，也可稱之為有，主要依其施壓效果而定。當對方懼怕沒時間談判時，則稱之為「無」；當對方希望你急躁、沒耐心時，則稱之為「有」。運用時間也就是可獲得談判效果，則稱之為時間效益，也是優化的成果。

(3) 時間配置

　　也就是計畫發生的時刻。從實務看，進行時間配置的機會很多。不僅可以包含談判開始時對整個談判時間進行配置，也可以包含每場、每個議題談判時間重新配置，還可以包含談判中斷後恢復談判的時間計畫。

4. 環境條件

　　由於構成談判背景的環境條件，對談判同樣具有影響力，所以，在計畫宏觀和微觀的方案時，它也成為優化配置的內容。構成環境條件的內容有政治、經濟（宏觀與微觀）和人際（自然人之間與法人之間）關係。其優化的重點在於最大限度地利用其有利因素和迴避其不利因素。

(1) 利用有利因素

　　在構成環境的各因素中，凡是有利於己方的因素，要儘量予以利用。或利用其加強己方談判地位，或利用其改善己方談判條件。例如，對方企業有財務困難，急於成交，售出庫存，則利用其「急」改善己方談判地位。利用「合約」，迫其降價清庫。

(2) 迴避不利因素

　　許多時候，環境條件的有利因素與不利因素並存。在利用其利時，同時要注意盡力迴避其不利因素的壓力。例如，金融條件大環境對出口不利，為了克服匯率壓力或匯率風險，在談判中就要盡力擺脫匯率造成的價格劣勢，以及對方為壓制己方而採取的支付條件的風險。

(3) 利用手法

　　關於利用與迴避環境條件的手法，對政策、經濟、人際關係等因素的利用與迴避，其手法是多變，但要講求效果。在配置時，可以預先設定一種或幾種方法，給談判者提供可選擇的參考方案，談判者則應根據對手的表現和談判現場的情況靈活發揮。

5. 產品資源技術

　　產品的技術和規格亦左右著商務條件。在配置資源時，技術和產品資

源也會成為買賣雙方優化的對象。兩者優化配置的標誌是：「二律背反」的效應，也就是買賣兩方對配置追求呈背反狀態。主要反映在產品、技術的高低深淺與價格條件背反上。例如產品性能低、價格高，技術淺、壽命短、價格高為優，是賣方標準；而買方要求恰好相反。這是買賣雙方談判者在做優化配置時常選的方案。

(1) 二律背反的配置

配置中以二律背反的原則，以極盡利己為目標的反比標準優化談判方案。這種配置不失為談判的良好起點，大大有利於討價還價。

(2) 比例傾斜的配置

是指以盡可能傾向己方的比例（性能價格比）來設定方案。例如，配置同樣價格減少技術，或以同樣價格，降低產品層次或減少性能指標的保證等較為有利己方的優化條件。這種配置在談判中保證己方有了靈活的談判地位。

(3) 平衡二律的配置

也就是將產品、技術的水準與價格水準連結，高質高價，中質中價，低質低價的優化配置。這種配置易於推動雙方條件接近，便於說理，條件也不吃虧。

6. 市場容量資源

市場容量包括：賣方擁有的市場和買方具有的市場。買賣雙方的市場容量對雙方交易的談判可以產生重大影響。因為市場容量可以代表市場地位，而市場地位可對談判地位和成交意義帶來影響。市場容量當然可以作優化配置。

(1) 優化標準

對優化標準而言，其優化標誌的獨特之處：市場容量就是價值。既然是價值，它就決定了交易價。與資源的優化不同，它更直接，更簡單。它與產品和技術資源的優化是相反，成正比優化，而且只有一種優化標準，

第十三章
談判的有效管理

也就是市場容量越大，則要價越大。當然對於買賣雙方來講該標準的表現形式有所不同。

(2) 買賣雙方的標準

買方市場容量大，談判中要價越大，是指其降價要求越大。其理由可能是數量折扣，技術折舊更快。賣方市場容量大，談判中要價越大，是指其技術轉讓的效益對買方大，或自己讓出市場（影響市場佔有率）大，或產品可靠、性能高、聲譽佳、名牌，故漲價要求高、高價不降的理由大。

二、作業的操作

談判作業的操作關鍵在於資源配置的調整，指對談判計畫實施過程的追蹤與反饋。科學的談判計畫均建立在充分的調查研究的基礎之上，具備了客觀性和準確性。但無論再嚴密謹慎的計劃，也只能反應人們的認識，不能直接反應談判現實，充其量也只是接近現實。因此，對預測的差異，對沒有預料到的突發變化，必須進行研究並提出應對辦法，這就是計畫調整的原由。談判計畫調整包含兩層意思：追蹤與調整。

1. 追蹤計畫

談判計畫的制訂者應始終關注談判進程，既要監督計畫的執行情況，又要記載完成情況，並在執行與完成的差距中找出原因。跟蹤的內涵就是要完成對執行、完成、分析原因三個環節的工作。

(1) 執行跟蹤

是指對計畫在談判中的實施行為的跟蹤。談判參與人員是否在依計畫行事？有多大程度在履行計畫的內容？這是對談判人員執行計畫的態度的監督。

(2) 追蹤完成與分析

追蹤完成是指對計畫的實現程度及談判人員在談判中實現計畫的狀態的追蹤。這是對計畫完成的結果的監督。分析：也就是對態度、結果存在

的差距進行分析，旨在找出形成的原因。是計畫者不客觀？還是談判者不得力？或是有意外的情況發生？

2. 調整計畫

調整計畫是指根據追蹤的結果對計畫進行調整，或依照差距形成原因的認識，對計畫做調整。

(1) 計畫的調整

當計畫者與談判者分開時，由計畫者做調查；當計畫者與談判者為一體時，由談判者做調整。兩者分開時，應對差異的成因取得共識後再調整。若達不成共識，最好依談判者意見辦。若差距嚴重，則一定要計畫者研究決定。原則上計畫人員與談判人均屬談判資源，應好好地配合與運用，儘量避免二者的對立。

(2) 調整的授權

談判專家已為調整計畫的權力予以定位：談判初期，差距不明顯時，調整權在一線人員手中，也就是負責人或主談人手中；談判中期，差距明顯時，調整權在計畫人員手中；談判後期，差距明顯時，計畫人員和談判人員應聯合提出調整計畫的方案，報請主管核批。

三、作業的控制

國際商業談判的控制，主要指對談判人、談判過程和交易條件的控制。它是談判管理的重要組成部份。當主管把談判任務交給談判負責人或主談人後，控制還要不要？回答是肯定的。但由誰去控制，從哪兒控制就不太清楚了。如果不清楚控制什麼以及誰來控制，談判的控制也就談不上了。

1. 談判人的控制

談判管理中對談判人的控制，主要是指對其行為的控制：監督與指導。在控制上有一致性、保密性和紀律性。控制的手法有教育、宣傳與檢

查。

(1) 控制一致性

是指談判人員的行動一致性，也就是不論參加談判人員的地位高低，處在台前還是幕後，都必須一致對外，保持高度的一致性。也就是有不同意見也不應公開給對方。理由很簡單：所有談判人員不能自毀防線，讓對方突破。當然，作為控制的效率不全在「壓力」，還應在疏導。對於內部的矛盾和分歧，控制的手法是消化矛盾和分歧。例如，聽取意見，內部公開討論，讓分歧與矛盾得到化解，不至於因壓力而消沉或爆炸。

(2) 控制保密性

是指對談判人員保守談判秘密的管理。談判過程中，雙方的資訊均屬秘密，過早洩露就會給談判帶來影響。這是個保密意識的問題，在對談判人員控制時，是保密以教育形式出現。但談判中，有許多資料，甚至技術和價格條件的底線，則是更高度的機密或易於流出的機密。在控制中，多以剛性的措施予以管理。例如，不許攜帶機密資料出會場；散會時必須清理會議室等。

(3) 控制紀律性

是指談判人員應具有遵守談判規則的自覺性。在由多個單位組成的談判組中，人們對新的團體缺乏服從的概念，有時單兵談判人員也不乏忽視個人行動紀律的案例。所以，有經驗的主管都會事先宣佈一些紀律，要求談判人員遵守。

2. 談判過程的控制

談判過程的控制，主要是指對談判進展中所涉及的問題的管理。主要有談判方向、談判進展及談判策略的控制。

(1) 控制談判方向

是指對談判人員展開談判的程序是否正確進行的管理。談判程序包括談判的邏輯次序、談判突破點的掌握，所以，它也是談判發展方向的一個

表現。談判方向正確與否直接影響談判效果。例如，技術規格尚未談妥，就談價格，在邏輯上就不正確。又如，對方在備份組件上做的陷阱最多，你卻花許多時間去討論問題較少的主機性能，在突破點的選擇上就成問題。

(2) 控制談判進展

是指整個談判的進度和狀態的控制。簡單地說，談判是否順利，如期前進，便是控制的內容。當進展很慢，雙方狀態均不太好；煩躁、缺乏信心或態度傲慢等，這就需要控制的作用。

(3) 控制談判策略

是指對談判人員實施整體策略和具體策略的檢查與監督。一般來講，主要針對策略性的整體進行檢查。對關鍵問題和關鍵階段談判的策略也要檢查。該控制多表現為對談判中施壓強弱、進展幅度大小變化的時機的審議，有時也包括對談判者掌握談判節奏和冷熱分寸的評價。

3. 交易條件的控制

交易條件的控制，是指對成交條件的量與時機的控制，也就是大小與時機的控制。

(1) 量的控制

對於成交條件的量的控制，僅限於最低可接受的量的控制。什麼條款、什麼價格、什麼交付條件、什麼支付條件、什麼保證條件等均是量的內容。為了實現控制，談判專家習慣在談判預備方案中形成連環的、最低可接受的成交條件範圍，也就是多項條件的均衡結果。以保證談判結果不因忽略了某些條件而偏離走樣。所以，量的控制就是許可權的控制，不許越過這個最低可接受的成交條件範圍。若有可能越過該許可權並造成後果時，控制的責任人就要採取措施予以彌補和制止。

(2) 時機的控制

是指控制己方最低的可接受成交條件出手的時機。所謂時機，就是出

手的前提條件；就是說，在什麼前提條件下，可以提出該條件。在控制上，也可以是一個明確規定，把出手條件事先予以設定。這個設定就是「絕對要遵守的規定」。沒看到它發生，就不出手。

四、運作的確認

談判運作的確認，是指談判組織中的後勤保證。此問題在大型談判中尤顯重要。後勤保障在談判中主要涉及住宿、交通、會議室和文件準備等方面的保證。這些保證與談判效率直接相關，也是談判管理水準的表現。運作的確認包括以下三個項目：

第一，住宿安排。
第二，交通安排。
第三，文件準備。

其中在談判時的文件準備特別重要。包括編寫、列印的條件保證。文件準備，包括翻譯能力、編寫能力、列印能力和器材的準備。內容包括：翻譯，編寫，列印以及相關的器材。

談判心聲：推銷觀點

推銷員必須具備談判專家水準，他要能說服顧客接受他的觀點。談判可以說是觀點的勝利，而這個過程並不簡單，主要是因為觀念跟財富一樣，大部份人都不會輕易放棄。如果要使你的理念能夠佔上風，下面八點非常重要：

第一，少說多聽。顧客也需要把他們的想法表達清楚。如果你保持緘默，他們就可以充分地發揮。等輪到你陳述的時候，他們也會認真傾聽。

第二，別打斷別人的話，否則引起對方的反感，還阻礙了訊息的交流。

第三，別喜好舌戰。態度溫和容易贏得對方的尊敬，同時也要鼓勵對方以相同的態度待你。激昂的言辭並無法改變對方的意見。

第四，別急於陳述你的意見。最好在對方充分表達意見之後，再從容解釋你的觀點。

第五，在你瞭解對方的立場和目的之後，不妨再複述一遍。人們喜歡那種被認識的感覺，這不是讓步，還可以使你聽得更仔細，並且用對方的論點組織你的談判論點。

第六，掌握重點之後，再集中討論。但是別一口氣全部談完，一點一點慢慢道來。

第七，不要離題。可以用下面的方法減少離題的困擾：

(1)有些問題可以暫時擱下不說。

(2)有些問題可以稍後再說。

(3)談判時插入的問題，視作離題。

第八，要學習贊成而不是反對別人的觀點。人們承認合作，厭惡衝突。

以上八點就帶你朝著這方向走，不但可以推銷你的觀點、賣掉你的產品，而且還可以在較少衝突的情況下達成協定。

 談判加油站

勵志：選擇給自己鋪路

在談判工作生涯，放棄一次「贏」的機會並不可惜，可惜的是，我們常常會放棄給自己的「機會」鋪路——創造機會的機會。路是鋪出來的，機會是創造出來的！機會容易降臨在隨時準備挑戰的腦袋！

在巴西的一個貧民窟裡，有一個男孩，他非常喜歡足球，可是又買不起，於是就踢塑膠罐，踢汽水瓶，踢從垃圾箱揀來的椰子殼。他在巷口裡踢，在能找到的任何一片空地上踢。有一天，當他在一個乾涸的水塘裡踢時，被一位足球教練看見了，他發現這男孩踢得很好，就主動送給他一顆足球。小男孩得到足球後踢得更賣勁了，不久，他就能準確地把球踢進遠處的水桶裡。

聖誕節到了，男孩的媽媽說：「我們沒有錢買聖誕禮物，送給我們的恩人。就讓我們為我們的恩人祈禱吧！」。小男孩與媽媽禱告完畢，向媽媽要了一隻剷子跑了出去，他來到教練住的別墅前的花圃裡，開始挖坑。就在他快挖好的時候，從別墅裡走出一個人來，問小孩子在做什麼，小男孩抬起滿是汗珠的臉蛋，說：「教練，聖誕節到了，我沒有禮物送給您，我替您的聖誕樹挖一個樹坑」。教練把小男孩從樹坑裡拉上來，說：「我今天得到了世界上最好的禮物。明天你到我訓練場去吧！」三年後，這位17歲的男孩在第六屆世界杯足球賽（1958年6月在瑞典）上獨進6球，為巴西第一次捧回金杯，一個原來不為世人所知的名字——貝利（Pele），隨之轟動全世界。

書訊：優秀的談判者是修來的

書名：*Méthode de négociation - On ne nait pas bon négociateur, on le devient - 2e édition*

作者：Alain Pekar Lempereur, Aurélien Colsonis. (2010)

本書為法文原著。主題：談判的方法。副題：優秀談判者不是天生，而是修來的。

兩位作者在國內圖書館英文版書：The First Move: A Negotiator's Companion , 2010

談判的藝術〔平裝〕

談判的方法：優秀的談判者不是天生的，而是修來的

〔作者〕阿蘭‧佩卡爾‧朗珀勒（Alain Pekar Lempereur）、奧雷利安‧科爾松（Aurelien Colson）、趙大維（合著者）。〔譯者〕張怡、邢鐵英。

On ne nait pas bon négociat, on le devient

內容：

第一章　談判之前先質疑：躲避談判暗礁

第二章　談判之前先準備：人員、問題、流程三維管理

第三章　決策之前先管理流程：要事要先行

第四章　分配價值之前先創造價值：談判的實質

第五章　發言之前先傾聽：溝通之道

第六章　談判深入之前先管理情緒：應對非理性狀態

第七章　複雜談判之前先研究應對之道：多層級、多邊和多元文化談判

第八章　談判結束之前先確認承諾：從談判中獲益

談判的十項暗礁

暗礁1　缺乏經驗分析環節

加油：應變能力

　　應變能力類似處理危機能力，是談判工作者的基本能力之一。當今我們每個人每天都要面對比過去更多的資訊，如何迅速地分析這些資訊，是人們把握時代脈動、跟上時代潮流的關鍵，它需要我們具有良好的應變能力。另一方面，隨著社會競爭的加劇，人們所面臨的變化和壓力也與日俱增，努力提高自己的應變能力，對保持健康的心理狀況是很有幫助的。

　　我們每個人的應變能力不盡相同，造成這種差異的主要原因，一方面可能有先天的因素，如多血質的人比黏液質的人應變能力高些。也可能有後天因素，例如長期從事緊張工作的人比工作安逸的人應變能力高些。因此應變能力也是可以透過某種方法加以培養的。對於應變能力高的人，要正確地選擇職業，將自己的能力服務於社會；而對於應變能力低的人，在注意選擇適合自己職業的同時，還要努力進行應變能力的培養。

　　人在選擇職業和進行人生的其他選擇時，除了考慮客觀條件和個人的興趣外，還應做到「知己知彼」，考慮一下自己的應變能力是否適合於這樣的選擇。一般來講，應變能力高的人可以選擇需要靈活反應的工作，這些工作需要人們在外界環境或條件有較大變化時，具有良好的調節能力。

相反，應變能力低的人可以選擇一些要求持久、細緻的工作。這些工作中，外界環境或條件的變化不是很大，對人們應變能力的要求也相對低些。當然，應變能力還是可以透過實踐來逐步培養和提高的，我們可以從以下幾點入手。

第一，**參加富有挑戰性的活動。**在實踐活動中，我們必然會遇到各種各樣的問題困難，努力去解決問題和克服困難的過程，就是擴大個人的交往範圍，增強個人的應變能力的過程。

第二，**加強自身的修養。**應變能力高的人往往能夠在複雜的環境中沉著應戰，而不是緊張和莽撞行事。在工作、學習和日常生活中，遇事沉著冷靜，學會自我檢查、自我監督以及自我鼓勵，有助於培養良好的應變能力。

第三，**注意改變不良的習慣和惰性。**假如我們遇事總是遲疑不決、優柔寡斷，就要主動地鍛鍊自己分析問題的能力，迅速作出決斷。假如我們總是因循守舊、半途而廢，那就要從小事做起，努力控制自己，不達目標不罷休。只要下決心鍛鍊，應變能力會不斷增強的。

第十三章
談判的有效管理

附　錄

【　】1. 通常,你會在談判之前,都做了萬全準備嗎?

(a) 幾乎每一次

(b) 經常這樣

(c) 有時候

(d) 不經常

(e) 憑臨場反應

【　】2. 在面對直接衝突時,你會有多少不適?

(a) 非常不舒服

(b) 相當不舒服

(c) 不喜歡但是能面對

(d) 這種場面還算喜歡

(e) 有這種機會求之不得

【　】3. 談判中,對方跟你說的你都相信嗎?

(a) 不相信,十分懷疑

(b) 半信半疑

(c) 有時候不相信

(d) 通常相信

(e) 大多數相信

【　】4. 被別人喜歡對你是不是很重要?

(a) 非常重要

(b) 相當重要

(c) 重要

(d) 不太重要

(e) 不當一回事

【 】5. 談判時，你總希望一切盡善盡美嗎？

(a) 總是如此

(b) 經常如此

(c) 平平常常

(d) 不太關心

(e) 無所謂

【 】6. 談判中，對方是如何看待你的？

(a) 競爭力很強

(b) 競爭力不錯，配合一般

(c) 配合不錯，競爭力平常

(d) 配合度很強

(e) 配合度中等，競爭力中等

【 】7. 你追求哪種交易？

(a) 對雙方都好的交易

(b) 對你方有利的交易

(c) 對談判對手有利的交易

(d) 對你方極有利，對對方而言，聊勝於無的交易

(e) 對個人有利的交易

【 】8. 你喜歡和生意人（賣車、傢俱、電器用品的）談判嗎？

(a) 非常喜歡

(b) 喜歡

(c) 不介意

(d) 不喜歡

(e) 極討厭

【 　】9. 達成協定後，你發現協定內容十分不利時，你會要求再協商一
次嗎？

(a) 會

(b) 有時候會

(c) 勉強願意

(d) 很難

(e) 那是他家的事

【 　】10. 你有威脅別人的傾向嗎？

(a) 常常

(b) 經常

(c) 偶爾

(d) 很少

(e) 幾乎沒有

【 　】11. 你能將自己的觀點表達得很好嗎？

(a) 非常好

(b) 一般水準之上

(c) 一般水準

(d) 一般水準之下

(e) 非常不好

【 　】12. 你是個好聽眾嗎？

(a) 非常好

(b) 相當不錯

(c) 一般水準

(d) 一般水準之下

(e) 糟糕透了

【 　】13. 你對曖昧不明的狀況感覺如何？

(a) 非常不舒服

(b) 有點不舒服

(c) 不喜歡但可以接受

(d) 無所謂

(e) 喜歡

【　】14. 當你不贊同別人所表達的意見時，你會怎麼做？

(a) 閉耳不聽

(b) 隨便聽聽，不過不太聽得進去

(c) 隨便聽聽，反正無所謂

(d) 適度地聆聽

(e) 專心聆聽

【　】15. 談判之前，你和你的組員是否對設定目標、優先順序等問題做充分地溝通？

(a) 經常如此且溝通良好

(b) 不常如此，溝通狀況亦不佳

(c) 磋商十分辛苦，效果很好

(d) 磋商頻率相當高，大夥都很辛苦

(e) 按照要求去做，不過最好能省掉這個程序

【　】16. 如果部門裡薪水的平均調幅是5%，而同仁們希望調幅提高為10%，所以要去找老闆談判，你覺得如何？

(a) 一點也不喜歡，最好不要

(b) 不喜歡，但不會表示意見

(c) 會去做，不過心裡有點猶豫

(d) 願意嘗試

(e) 以期待的心情欣然面對

【　】17. 你喜歡在談判中運用專家嗎？

(a) 非常喜歡

(b) 滿喜歡的

(c) 偶爾為之也可

(d) 如果有必要的話

(e) 幾乎沒有

【 】18. 你是一個很好的小組領導嗎？

(a) 非常好

(b) 相當不錯

(c) 普通

(d) 不是很好

(e) 很糟糕

【 】19. 處於壓力之下，你還能清晰思考嗎？

(a) 可以，非常清楚

(b) 比大多數人要好

(c) 一般水準

(d) 一般水準以下

(e) 完全不行

【 】20. 你的商業判斷力好不好？

(a) 依過去的經驗來看，相當好

(b) 不錯

(c) 和一般主管人員差不多

(d) 不是很好

(e) 我不願承認，但我實在一點商業細胞都沒有

【 】21. 你自視如何？

(a) 自尊心非常強

(b) 不算太自負

(c) 感情很複雜

(d) 不怎麼樣

(e) 不在意

【　】22. 你能得到別人的尊重嗎？

(a) 輕易得到

(b) 多半可以

(c) 偶爾可以

(d) 多半不能

(e) 幾乎不能

【　】23. 你認為自己是個很謹慎、很有機智的人嗎？

(a) 完全正確

(b) 經常是如此

(c) 普通

(d) 經常說漏嘴

(e) 屬於那種先說後想的人

【　】24. 你是個心胸開闊的人嗎？

(a) 絕對是

(b) 經常如此

(c) 多半如此

(d) 有點封閉

(e) 相當故步自封

【　】25. 你覺得誠實對你來說重要嗎？

(a) 非常重要

(b) 很重要

(c) 普通重要

(d) 有點重要

(e) 這是個無情的世界

【　】26. 你覺得誠實對別人重不重要？

(a) 非常重要

(b) 很重要

(c) 普通

(d) 有點重要

(e) 人不爲己，天誅地滅

【　】27. 當你有權在握時，你會用嗎？

(a) 會盡我所能，把它用到極限

(b) 在沒有罪惡感的前提下，我會適度運用

(c) 會在公平的原則下運用權力

(d) 不喜歡運用權力

(e) 我不對別人運用權力

【　】28. 你對肢體語言是否敏感？

(a) 非常敏感

(b) 很敏感

(c) 一般水準

(d) 觀察力比大多數人要差

(e) 沒什麼觀察力

【　】29. 你對別人的動機、眞正的想法，是否敏感？

(a) 非常敏感

(b) 很敏感

(c) 普通

(d) 敏感度比大多數人要差

(e) 不敏感

【　】30. 你對獨自與談判對手打交道，感覺如何？

(a) 極力避免

(b) 很不自在

(c) 不好也不壞

(d) 傾向和對方保持密切接觸

(e) 喜歡和談判對手保持密切的關係

【　】31. 你能洞察談判的真正議題嗎？

(a) 具有很強的洞察力

(b) 多半能做正確的判斷

(c) 一般狀況下，我能猜得到

(d) 常覺得意外

(e) 要找出關鍵性議題，十分困難

【　】32. 在談判中，你傾向擬定什麼樣的目標？

(a) 要達成極為困難的目標

(b) 不容易達成的目標

(c) 難易適度的目標

(d) 不難達成的目標

(e) 比較容易達成的目標

【　】33. 你是個有耐性的談判者嗎？

(a) 可以這麼說

(b) 一般水準之上

(c) 一般水準

(d) 一般水準之下

(e) 覺得窮耗實在沒有意思

【　】34. 在談判中，你會信守擬定的目標嗎？

(a) 絕對信守

(b) 通常會

(c) 有時候會

(d) 不太管它

(e) 保持相當大的彈性

【　】35. 在談判中，你會堅持到底嗎？

(a) 絕對堅持到底

(b) 毅力很強

(c) 表現一般

(d) 不是很能持續到底

(e) 毅力很差

【　】36. 談判中，面對討論私人問題時，你會很敏感嗎？

(a) 非常敏感

(b) 很敏感

(c) 普通

(d) 不很敏感

(e) 幾乎沒有感覺

【　】37. 你會信守滿足對手需求的承諾嗎？

(a) 絕對信守，同時確保他們不會受到傷害

(b) 有時候

(c) 順其自然，不過我希望他們不會受到傷害

(d) 有點關心

(e) 那是他們自己的事

【　】38. 你會傾向強調自己的許可權嗎？

(a) 肯定是如此

(b) 通常是如此

(c) 適度強調

(d) 不考慮這個問題

(e) 喜歡從正面思考問題

【　】39. 你會去瞭解對手的許可權嗎？

(a) 肯定會

(b) 多半會

(c) 自行估量

(d) 我不是對手，如何得知許可權所在

(e) 談判進行過程中，自然會知道

【　】40. 當你開出很低的價錢去購買東西時，感覺如何？

(a) 很糟糕

(b) 不很好，可是我有時會這麼做

(c) 偶爾為之

(d) 經常嘗試，毫不在乎

(e) 定期練習，感覺相當不錯

【　】41. 通常你會以什麼樣的方式做出讓步？

(a) 非常緩慢的步調

(b) 緩慢的步調

(c) 和談判差不多的步調

(d) 為了做出更多讓步，我會加快自己的步調

(e) 只要能達成目標，我不在乎讓步的幅度

【　】42. 如果你所冒的風險可能影響你的前途，你感覺如何？

(a) 敢嘗試大多數人不敢嘗試的風險

(b) 我敢冒的風險，比大多數人大一點

(c) 我敢冒的風險，比大多數人小一點

(d) 偶爾敢冒一點風險

(e) 幾乎不敢冒任何風險

【　】43. 對冒財務上的風險，你感覺如何？

(a) 敢冒的風險比大多數人要來得大

(b) 敢冒的風險比大多數人大一點

(c) 幾乎不敢冒任何風險

(d) 偶爾敢冒一點風險

(e) 敢冒的風險比大多數人小一點

【　】44. 和身份較高的人相處，你感覺如何？

(a) 非常自在

(b) 很自在

(c) 感覺很複雜

(d) 有點不自在

(e) 非常不自在

【　】45. 上一次你買房子或買車時，曾針對談判做了什麼樣的準備？

(a) 萬全的準備

(b) 相當完善的準備

(c) 適度的準備

(d) 不太周全的準備

(e) 靠臨場發揮

【　】46. 對於告訴你的話，你會查核到什麼程度？

(a) 我會全部查核一遍

(b) 我會查核大多數的內容

(c) 我會查核部份內容

(d) 我知道應該查核，不過通常我不會去做

(e) 我從不查核

【　】47. 你能針對問題設想出各種富有創意的解決方案嗎？

(a) 絕對可以

(b) 通常可以

(c) 有時可以

(d) 不太可能

(e) 幾乎不能

【　】48. 你具有領導者的魅力嗎？

(a) 可以這麼說

(b) 頗具魅力

(c) 一般水準

(d) 魅力不大

(e) 毫無魅力

【　】49. 和別人相比，你算是個有經驗的談判者嗎？

(a) 經驗非常老到

(b) 一般水準之上

(c) 一般水準

(d) 一般水準之下

(e) 一個生手

【　】50. 在小組內領導別人，你感覺如何？

(a) 自在且自然

(b) 不算自在

(c) 感覺很複雜

(d) 有點難為情

(e) 相當焦慮

【　】51. 和同事相比，你覺得自己在沒有壓力的狀況下，表現得有多好？

(a) 非常好

(b) 比大多數人要好

(c) 一般水準

(d) 比大多數人差一些

(e) 不太好

【　】52. 當談判氣氛變得非常激烈時，你的情緒有可能跟著暴發嗎？

(a) 我的情緒相當穩定

(b) 基本上我很冷靜，但隨著形勢變化，會愈來愈焦急

(c) 和大多數人差不多

(d) 脾氣會有點暴躁

(e) 會產生爆發現象

【　】53. 人們會親熱地對你表示好感嗎？

(a) 會

(b) 多半會

(c) 一般水準

(d) 不太會

(e) 根本不會

【　】54. 你的工作穩固嗎？

(a) 非常穩固

(b) 很穩固

(c) 一般水準

(d) 偶爾可以

(e) 幾乎不行

【　】55. 如果你只好說「我不明白，」四次解釋後，你的反應會如何？

(a) 很糟糕，我不會如此做

(b) 很尷尬

(c) 會感到尷尬

(d) 偶爾可以

(e) 毫不介意

【　】56. 你在談判面對棘手問題，你的反應會如何？

(a) 非常好

(b) 很好

(c) 一般水準

(d) 低於平均水準

(e) 不良

【　】57. 當你碰到尖銳的問題？

(a) 非常好

(b) 挺好

(c) 一般水準

(d) 不太好

(e) 糟糕

【　】58. 關於您的業務，保密態度如如何？

(a) 非常保密

(b) 很保密

(c) 一般水準

(d) 偶爾可以

(e) 開放態度

【　】59. 相對你的同事，你對自己的領域或專業知識評價如何？

(a) 非常有自信

(b) 很有自信

(c) 一般水準

(d) 不大好

(e) 很不行

【　】60. 假使你是建築服務買家。因爲配偶想要不同的東西而該設計被改變，現在要求更多的錢。面對兩難，你將如何談判價格問圖？

(a) 馬上處理

(b) 準備作，但不急

(c) 不喜歡，但會做

(d) 討厭

(e) 拒絕

【　】61. 當你遇到極度困難時，你會向他人隨意投訴嗎？

(a) 肯定會

(b) 經常會

(c) 不一定

(d) 不大會

(e) 確定不會

　　談判能力評價測驗請按照下表所示，將正分和負分分開計算，然後加總在一起，正分扣掉負分，就是你最後的分數。

問題	a	b	c	d	e	計分
1	20	15	5	-10	-20	
2	-10	-5	10	10	-5	
3	10	8	4	-4	-10	
4	-14	-8	0	14	10	
5	-10	10	10	-5	-10	
6	-15	15	10	-15	5	
7	0	10	-10	5	-5	
8	3	6	6	-3	-5	
9	6	6	0	-5	-10	
10	-15	-10	0	5	10	
11	8	4	0	-4	-6	
12	15	10	0	-10	-15	
13	-10	-5	5	10	10	
14	-10	-5	5	10	15	
15	8	-10	20	15	-20	
16	-10	5	10	13	10	
17	12	10	4	-4	-12	
18	12	10	5	-5	-10	
19	10	5	3	0	-5	
20	20	15	5	-10	-20	
21	15	10	0	-5	-15	
22	12	8	3	-5	-8	
23	6	4	0	-2	-4	
24	10	3	5	-5	-10	

商業談判：掌握交易與協商優勢

問題	a	b	c	d	e	計分
25	15	10	5	0	-10	
26	15	10	5	0	-10	
27	5	15	10	-5	0	
28	2	1	0	-1	-2	
29	15	10	5	-10	-15	
30	-15	-10	0	10	15	
31	10	5	2	-2	-10	
32	10	15	5	0	-10	
33	15	10	5	-5	-15	
34	12	12	5	-5	-15	
35	10	12	3	-3	-10	
36	16	12	4	-5	-15	
37	12	6	0	-2	-10	
38	-10	-8	0	8	12	
39	15	10	5	-5	-10	
40	-10	-5	5	15	15	
41	15	10	-3	-10	-15	
42	5	10	0	-3	-10	
43	5	10	-5	5	-8	
44	10	8	+3	-3	-10	
45	15	10	5	-5	-15	
46	10	10	3	-5	-12	
47	12	10	3	0	-5	
48	10	8	3	0	-3	
49	5	3	0	-1	-3	
50	8	5	3	0	-12	
51	15	10	5	0	-5	
52	10	6	0	-3	-10	
53	10	8	4	-2	-6	

問題	a	b	c	d	e	計分
54	12	10	5	-5	-12	
55	-8	-3	3	8	12	
56	10	8	2	-3	-10	
57	10	8	3	0	-5	
58	10	10	8	-8	-15	
59	12	8	4	-5	-10	
60	15	10	0	-10	-15	
61	-8	-6	0	5	8	

最高級分數＋376至＋724

次高級分數＋28至＋375

第三高分數-320至＋27

最低級分數-568至-321

請每隔六個月再測驗一次，看結果是否改善

資料來源：*Give and Take: The Complete Guide to Negotiating Strategies and Tactics* page 262-272 by Chester L. Karrass. Revised Edition (1995)

02

情緒智商（EQ）測驗

請對下列20項題目作出「是」或「否」的選擇。

【 　】1. 與你的談判對手發生爭執（爭吵）後，你能在他人面前掩飾住你的沮喪。

【 　】2. 當工作碰到困難時，你認為這是對未來發展的警訊。

【 　】3. 在你最好的團隊伙伴開始說話以前，你就能分辨出他（她）處於何種情緒狀態。

【 　】4. 當你擔憂某件事時，在夜裡經常難以入睡。

【 　】5. 你認為大多數人碰到困難時，必須更加努力而不要輕易放棄。

【 　】6. 與你最好的團隊伙伴相比，你更易受一部浪漫影片的感染。

【 　】7. 當你的情況不妙，你認為到了你該改變的時候了。

【 　】8. 你經常想知道別人是怎樣看待你的。

【 　】9. 你對自己能夠讓朋友分享你的喜悅，而感到自豪。

【 　】10. 你厭煩討價還價，儘管你知道討價還價能使你少花一些錢。

【 　】11. 你肯定直率地說話，而且認為這樣能使一切事情變得更容易。

【 　】12. 儘管你知道自己的觀點是正確的，你也會轉換這一話題，而避免引來一場爭論。

【 　】11. 你在工作中作出一個決定後，會擔心它是否有效。

【 　】14. 你不會擔心工作環境的改變。

【 　】15. 你似乎是這樣一個人：對於週末去做什麼，你總是能夠提出有趣的規劃。

【　】16. 假如你有一根魔棒的話，你將揮動它來改變你的外貌和個性。

【　】17. 不管你工作多麼盡心盡力，你的主管似乎總是在盯著你。

【　】18. 你認為你的主管及親人都對自己寄以厚望。

【　】19. 你認為一點小壓力不會傷害任何人。

【　】20. 你會把任何事情都告訴你最好的朋友，即使是個人隱私。

評分規則

每題選「是」記1分，選「否」記0分。各題得分相加，統計總分。

你的總分＿＿＿＿＿＿

16分以上：你對你的能力很有自信，因此，當處於強烈情感邊緣時，你不會被擊垮。即使你在憤怒時，也能進行有效的自我控制，保持彬彬有禮的君子風度。在控制你的情感方面，你是出類拔萃的，與他人相處也很融洽。

7～15分：你能意識到自己和他人的情感，但有時卻忽視它們，不明白這對你的幸福是多麼重要。你對下一步升學和就業等諸如此類事情的關心支配著你的生活。然而，無論實現多少物質目標，你仍然感到不滿足。

6分以下：你過分注重自己，對別人關心不夠。你喜歡打破常規，並且不會擔心透過疏遠別人來得到自己想得到的東西。你可能在短期內就會取得一定成果，但人們不久就將開始抱怨你。

最近研究統計，一個人的成功只有20%歸諸於IQ（智商）的高低，80%取決於EQ（情緒智商）。EQ高的人工作比較快樂，能維持積極的人生觀，不管做什麼事成功的機會都比較大。既然EQ對於一個人來說如此重要，那麼又如何提高你的EQ呢？

首先，智商並非成功的唯一因素。科學家做了這樣一個實驗：將一組還沒有行為規範能力的幼童，依次一個個進入一個空空盪盪的大廳，只在一個地方放著一個非常顯眼的東西，就是一顆軟糖，整個大廳的其餘部份

是空的。對於走進來的每一個孩子，老師會告訴他，對你有一個測試，這裡有一顆糖，如果你在走出這個大廳之前吃掉了它，就什麼也不會得到；如果你能堅持到老師打開門帶領你出去的時候，你將得到一個獎勵，大廳裡的這顆糖給你，再獎勵給你一顆糖，這樣，你一共可以得到兩顆糖。孩子還很小，大多數兒童在一個空空盪盪的、沒有其他刺激的環境中，只有一顆糖誘惑他，他抗拒不了，就把糖給吃了。而另一些兒童就在大廳裡一會兒唱歌、一會兒蹦跳，把眼睛轉過去不看那顆糖，一直堅持到老師進來，得到第二顆糖。對這些兒童的成長進行了追蹤，發現得到第二顆糖的兒童相對比較成功。這說明人的非智力心理因素系統所起的作用，確實有時候要超過智力系統所起的作用。有的資優班畢業的「神童」，走上社會後連正常的職業都不能勝任，這說明有智商還不夠，還必須有健康的心理，有正常的情緒智商。

其次，做情緒的主人。情緒是人對客觀事物的態度體驗，也是一個人心理活動的核心。每個人在一生當中，可以說每年每月，甚至每天，都會有笑有哭、有喜有悲。比如說，由於成功和失敗、順心和不順心等等的不斷交替更換，也就必然地會產生愉快或不愉快的不同情緒反應。當人們面對猶如「萬花筒」般變化多端的大千世界時，應當盡力爭取良好的情緒狀態。因為不良情緒是吞噬健康、阻礙成功的「惡魔」。相反，積極情緒對人體的生命活動非常好，它能為我們的神經系統增加新的力量，充分發揮潛力，提高腦力和體力勞動的效率和耐力。例如在工作疲勞的時候，講幾句笑話、發出一陣笑聲就會使精神振作起來，並減輕疲勞。

第三，學會控制自己的情緒。人總是有某些個性上的盲點是自己看不清楚的，因此應該經常自我反省，並從不同角度去瞭解自己。不瞭解自己的真實情況，必然淪為情緒的奴隸。自我控制要以正確的自我認識為基礎，是情緒智商的一個重要因素。只有學會給自己不好的心境作出合理的解釋，保持頭腦冷靜，扼制過分激動。工作中，我們有時會不自覺地承擔一些並不該由自己承擔的責任，使自己受到種種傷害，並由此自責自悔。

其實很多事情並非自己的過錯，應該學會為自己想通，別跟自己過不去。這樣，才能使我們獲得精神上的解脫，使自己永遠保持對生活的美好認識和執著追求，從容地走自己選擇的道路，踏踏實實地做自己喜歡的事情。這既是對自己的愛護，又是對生命的珍惜。

最後，告別失意，面對人生。失意會使人無精打采。沉湎於舊日的失意是脆弱的，迷失在痛苦的記憶裡更是可悲。一個人應該學會主動地遺忘那些曾給自己造成的不幸和痛苦，清除心靈上的創傷，輕鬆地面對再次考驗，充分地享受生活所賦予的各種樂趣，讓整個心靈沉浸在悠閒無慮的寧靜裡。有時，「失去」不是憂傷，而是一種美麗；「失去」不一定是損失，也可能是一種奉獻。只要我們有積極進取的心態，「失去」也會變為可愛。我們應該學會總結失敗、挫折的教訓和成功的經驗，以積極的態度對待工作與生活。

Babitsky, Steven and James J. Mangraviti Jr. (2011) *Never Lose Again: Become a Top Negotiator by Asking the Right Questions.*

Celllich, Claude and Subhash Jain (2011) *Practical Solutions to Global Business Negotiations.*

Cohen, Herb (1982) *You Can Negotiate Anything: The World's Best Negotiator Tells You How To Get What You Want.*

Dawson, Roger (2010) *Secrets of Power Negotiating, 15th Anniversary Edition: Inside Secrets from a Master Negotiator.*

Diamond, Stuart (2012) *Getting More: How You Can Negotiate to Succeed in Work and Life.*

Economy, Peter (1994) *Business Negotiating Basics.*

Fisher, Roger, William L. Ury and Bruce Patton (2011) *Getting to Yes: Negotiating Agreement Without Giving In..*

Gates, Steve (2011) *The Negotiation Book: Your Definitive Guide To Successful Negotiating.*

Goldwich, David (2010) *Win-Win Negotiation Techniques.*

Guber, Peter (2011). *Tell to Win - Connect, Persuade and Triumph.*

Heskett, James (2011) *The Culture Cycle: How to Shape the Unseen Force that Transforms Performance.*

Hiltrop, Jean-Marie and Sheila Udall (1995) *Essence of Negotiation.*

Karrass, Chester L. (1995) *Give and Take: The Complete Guide to Negotiating Strategies and Tactics.*

Leigh, Thompson. (2011) *The Mind and Heart of the Negotiator* (5th Edition).

Lempereur, Alain Pekar and lien Colson (2010) *Méthode de négociation - On ne na'it pas bon négociat, on le devient* - 2e édition.

Lewicki, Roy J. and Alexander Hiam (2010) *Mastering Business Negotiation: A*

Working Guide to Making Deals and Resolving Conflict.

Malhotra, Deepak and Max Bazerman (2008) *Negotiation Genius: How to Overcome Obstacles and Achieve Brilliant Results at the Bargaining Table and Beyond.*

Noonanm, David (2005) *Aesop and the CEO: Powerful Business Lessons from Aesop and America's Best.*

Raiffa, Howard, John Richardson and David Metcalfe (2007) *Negotiation Analysis: The Science and Art of Collaborative Decision Making.*

Schatzki, Michael and Wayne Coffey (2005) *Negotiation: The Art of Getting What You Want.*

Scott, Patricia B (2010) *Getting a Squirrel to Focus Engage and Persuade Today's Listeners.*

Spangle, Michael L. and Myra Warren Isenhart (2002) *Negotiation: Communication for Diverse Settings.*

Susskind, Lawrence and Hallam Movius (2009) *Built to Win: Creating a World-class Negotiating Organization.*

Thorn, Jeremy G. (2010) *How to Negotiate Better Deals: A practical guide to successful negotiation, packed with tips.*

Thomas, Jim (2006) *Negotiate to Win: The 21 Rules for Successful Negotiating.*

Thompson, Leigh (2013) *The Truth About Negotiations* (2nd Edition).

Tulsiani, Ravinder (2013) *Master Negotiation Techniques: Executive Summary of the Best Negotiation Tactics.*

最實用 圖解

五南圖解財經商管系列

※最有系統的圖解財經工具書。

※一單元一概念，精簡扼要傳授財經必備知識。

※超越傳統書籍，結合實務與精華理論，提升就業競爭力，與時俱進。

※內容完整、架構清晰、圖文並茂、容易理解、快速吸收。

 五南文化事業機構
WU-NAN CULTURE ENTERPRISE

地址：106台北市和平東路二段339號4樓
電話：02-27055066 ext 824、889

http://www.wunan.com.tw/
傳真：02-27066100

國家圖書館出版品預行編目資料

商業談判：掌握交易與協商優勢／林仁和
著.--初版.--臺北市：五南圖書出版股份有
限公司, 2014.10
面；公分.

ISBN 978-957-11-7811-0（平裝）

1.商業談判

490.17   103017153

1FTJ

商業談判：掌握交易與協商優勢

作　　者 — 林仁和

企劃主編 — 侯家嵐

責任編輯 — 侯家嵐

文字編輯 — 陳欣欣

封面設計 — 盧盈良

出 版 者 — 五南圖書出版股份有限公司

發 行 人 — 楊榮川

總 經 理 — 楊士清

總 編 輯 — 楊秀麗

地　　址：106台北市大安區和平東路二段339號4樓

電　　話：(02)2705-5066　　傳　　真：(02)2706-6100

網　　址：https://www.wunan.com.tw

電子郵件：wunan@wunan.com.tw

劃撥帳號：01068953

戶　　名：五南圖書出版股份有限公司

法律顧問　林勝安律師

出版日期　2014年10月初版一刷
　　　　　2024年 8 月初版四刷

定　　價　新臺幣500元